高等学校通信工程专业“十二五”规划教材

电磁场与电磁波

雷文太　赵亚湘　董　健　主编

中国铁道出版社有限公司
CHINA RAILWAY PUBLISHING HOUSE CO., LTD.

内容简介

本书是高等学校通信工程专业“十二五”规划教材。内容包括：电磁场的基本规律、静态电磁场、静态场边值问题及其解、正弦平面电磁波、均匀平面波的反射与透射、电磁辐射。矢量分析部分的内容，安排在本系列教材《通信工程应用数学》中进行先期学习。这一安排，保证了在有限学时中可对电磁场与电磁波的知识点进行较为全面的讲解与学习。本书内容丰富，注重对电磁场与电磁波的物理概念及其本质的阐述和分析，课后习题有助于加深学生对空间电磁规律的理解。

本书适合作为普通高等院校电子信息类专业的教材，也可供通信工程、电子信息工程、微波工程等专业工程技术人员参考。

图书在版编目（CIP）数据

电磁场与电磁波/雷文太，赵亚湘，董健主编.
—北京：中国铁道出版社，2018.1（2024.8 重印）
高等学校通信工程专业“十二五”规划教材
ISBN 978-7-113-24028-8

Ⅰ.①电…　Ⅱ.①雷…　②赵…　③董…　Ⅲ.①电磁场-高等学校-教材②电磁波-高等学校-教材　Ⅳ.①O441.4

中国版本图书馆 CIP 数据核字（2017）第 284514 号

书　　名：电磁场与电磁波
作　　者：雷文太　赵亚湘　董　健

策　　划：周海燕　曹莉群　　　**编辑部电话：**(010)63549501
责任编辑：周海燕　鲍　闻
封面设计：一克米工作室
封面制作：刘　颖
责任校对：张玉华
责任印制：樊启鹏

出版发行：中国铁道出版社有限公司（100054，北京市西城区右安门西街 8 号）
网　　址：https://www.tdpress.com/51eds/
印　　刷：北京铭成印刷有限公司
版　　次：2018 年 1 月第 1 版　　2024 年 8 月第 3 次印刷
开　　本：787 mm×1 092 mm　1/16　**印张：**10.25　**字数：**238 千
书　　号：ISBN 978-7-113-24028-8
定　　价：32.00 元

丛书序

在社会信息化的进程中，信息已成为社会发展的重要资源，现代通信技术作为信息社会的支柱之一，在促进社会发展、经济建设方面，起着重要的核心作用。信息的传输与交换的技术即通信技术是信息科学技术发展迅速并极具活力的一个领域，尤其是数字移动通信、光纤通信、射频通信、Internet 网络通信使人们在传递信息和获得信息方面达到了前所未有的便捷程度。通信技术在国民经济各部门和国防工业以及日常生活中得到了广泛的应用，通信产业正在蓬勃发展。随着通信产业的快速发展和通信技术的广泛应用，社会对通信人才的需求在不断增加。通信工程（也作电信工程，旧称远距离通信工程、弱电工程）是电子工程的一个重要分支，电子信息类子专业，同时也是其中一个基础学科。该学科关注的是通信过程中的信息传输和信号处理的原理和应用。本专业学习通信技术、通信系统和通信网等方面的知识，能在通信领域中从事研究、设计、制造、运营及在国民经济各部门和国防工业中从事开发、应用通信技术与设备的相关工作。

社会经济发展不仅对通信工程专业人才有十分强大的需求，同样通信工程专业的建设与发展也对社会经济发展产生重要影响。通信技术发展的国际化，将推动通信技术人才培养的国际化。目前，世界上有 3 项关于工程教育学历互认的国际性协议，签署时间最早、缔约方最多的是《华盛顿协议》，也是世界范围知名度最高的工程教育国际认证协议。2013 年 6 月 19 日，在韩国首尔召开的国际工程联盟大会上，《华盛顿协议》全会一致通过接纳中国为该协议签约成员，中国成为该协议组织第 21 个成员。标志着中国的工程教育与国际接轨。通信工程专业积极采用国际化的标准，吸收先进的理念和质量保障文化，对通信工程教育改革发展、专业建设，进一步提高通信工程教育的国际化水平，持续提升通信工程教育人才培养质量具有重要意义。

为此，中南大学信息科学与工程学院启动了通信工程专业的教学改革和课程建设，以及 2016 版通信工程专业培养方案，并与中国铁道出版社联合组织了一系列通信工程专业的教材研讨活动。他们以严谨负责的态度，认真组织教学一线的教师、专家、学者和编辑，共同研讨通信工程专业的教育方法和课程体系，并在总结长期的通信工程专业教学工作的基础上，启动了“高等院校通信工程专业‘十二五’系列教材”的编写工作，成立了高等院校通信工程专业“十二五”规划教材编委会，由中南大学信息科学与工程学院主管教学的副院长施荣华教授、中南大学信息科学与工程学院电子与通信工程系李宏教授担任主任，邀请国家教学名师、国防科技大学邹逢兴教授担任主审。力图编写一套通信工程专业的知识结构简明完整的、符合工程认证教育的教材，相信可以对全国的高等院校通信工程专业的建设起到很好的促进作用。

本系列教材拟分为三期，覆盖通信工程专业的专业基础课程和专业核心课程。教材内容覆盖和知识点的取舍本着全面系统、科学合理、注重基础、注重实用、知识宽泛、关注发展的原则，比较完整地构建通信工程专业的课程教材体系。第一期包括以下教材：

《信号与系统》《信息论与编码》《网络测量》《现代通信网络》《通信工程导论》《北斗卫星通信》《射频通信系统》《数字图像处理》《嵌入式通信系统》《通信原理》《通信工程应用数学》《电磁场与电磁波》《电磁场与微波技术》《现代通信网络管理》《微机原理与接口技术》《微机原理与接口实验指导》《信号与系统分析》《计算机通信网络安全技术及应用》。

本套教材如有不足之处，请各位专家、老师和广大读者不吝指正。希望通过本套教材的不断完善和出版，为我国计算机教育事业的发展和人才培养做出更大贡献。

高等学校通信工程专业“十二五”规划教材编委会

2015年7月

前　言

FOREWORD

电磁场与电磁波是一门重要的专业基础学科，与现代信息社会密切相关。1873 年，麦克斯韦以严格的数学方程描述了电磁场应遵循的统一规律，建立了麦克斯韦方程组。1887 年，赫兹的实验证实了电磁波的存在，揭开了人类利用电磁场和电磁波的新篇章。由此人们逐步开展了无线电通信、广播、雷达、遥控遥测，以及星际通信、光纤通信等应用研究。

电磁场与电磁波这门课程理论性较强，概念较为抽象，对逻辑思维能力有较高要求。为适应新形势下的人才培养要求，本书在编写过程中注重物理概念的引出与物理规律的连贯性推导，便于学生对电磁场与电磁波的物理本质的掌握和理解。

全书分为 6 章，第 1 章介绍电磁场的基本规律，包括静电场、恒定电场和恒定磁场的基本规律和方程描述，并介绍电磁感应定律，推导了麦克斯韦方程组。第 2 章介绍静态电磁场的基础知识，包括电位、电容、磁矢位、磁标位、电感、电场能量、磁场能量等物理概念。第 3 章介绍静态场边值问题及其解，推导了唯一性定理，介绍镜像法、分离变量法和有限差分法求解边值问题的处理过程。第 4 章介绍正弦平面电磁波的基本概念和物理特性，给出了电磁场波动方程的描述方法和空间分布与传播规律，分析了导电介质中均匀平面波的传播特点，给出了极化、相速和群速的概念。第 5 章介绍均匀平面波的反射和透射，给出了均匀平面波垂直入射和斜入射到分界平面时的空间电磁波的分布和传播规律，并介绍了雷达天线罩、光纤通信等典型应用。第 6 章介绍电磁辐射，给出了电偶极子的辐射特性，推导了方向图乘积定理，给出了面天线辐射特性的分析方法。

本书由雷文太、赵亚湘、董健任主编。具体分工如下：雷文太编写了第 2、3、5 章，赵亚湘编写了第 1、4 章，董健编写了第 6 章，全书由雷文太统稿。本书在编写过程中，得到了中南大学信息科学与工程学院领导和老师们的大力支持，在此致以诚挚的谢意。

由于编者水平有限，书中疏漏与不妥之处在所难免，敬请读者批评指正。

编　者

2017 年 8 月

目　录

CONTENTS

第1章　电磁场的基本规律

电场和磁场是统一的电磁场理论的两个方面。静止电荷产生静电场,恒定电流生成恒定磁场。静态条件下,它们是相互独立存在的。在时变条件下,法拉第通过大量实验发现了电磁感应定律,揭示了变化的磁场要产生电场;麦克斯韦通过位移电流假说,揭示了变化的电场要产生磁场,进而在总结前人研究成果的基础上,归纳总结出电磁场的基本规律,建立了麦克斯韦方程组。麦克斯韦方程组是经典电磁理论的理论基础。

本章首先介绍静态电磁场的源量和基本实验定律,由此引出电磁场的场量及场量满足的旋度和散度方程,即基本方程,讨论了介质的极化和磁化现象;然后介绍法拉第电磁感应定律,依据有旋电场和位移电流的假说,推导建立麦克斯韦方程组,并分析电磁场的边界条件。

1.1　静电场的基本定律与方程

静电场是指由静止的、电荷量不随时间变化的电荷所产生的电场,静电场的源是静止的电荷。

1.1.1　电荷与电荷密度

自然界中最小的带电粒子是质子和电子,它们分别带正电和负电,电荷量为 $e = 1.602\ 177\ 33 \times 10^{-19}$ C。

微观上看,电荷是以离散的形式分布在空间中的。但由于带电粒子的尺寸远小于带电体的尺寸,且大量的带电粒子密集地分布在一定的空间内。因此,在研究宏观电磁规律时,可以将电荷分布看成是以一定形式连续分布的,可用电荷密度来描述。

1. 体电荷密度

当电荷分布于某一体积 V' 内时,定义该体积内任一源点的体电荷密度 $\rho(\boldsymbol{r}')$ 为

$$\rho(\boldsymbol{r}') = \lim_{\Delta V' \to 0} \frac{\Delta q}{\Delta V'} = \frac{\mathrm{d}q}{\mathrm{d}V'} \tag{1.1.1}$$

式中,$\boldsymbol{r}'$ 为源点位置矢量;Δq 为体积元 $\Delta V'$ 内的电荷量;$\rho(\boldsymbol{r}')$ 的单位为库/米^3($\mathrm{C/m^3}$)。因此,体积 V' 内的总电荷量为 $q = \int_V \rho(\boldsymbol{r}')\mathrm{d}V'$ 。

2. 面电荷密度

若电荷分布在一厚度可忽略不计的曲面 S' 上,则可定义面电荷密度 $\rho_S(\boldsymbol{r}')$ 为

$$\rho_S(\boldsymbol{r}') = \lim_{\Delta S' \to 0} \frac{\Delta q}{\Delta S'} = \frac{\mathrm{d}q}{\mathrm{d}S'} \tag{1.1.2}$$

式中，Δq 为面积元 $\Delta S'$ 上的电荷量；$\rho_S(\boldsymbol{r}')$ 的单位为库/米^2($\mathrm{C/m^2}$)。因此，面积 S' 上的总电荷量为 $q=\int_S \rho_S(\boldsymbol{r}')\mathrm{d}S'$。

3. 线电荷密度

若电荷分布在横截面积可以忽略不计的细线 l' 上，则可定义线电荷密度 $\rho_l(\boldsymbol{r}')$ 为

$$\rho_l(\boldsymbol{r}')=\lim_{\Delta l'\to 0}\frac{\Delta q}{\Delta l'}=\frac{\mathrm{d}q}{\mathrm{d}l'} \tag{1.1.3}$$

式中，Δq 为线元 $\Delta l'$ 上的电荷量，$\rho_l(\boldsymbol{r}')$ 的单位为库/米(C/m)。因此，细线 l' 上的总电荷量为 $q=\int_l \rho_l(\boldsymbol{r}')\mathrm{d}l'$。

4. 点电荷

当电荷 q 可近似看作集中分布于一个点上时，这时的电荷称为点电荷。点电荷所在处的体电荷密度 $\rho(\boldsymbol{r}')=\lim\limits_{\Delta V'\to 0}\dfrac{q}{\Delta V'}\to\infty$。为了定量描述点体电荷密度的这种特性，引入 $\delta(\boldsymbol{r})$ 函数，其定义为：

$$\delta(\boldsymbol{r}-\boldsymbol{r}')=\begin{cases}\infty & \text{当 } \boldsymbol{r}=\boldsymbol{r}' \\ 0 & \text{当 } \boldsymbol{r}\neq\boldsymbol{r}'\end{cases}$$

$$\int_V \delta(\boldsymbol{r}-\boldsymbol{r}')\mathrm{d}V=\begin{cases}1 & \text{当 } \boldsymbol{r}' \text{ 在体积 } V \text{ 内} \\ 0 & \text{当 } \boldsymbol{r}' \text{ 在体积 } V \text{ 外}\end{cases}$$

$\delta(\boldsymbol{r})$ 函数具有抽样特性，即

$$\int_V f(\boldsymbol{r})\delta(\boldsymbol{r}-\boldsymbol{r}')\mathrm{d}V=f(\boldsymbol{r}') \tag{1.1.4}$$

因此，可用 $\delta(\boldsymbol{r})$ 函数表示点电荷 q 的体电荷密度为

$$\rho(\boldsymbol{r}')=q\delta(\boldsymbol{r}-\boldsymbol{r}') \tag{1.1.5}$$

而在包含 $\boldsymbol{r}'$ 的任意体积 V 内的总电荷为

$$\int_V \rho(\boldsymbol{r})\mathrm{d}V=\int_V q\delta(\boldsymbol{r}-\boldsymbol{r}')\mathrm{d}V=q$$

对于 $\delta(\boldsymbol{r})$ 函数，还可得到一个有用的数学结论，即

$$\nabla^2\frac{1}{|\boldsymbol{r}-\boldsymbol{r}'|}=-4\pi\delta(\boldsymbol{r}-\boldsymbol{r}') \tag{1.1.6}$$

式中，$\boldsymbol{r}$、$\boldsymbol{r}'$ 分别表示真空中两个点的位置矢量。

1.1.2 库仑定律与电场强度

静电场的基本实验定律是库仑定律，由库仑定律可引出电场强度矢量的定义式，它是描述电场的基本物理量。

1. 库仑定律

库仑定律描述了真空中两个静止点电荷间的相互作用力，可用矢量形式表示为

$$\boldsymbol{F}_{q'\to q}=\frac{qq'\,\boldsymbol{e}_R}{4\pi\varepsilon_0 R^2}=-\boldsymbol{F}_{q\to q'} \tag{1.1.7}$$

式中，q、q' 是真空中的两个点电荷，它们之间的距离矢量为 $\boldsymbol{R}$，$\boldsymbol{R}=R\boldsymbol{e}_R=\boldsymbol{r}-\boldsymbol{r}'$，$\boldsymbol{r}$、$\boldsymbol{r}'$ 分别表示点电荷 q、q' 所在的位置矢量，如图 1.1 所示；$\boldsymbol{e}_R$ 是从 q' 指向 q 的单位矢量；$F_{q'\to q}$ 表示点电荷 q' 对 q 的作用力，单位为牛[顿](N)；ε_0 是真空中的介电常数，$\varepsilon_0=\dfrac{1}{36\pi}\times10^{-9}\mathrm{F/m}=8.85\times10^{-12}\mathrm{F/m}$。

通常 q' 称为源电荷，其所在点 $\boldsymbol{r}'$ 称为"源点"，q 为受力电荷，所在点 $\boldsymbol{r}$ 称为场点或观察点。为了区分方便，今后我们用带撇号的坐标 $\boldsymbol{r}'(x',y',z')$ 表示源点，不带撇号的坐标 $\boldsymbol{r}(x,y,z)$ 表示场点。将 $\boldsymbol{R}$ 用两个点电荷的位置矢量 $\boldsymbol{r}',\boldsymbol{r}$ 代替，式(1.1.7)可写为

$$\boldsymbol{F}_{q'\to q} = \frac{qq'(\boldsymbol{r}-\boldsymbol{r}')}{4\pi\varepsilon_0|\boldsymbol{r}-\boldsymbol{r}'|^3} \tag{1.1.8}$$

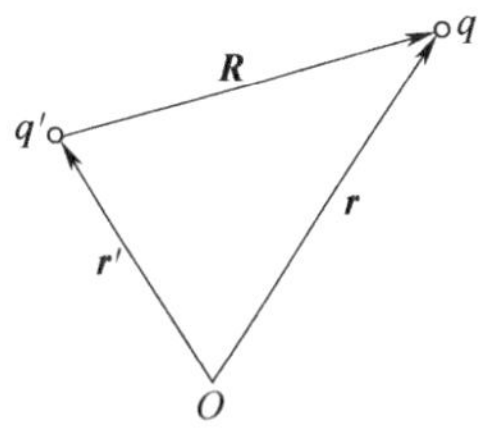

图 1.1　点电荷的位置矢量

2. 电场强度 $\boldsymbol{E}$

实验表明，任何电荷都会在其周围空间产生电场，电场对处于场中的电荷具有电场力的作用，电场用电场强度矢量 $\boldsymbol{E}$ 来描述，定义如下：

$$\boldsymbol{E} = \lim_{q\to 0}\frac{\boldsymbol{F}_{q'\to q}}{q} \tag{1.1.9}$$

式中，q 为试验电荷，取极限 $q\to 0$ 是为避免引入试验电荷对原电场分布的影响。由式(1.1.9)可得点电荷 q' 在空间一点 $\boldsymbol{r}$ 处产生的电场强度为

$$\boldsymbol{E} = \frac{q'\boldsymbol{e}_R}{4\pi\varepsilon_0R^2} = \frac{q'}{4\pi\varepsilon_0R^3}\boldsymbol{R} = \frac{q'(\boldsymbol{r}-\boldsymbol{r}')}{4\pi\varepsilon_0|\boldsymbol{r}-\boldsymbol{r}'|^3} \tag{1.1.10}$$

由于有关系式

$$\nabla\left(\frac{1}{R}\right) = \boldsymbol{e}_R\frac{\partial}{\partial R}\left(\frac{1}{\mathrm{R}}\right) = -\boldsymbol{e}_R\frac{1}{R^2}$$

故式(1.1.10)也可写为

$$\boldsymbol{E} = -\frac{q'}{4\pi\varepsilon_0}\nabla\left(\frac{1}{R}\right) = -\frac{q'}{4\pi\varepsilon_0}\nabla\left(\frac{1}{|\boldsymbol{r}-\boldsymbol{r}'|}\right) \tag{1.1.11}$$

$\boldsymbol{E}$ 的单位为伏/米(V/m)，它的物理意义是单位正电荷在点 $\boldsymbol{r}$ 处所受的电场力。式(1.1.11)表明，点电荷在其周围空间产生的电场大小与点电荷量成正比，与距离的平方成反比。

当空间存在 N 个点电荷 $q_i'(i=1,2,\cdots,N)$，且分别位于位置 $\boldsymbol{r}'(i=1,2,\cdots,N)$ 时，根据叠加原理，场中 $\boldsymbol{r}$ 处的电场强度应为各点电荷独自在该点产生的场强的矢量之和，即

$$\boldsymbol{E}(\boldsymbol{r}) = \sum_{i=1}^{N}\boldsymbol{E}_i = \frac{1}{4\pi\varepsilon_0}\sum_{i=1}^{N}\frac{q_i'}{R_i^3}\boldsymbol{r}_i \tag{1.1.12}$$

对于分布电荷，如果已知电荷密度函数分别为 $\rho(r')$，$\rho_S(r')$ 和 $\rho_l(r')$，则可在电荷分布区域内任取一足够小的带电单元。将该带电单元看成一点电荷 dq'，对于体电荷、面电荷和线电荷分布，$\mathrm{d}q'$ 应分别等于 $\rho(r')\mathrm{d}V'$、$\rho_S(r')\mathrm{d}S'$ 和 $\rho_l(r')\mathrm{d}l'$。图 1.2 所示为体电荷分布情形，则带电单元产生的电场强度为

$$\mathrm{d}\boldsymbol{E} = \frac{\mathrm{d}q'}{4\pi\varepsilon_0R^3}\boldsymbol{R} \tag{1.1.13}$$

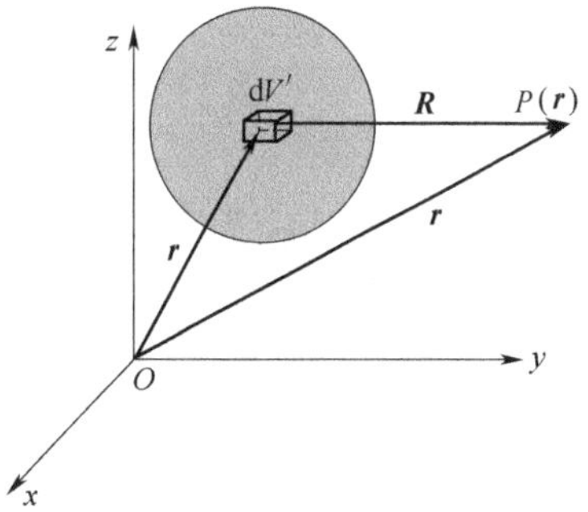

图 1.2　体电荷分布中的带电单元

将所有带电单元产生的 $\mathrm{d}\boldsymbol{E}$ 矢量相加，得到体电荷、面电荷和线电荷在场点 $\boldsymbol{r}$ 处产生的电场强度分别为

$$\boldsymbol{E}(\boldsymbol{r}) = \frac{1}{4\pi\varepsilon_0}\int_V\frac{\rho(\boldsymbol{r}')}{R^3}\boldsymbol{R}\mathrm{d}V' = -\frac{1}{4\pi\varepsilon_0}\int_V\rho(\boldsymbol{r}')\nabla\left(\frac{1}{R}\right)\mathrm{d}V' \tag{1.1.14}$$

$$\boldsymbol{E}(\boldsymbol{r}) = \frac{1}{4\pi\varepsilon_0}\int_{S'}\frac{\rho_S(\boldsymbol{r}')}{R^3}\boldsymbol{R}\mathrm{d}S' = -\frac{1}{4\pi\varepsilon_0}\int_S\rho(\boldsymbol{r}')\nabla\left(\frac{1}{R}\right)\mathrm{d}S' \tag{1.1.15}$$

$$\boldsymbol{E}(\boldsymbol{r})=\frac{1}{4\pi\varepsilon_0}\int_{l'}\frac{\rho_l(\boldsymbol{r}')}{R^3}\boldsymbol{R}\mathrm{d}l'=-\frac{1}{4\pi\varepsilon_0}\int_{l}\rho(\boldsymbol{r}')\nabla\left(\frac{1}{R}\right)\mathrm{d}l' \tag{1.1.16}$$

式中，$\boldsymbol{R}=R\boldsymbol{e}_R=\boldsymbol{r}-\boldsymbol{r}'$。

例 1.1 电偶极子是由两个相距很近的等值异号的点电荷所组成的电荷系统，如图 1.3 所示。试求电偶极子在真空中产生的电场。

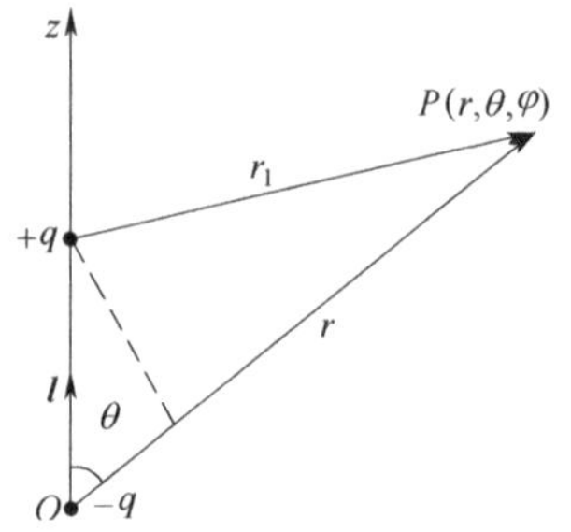

图 1.3 电偶极子产生的电场

解 采用球坐标系，设两点电荷间的距离为 l，$\boldsymbol{l}$ 的方向由 $-q$ 指向 $+q$，且与 z 轴方向一致，$-q$ 位于坐标原点处，场点位置为 $P(r,\theta,\varphi)$。

由式(1.1.11)，可得出电偶极子产生的场强为

$$\boldsymbol{E}(\boldsymbol{r})=\frac{q}{4\pi\varepsilon_0}\left(\frac{\boldsymbol{r}_1}{r_1^3}-\frac{\boldsymbol{r}}{r^3}\right)=-\frac{q}{4\pi\varepsilon_0}\left[\nabla\left(\frac{1}{r_1}\right)-\nabla\left(\frac{1}{r}\right)\right] \tag{1.1.17}$$

由图 1.3 可见，式中 $r_1=(r^2+l^2-2rl\cos\theta)^{\frac{1}{2}}$，即

$$\frac{1}{r_1}=\frac{1}{r}\left[1+\left(\frac{l}{r}\right)^2-2\frac{l}{r}\cos\theta\right]^{-\frac{1}{2}}$$

在 $l\ll r$ 的情况下，可忽略所有 $\dfrac{l}{r}$ 的二阶和高阶项，并利用幂级数展开式

$$(1+x)^\alpha=1+\alpha x+\frac{\alpha(\alpha-1)}{2!}x^2+\cdots$$

可得

$$\frac{1}{r_1}\approx\frac{1}{r}\left(1+\frac{l}{r}\cos\theta\right)$$

代入式(1.1.17)，可得

$$\boldsymbol{E}(\boldsymbol{r})=-\frac{q}{4\pi\varepsilon_0}\nabla\left(\frac{l\cos\theta}{r^2}\right)=\boldsymbol{e}_r\frac{ql\cos\theta}{2\pi\varepsilon_0r^3}+\boldsymbol{e}_\theta\frac{ql\sin\theta}{4\pi\varepsilon_0r^3} \tag{1.1.18}$$

通常定义 $\boldsymbol{p}=q\boldsymbol{l}$ 为电偶极子的电偶极矩，$\boldsymbol{l}$ 的方向规定为从 $-q$ 指向 $+q$。由于

$$\boldsymbol{p}\cdot\boldsymbol{r}=pr\cos\theta$$

由式(1.1.18)，可得

$$\boldsymbol{E}(\boldsymbol{r})=-\frac{1}{4\pi\varepsilon_0}\nabla\left(\frac{\boldsymbol{p}\cdot\boldsymbol{r}}{r^3}\right)=\frac{1}{4\pi\varepsilon_0}\left[\frac{3(\boldsymbol{p}\cdot\boldsymbol{r})}{r^5}\boldsymbol{r}-\frac{\boldsymbol{p}}{r^3}\right] \tag{1.1.19}$$

例 1.2 半径为 a 的半圆环上均匀分布着线密度为 ρ_l 的线电荷，如图 1.4 所示。求圆环轴线上任一点的电场强度 $\boldsymbol{E}$。

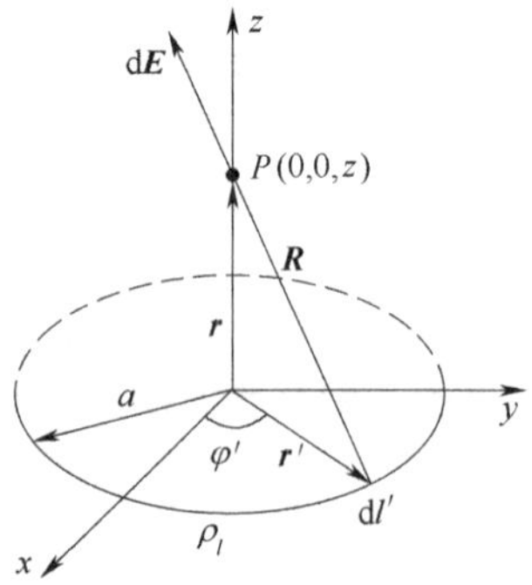

图 1.4 均匀带电半圆环

解 采用圆柱坐标系，场点坐标为 $P(0,0,z)$，位置矢量为 $\boldsymbol{r}=\boldsymbol{e}_z z$。在圆环上任取一线元 $\mathrm{d}l'$，其上电量为 $\mathrm{d}q'=\rho_l\mathrm{d}l'=\rho_l a\mathrm{d}\varphi'$，位置矢量为 $\boldsymbol{r}'=\boldsymbol{e}_r a$，线元到场点 P 的距离矢量为

$$\boldsymbol{R}=\boldsymbol{r}-\boldsymbol{r}'=\boldsymbol{e}_z z-\boldsymbol{e}_r a$$

电荷元 $\mathrm{d}q'$ 产生的电场为

$$\mathrm{d}\boldsymbol{E} = \frac{\mathrm{d}q'}{4\pi\varepsilon_0}\cdot\frac{\boldsymbol{R}}{R^3} = \frac{\rho_l a\mathrm{d}\varphi'}{4\pi\varepsilon_0}\cdot\frac{\boldsymbol{e}_z z - \boldsymbol{e}_r a}{(z^2+a^2)^{3/2}}$$

因为随着 φ' 的变化，$\boldsymbol{e}_r$ 的方向变化，故需将 $\boldsymbol{e}_r$ 分解为 $\boldsymbol{e}_r = (\boldsymbol{e}_x\cos\varphi' + \boldsymbol{e}_y\sin\varphi')$，有

$$\boldsymbol{E} = \frac{\rho_l a}{4\pi\varepsilon_0 (z^2+a^2)^{3/2}}\int_{-\pi/2}^{\pi/2}[\boldsymbol{e}_z z - a(\boldsymbol{e}_x\cos\varphi' + \boldsymbol{e}_y\sin\varphi')]\mathrm{d}\varphi'$$

由于 $\int_{-\pi/2}^{\pi/2}\boldsymbol{e}_x a\cos\varphi'\mathrm{d}\varphi' = \boldsymbol{e}_x 2a$，$\int_{-\pi/2}^{\pi/2}\boldsymbol{e}_y a\sin\varphi'\mathrm{d}\varphi' = 0$，$\int_{-\pi/2}^{\pi/2}\boldsymbol{e}_z z d\varphi' = \boldsymbol{e}_z\pi z$，故

$$\boldsymbol{E} = \frac{\rho_l a}{4\pi\varepsilon_0}\cdot\frac{(\boldsymbol{e}_z\pi z - \boldsymbol{e}_x 2a)}{(z^2+a^2)^{3/2}}$$

当为整圆环时，积分区间由 $\int_{-\pi/2}^{\pi/2}$ 变为 $\int_{-\pi}^{\pi}$，此时 $E_x = 0$，轴线上任一点的电场只有轴向分量。这是因为此时的源电荷分布具有轴对称性，除了轴向方向，其他方向上的场分量合成为0。

1.1.3 真空中静电场的基本方程

矢量分析中，亥姆霍兹定理表明，任一矢量场如果它的散度、旋度和边界条件确定，则该矢量场可唯一确定。因此，静电场分析时，需要先确定场的散度和旋度。

1. 静电场的散度和高斯定理

由式(1.1.14)的电场表达式，对其两边同时求散度，可得

$$\nabla\cdot\boldsymbol{E}(\boldsymbol{r}) = -\frac{1}{4\pi\varepsilon_0}\int_V\rho(\boldsymbol{r}')\nabla^2\left(\frac{1}{R}\right)\mathrm{d}V'$$

由于 $\nabla^2\left(\frac{1}{R}\right) = -4\pi\delta(\boldsymbol{r}-\boldsymbol{r}')$，并利用式(1.1.4)中 $\delta(\boldsymbol{r})$ 函数的筛选性，有

$$\nabla\cdot\boldsymbol{E}(\boldsymbol{r}) = \frac{1}{\varepsilon_0}\int_V\rho(\boldsymbol{r}')\delta(\boldsymbol{r}-\boldsymbol{r}')\mathrm{d}V' = \frac{\rho(\boldsymbol{r})}{\varepsilon_0} \tag{1.1.20}$$

这是高斯定理的微分形式，它表明：电场强度 $\boldsymbol{E}$ 在空间任意一点的散度等于该点的电荷密度与 ε_0 之比，说明静电场是一个有源场，静止电荷是其场源。

对式(1.1.20)两边同时求体积分，可得

$$\int_V\nabla\cdot\boldsymbol{E}(\boldsymbol{r})\mathrm{d}V = \int_V\frac{\rho(\boldsymbol{r})}{\varepsilon_0}\mathrm{d}V$$

应用散度定理 $\int_V\nabla\cdot\boldsymbol{E}(\boldsymbol{r})\mathrm{d}V = \oint_S\boldsymbol{E}(\boldsymbol{r})\cdot\mathrm{d}\boldsymbol{S}$，有

$$\oint_S\boldsymbol{E}(\boldsymbol{r})\cdot\mathrm{d}\boldsymbol{S} = \frac{\int_V\rho(\boldsymbol{r})\mathrm{d}V}{\varepsilon_0} = \frac{Q}{\varepsilon_0} \tag{1.1.21}$$

式中，V 为闭合曲面 S 所围体积，Q 为闭合面 S 所围的总电荷量。式(1.1.21)是高斯定理的积分形式，它表明真空中穿过任意闭合曲面 S 的电场强度通量等于该闭合面内的自由电荷总量与 ε_0 之比。

利用高斯定理的积分形式，在电荷分布具有某种对称性时，可简化电场 $\boldsymbol{E}(\boldsymbol{r})$ 的计算。此时的关键是能找到一个闭合的高斯曲面 S，在整个 S 面或分段 S 面上，$\boldsymbol{E}(\boldsymbol{r})$ 的幅值为常数或为0，方向平行或垂直于高斯面。

例 1.3 在半径为 a 的球形区域内，分布着体密度为 $\rho(\boldsymbol{r}) = \rho_0\frac{r^2}{a^2}$ 的电荷，试计算球内外的电

场强度 $\boldsymbol{E}(\boldsymbol{r})$ 。

解 由电荷分布可知电场具有球面对称性，采用球坐标系，选取场点 $P(r,\theta,\varphi)$，以场点位置 r 为半径作出球形高斯面，球面上电场大小为常数，方向垂直于球面。应用高斯定理有

$$\oint_S \boldsymbol{E}(\boldsymbol{r})\cdot \mathrm{d}\boldsymbol{S}=4\pi r^2E(\boldsymbol{r})=\frac{Q}{\varepsilon_0}$$

(1) 当场点位于球外，即 $r\geqslant a$ 时

$$Q=\int_V \rho(\boldsymbol{r})\mathrm{d}V'=\int_0^a \rho_0\frac{r'^2}{a^2}4\pi r'^2\mathrm{d}r'=\frac{4\pi\rho_0a^3}{5}$$

可得

$$\boldsymbol{E}=\boldsymbol{e}_r\frac{\rho_0a^3}{5\varepsilon_0r^2}$$

(2) 当场点位于球内，即 $r<a$ 时

$$Q=\int_0^r \rho(r)4\pi r'^2\mathrm{d}r'=\int_0^r\left(\rho_0\frac{r'^2}{a^2}\right)4\pi r'^2\mathrm{d}r'=\frac{4\pi\rho_0}{5a^2}r^5$$

可得

$$\boldsymbol{E}(\boldsymbol{r})=\boldsymbol{e}_r\frac{\rho_0r^3}{5\varepsilon_0a^2}$$

例 1.4 求无限长均匀直线电荷 ρ_l 在真空中产生的电场 $\boldsymbol{E}$ 。

解 由电荷分布可知电场分布具有轴对称性，采用柱坐标系，以电荷线为轴线作一半径为 r，高度为 l 的圆柱形高斯面，如图 1.5 所示。在圆柱侧面电场大小相等，方向垂直于侧面，即 $\boldsymbol{E}=\boldsymbol{e}_rE(r)$，上下底面 $\boldsymbol{E}$ 与面方向垂直，通量为零，故

$$\oint_S \boldsymbol{E}(\boldsymbol{r})\cdot \mathrm{d}\boldsymbol{S}=E(r)\cdot 2\pi r=\frac{\rho_l}{\varepsilon_0}$$

可得

$$\boldsymbol{E}(\boldsymbol{r})=\boldsymbol{e}_r\frac{\rho_l}{2\pi r\varepsilon_0}$$

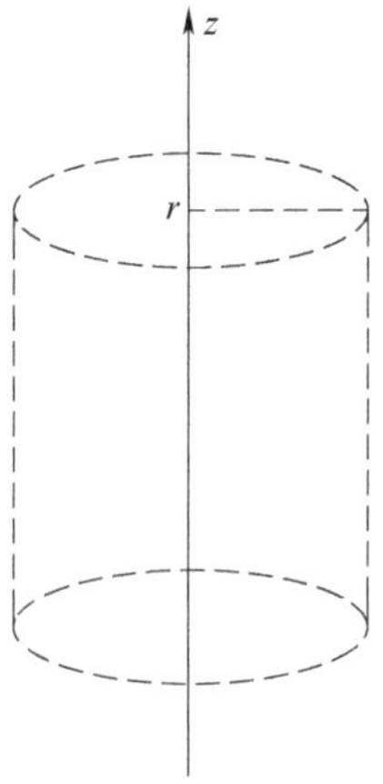

图 1.5 无限长直线电荷的高斯面

2. 静电场的旋度和环流定律

式(1.1.14)的电场表达式中，算符 ∇ 是对场点坐标 $\boldsymbol{r}$ 的运算，而积分是对源点坐标 $\boldsymbol{r}'$ 进行的，因此，可将其改写为

$$\boldsymbol{E}(\boldsymbol{r})=-\nabla\left[\frac{1}{4\pi\varepsilon_0}\int_V\rho(\boldsymbol{r}')\left(\frac{1}{\mathrm{R}}\right)\mathrm{d}V'\right]$$

上式中，等号右边括号内是一个标量函数。这表明，$\boldsymbol{E}(\boldsymbol{r})$ 可表示为一个标量函数的梯度，而任意标量函数的梯度的旋度恒等于零，即 $\nabla\times\nabla u\equiv\boldsymbol{0}$，故有

$$\nabla\times\boldsymbol{E}(\boldsymbol{r})=\boldsymbol{0} \tag{1.1.22}$$

说明静电场是无旋场，是保守场。

对式(1.1.22)进行曲面积分，应用斯托克斯定理 $\int_S\nabla\times\boldsymbol{E}(\boldsymbol{r})\cdot\mathrm{d}s=\oint_c\boldsymbol{E}(\boldsymbol{r})\cdot\mathrm{d}\boldsymbol{l}$，有

$$\oint_c\boldsymbol{E}(\boldsymbol{r})\cdot\mathrm{d}\boldsymbol{l}=0 \tag{1.1.23}$$

式(1.1.23)为静电场的环流定律，它说明在静电场中，电场强度 $\boldsymbol{E}(\boldsymbol{r})$ 沿任意闭合回路的线积分为零。其物理意义为：在静电场中，将点电荷 q 沿任意闭合路径移动一周，电场力所做的功为零，即 $\oint_c q\boldsymbol{E}(\boldsymbol{r})\cdot\mathrm{d}\boldsymbol{l}=0$。

1.1.4　介质的极化

前面讨论的是真空中的静电场。当电场中放入介质时,介质在电场的作用下会发生极化现象,产生附加的电场,叠加在原有电场之上,使原有电场发生变化。

1. 介质的极化

介质是一种完全不同于导体的物质,它内部几乎没有自由电子,其所有的带电粒子均被紧紧地束缚于构成物质的原子或分子中,故把介质中的电荷称为束缚电荷。

按照介质分子结构的不同,可将介质分子分为两类:一类为无极分子,其分子正、负电荷中心重合,分子的固有电偶极矩为0,介质呈电中性;另一类称为有极分子,其分子正、负电荷中心不再重合,每个分子相当于一个电偶极子,形成分子固有电偶极矩。当没有外加电场作用时,这些分子电偶极矩的排列是随机的,介质内的合成电偶极矩为0,因此有极分子构成的介质也是电中性的。

当有外加电场的作用时,无极分子的正(或负)电荷要顺(或逆)着电场方向发生移动,正、负电荷的电中心不再重合,从而形成沿外加电场方向的电偶极子。而有极分子的固有电偶极矩会发生转动,也趋向于沿着外加电场方向排列。这两种情况下,都会沿着外加电场方向产生一合成电偶极矩,这种介质对外加电场的响应称为极化,如图1.6所示。显然,合成偶极矩又会在空间产生电场,这些电场叠加在原来的电场上,改变原有电场的分布。

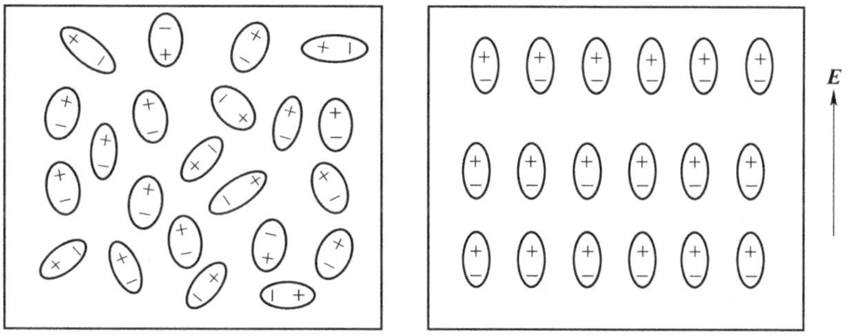

(a) 无外加电场时有极分子分布　　(b) 有外加电场时有极分子分布

图1.6　介质极化示意图

为了定量描述介质被极化的程度,引入极化强度 $\boldsymbol{P}$ 的概念,定义为

$$\boldsymbol{P} = \lim_{\Delta V \to 0} \frac{\sum_i \boldsymbol{p}_i}{\Delta V} = N \boldsymbol{p}_{av} \tag{1.1.24}$$

式中,$\sum_i \boldsymbol{p}_i$ 是介质中体积元 ΔV 内的合成电偶极矩量;N 是单位体积内的分子数;$\boldsymbol{p}_{av}$ 表示分子的平均电偶极矩。因此,$\boldsymbol{P}$ 表示单位体积介质内的电偶极矩,单位是库/米^2(C/m^2)。

若介质中各点的 $\boldsymbol{P}$ 相同,则称介质被均匀极化。实验表明,在线性、各向同性介质中,$\boldsymbol{P}$ 与介质中的合成电场 $\boldsymbol{E}$ 满足如下关系:

$$\boldsymbol{P} = \chi_e \varepsilon_0 \boldsymbol{E} \tag{1.1.25}$$

式中,χ_e 为常数,称为介质的电极化率。

2. 极化电荷

介质极化使得介质内的电偶极矩沿着外加电场方向规则排列,在介质表面和内部都可能出现宏观电荷分布,这些电荷称为极化电荷。因为它们不能像导体内的电荷那样自由移动,故又称为束缚电荷。

设有一块极化介质模型如图 1.7 所示,其内每一个分子用一个电偶极子表示。设等效电偶极子的电荷量为 q,负电荷到正电荷的距离矢量为 $\boldsymbol{l}$,则分子的等效电偶极矩为 $\boldsymbol{p}=q\boldsymbol{l}$。在介质内贴近介质表面取一面元 $\mathrm{d}\boldsymbol{s}$,$\boldsymbol{e}_{\mathrm{n}}$ 为其单位法向矢量,以 $\mathrm{d}\boldsymbol{s}$ 为顶,$\boldsymbol{l}$ 为斜高作一斜柱体,如图 1.7 中的虚线框。显然斜柱体内的负电荷数等于穿出 $\mathrm{d}\boldsymbol{S}$ 面的正电荷数,且等于斜柱体内的分子偶极子数。设介质内单位体积内的分子数为 N,则穿出面元 $\mathrm{d}\boldsymbol{S}$ 的正电荷量为

$$Nq\boldsymbol{l}\cdot\mathrm{d}\boldsymbol{S}=\boldsymbol{P}\cdot\mathrm{d}\boldsymbol{S}=\boldsymbol{P}\cdot\boldsymbol{e}_{\mathrm{n}}\mathrm{d}S$$

穿出面元 $\mathrm{d}\boldsymbol{S}$ 的电荷量即为介质表面面元的极化电荷量,故极化电荷面密度可写为

$$\rho_{sp}=\boldsymbol{P}\cdot\boldsymbol{e}_{\mathrm{n}} \tag{1.1.26}$$

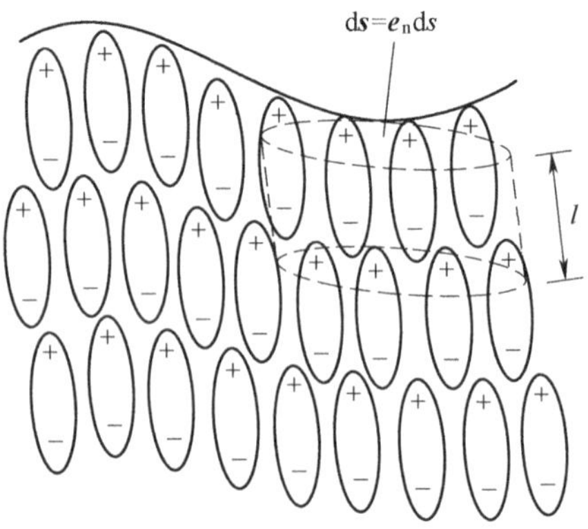

图 1.7　介质极化模型

推广到极化电荷体分布情形,设 $\mathrm{d}\boldsymbol{S}$ 为介质体内任一闭合面 S 上的一面元。同理,穿出面元 $\mathrm{d}\boldsymbol{S}$ 的正电荷量为 $\boldsymbol{P}\cdot\mathrm{d}\boldsymbol{S}$,因此从闭合面 S 上穿出的正电荷量为 $\oint_S\boldsymbol{P}\cdot\mathrm{d}\boldsymbol{S}$,故留在闭合面 S 内的极化电荷量为

$$q_p=-\oint_S\boldsymbol{P}\cdot\mathrm{d}\boldsymbol{S}=-\int_V\nabla\cdot\boldsymbol{P}\mathrm{d}V$$

因闭合面是任取的,故极化电荷体密度可写为

$$\rho_p=-\nabla\cdot\boldsymbol{P} \tag{1.1.27}$$

由上式可知,若介质均匀极化,即 $\boldsymbol{p}$ 为常矢量,介质体内无极化电荷。对于非均匀极化,介质体内的净极化电荷不为 0。无论是否均匀极化,介质表面一般都会存在极化面电荷。

1.1.5　介质中静电场的基本方程

1. 介质中场的方程

介质的极化可理解为介质内出现了极化电荷,故介质内的电荷密度为自由电荷密度 ρ 和极化电荷密度 ρ_p 之和。于是式(1.1.20)的散度方程变为

$$\nabla\cdot\boldsymbol{E}=\frac{\rho+\rho_p}{\varepsilon_0}$$

将上式代入式(1.1.27)中,得

$$\nabla\cdot(\varepsilon_0\boldsymbol{E}+\boldsymbol{P})=\rho \tag{1.1.28}$$

定义电位移矢量 $\boldsymbol{D}$ 为

$$\boldsymbol{D}=\varepsilon_0\boldsymbol{E}+\boldsymbol{P} \tag{1.1.29}$$

单位为库/米^2($\mathrm{C/m^2}$),于是有

$$\nabla\cdot\boldsymbol{D}=\rho \tag{1.1.30}$$

这是介质中高斯定理的微分形式,它表示介质内任一点 $\boldsymbol{D}$ 的散度等于该点的自由电荷体密度,而不包括极化电荷。即 $\boldsymbol{D}$ 的通量源是自由电荷。

对式(1.1.30)两边取体积分,并应用散度定理,可得

$$\oint_S\boldsymbol{D}\cdot\mathrm{d}\boldsymbol{S}=\int_V\rho\mathrm{d}V=Q$$

这是介质中高斯定理的积分形式,它表明穿过任一闭合面的电位移通量等于该闭合面内所包含的

自由电荷之和。

介质中，静电场仍然为保守场，环流定律保持不变，因此介质中静电场的基本方程为

$$\nabla \cdot \boldsymbol{D} = \rho \quad 或 \quad \oint_S \boldsymbol{D} \cdot \mathrm{d}\boldsymbol{S} = Q \tag{1.1.31}$$

$$\nabla \times \boldsymbol{E}(\boldsymbol{r}) = \boldsymbol{0} \quad 或 \quad \oint_C \boldsymbol{E}(\boldsymbol{r}) \cdot \mathrm{d}\boldsymbol{l} = 0 \tag{1.1.32}$$

2. 辅助方程

由介质中场的基本方程可知，需要知道 $\boldsymbol{D}$ 和 $\boldsymbol{E}$ 之间的关系，才能利用基本方程来求解场。式(1.1.29)的定义式适合所有介质，而对于线性各向同性介质，可将式(1.1.25)代入式(1.1.29)中，得到

$$\boldsymbol{D} = \varepsilon_0 \boldsymbol{E} + \boldsymbol{P} = \varepsilon_0(1 + \chi_e)\boldsymbol{E} = \varepsilon_0 \varepsilon_r \boldsymbol{E} = \varepsilon \boldsymbol{E} \tag{1.1.33}$$

式(1.1.33)称为线性各向同性介质的辅助方程。式中，$\varepsilon = \varepsilon_0 \varepsilon_r$ 称为介质的介电常数，单位为法/米(F/m)；$\varepsilon_r = 1 + \chi_e$ 称为介质的相对介电常数，无量纲。

对于均匀线性、各向同性介质，ε 为常数。若介质非均匀，则 ε 与空间位置有关，即 ε 是空间坐标的函数 $\varepsilon(x,y,z)$；若介质非线性，则 $\boldsymbol{P}$ 的各分量随 $\boldsymbol{E}$ 的各分量非线性变化，ε 与 $\boldsymbol{E}$ 的大小有关，$\boldsymbol{D}$ 与 $\boldsymbol{E}$ 之间具有非线性关系；若介质为各向异性，则 $\boldsymbol{P}$ 与 $\boldsymbol{E}$ 的方向有关，ε 是一个二阶张量，此时，$\boldsymbol{D}$ 与 $\boldsymbol{E}$ 的方向不同。

今后若未加说明，涉及的介质都是指均匀线性、各向同性介质。

例 1.5 半径为 a、介电常数为 ε 的均匀介质球内的极化强度为 $\boldsymbol{P} = \boldsymbol{e}_r \dfrac{k_0}{r}$，其中 k_0 为常数。(1)试计算极化电荷体密度和面密度；(2)计算自由电荷密度。

解 (1)介质球内极化电荷体密度为

$$\rho_p = -\nabla \cdot \boldsymbol{P} = -\frac{1}{r^2}\frac{\mathrm{d}}{\mathrm{d}r}(r^2 P_r) = -\frac{1}{r^2}\frac{\mathrm{d}}{\mathrm{d}r}\left(r^2 \frac{k_0}{r}\right) = -\frac{k_0}{r^2}$$

$r=a$ 处的极化电荷面密度为

$$\rho_{sp} = \boldsymbol{P} \cdot \boldsymbol{e}_r \big|_{r=a} = \boldsymbol{e}_r \frac{k_0}{r} \cdot \boldsymbol{e}_r \big|_{r=a} = \frac{k_0}{a}$$

(2)由 $\boldsymbol{D} = \varepsilon \boldsymbol{E} = \varepsilon_0 \boldsymbol{E} + \boldsymbol{P}$，有

$$\boldsymbol{E} = \frac{\boldsymbol{P}}{\varepsilon - \varepsilon_0} = \boldsymbol{e}_r \frac{k_0}{(\varepsilon - \varepsilon_0) r}$$

故

$$\rho = \nabla \cdot \boldsymbol{D} = \varepsilon \nabla \cdot \boldsymbol{E} = \varepsilon \frac{1}{r^2}\frac{\mathrm{d}}{\mathrm{d}r}(r^2 E_r) = \frac{\varepsilon k_0}{(\varepsilon - \varepsilon_0) r^2}$$

例 1.6 一半径为 a 的导体球，其上带有电量 Q。在球外套有一层外半径为 b、介电常数为 ε 的同心介质球壳，如图 1.8 所示。试求空间任一点的 $\boldsymbol{D}$、$\boldsymbol{E}$、$\boldsymbol{P}$ 和极化电荷分布。

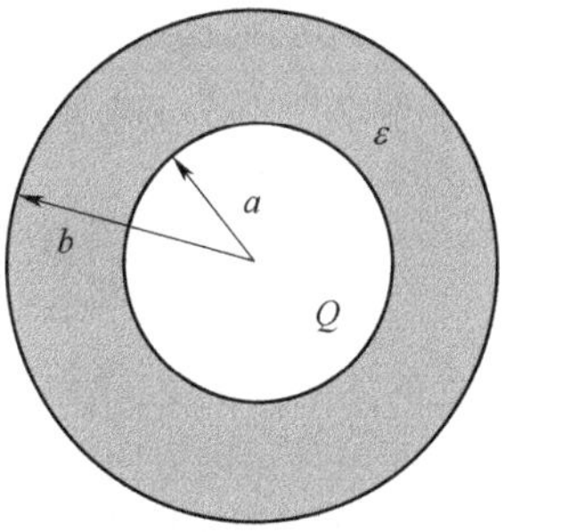

图 1.8 导体球外的介质球壳

解 由导体球和介质结构可知，场分布具有球面对称性。由于是导体球，球内 $\boldsymbol{E} = \boldsymbol{0}$，$\boldsymbol{D} = \boldsymbol{0}$。导体球外，应用高斯定理，可求得与导体球同心的任一球面上的 $\boldsymbol{D}$ 为

$$\boldsymbol{D} = \boldsymbol{e}_r \frac{Q}{4\pi r^2} (r \geqslant a)$$

介质球内($a < r < b$)

$$\boldsymbol{E} = \frac{\boldsymbol{D}}{\varepsilon} = \boldsymbol{e}_r \frac{Q}{4\pi\varepsilon r^2}$$

$$\boldsymbol{P} = (\varepsilon - \varepsilon_0)\boldsymbol{E} = \boldsymbol{e}_r \frac{(\varepsilon - \varepsilon_0)Q}{4\pi\varepsilon r^2}$$

$$\rho_p = -\nabla \cdot \boldsymbol{P} = -\frac{1}{r^2}\frac{\mathrm{d}}{\mathrm{d}r}(r^2 P_r) = 0$$

介质球壳内表面($r=a$)的极化电荷面密度为

$$\rho_{sp} = \boldsymbol{P} \cdot (-\boldsymbol{e}_r)\big|_{r=a} = \boldsymbol{e}_r \frac{(\varepsilon - \varepsilon_0)Q}{4\pi\varepsilon r^2} \cdot (-\boldsymbol{e}_r)\big|_{r=a} = -\frac{(\varepsilon - \varepsilon_0)Q}{4\pi\varepsilon a^2}$$

介质球壳外表面($r=b$)的极化电荷面密度为

$$\rho_{sp} = \boldsymbol{P} \cdot \boldsymbol{e}_r\big|_{r=b} = \frac{(\varepsilon - \varepsilon_0)Q}{4\pi\varepsilon b^2}$$

介质球壳外

$$\boldsymbol{E} = \frac{\boldsymbol{D}}{\varepsilon_0} = \boldsymbol{e}_r \frac{Q}{4\pi\varepsilon_0 r^2} \quad , \quad \boldsymbol{P} = \boldsymbol{0}$$

1.2 恒定电场的基本分析

电荷的定向运动形成电流,电流在其周围空间产生电场。恒定电流生成的电场称为恒定电场。

1.2.1 电流与电流密度

电流用 i 表示,它的定义如下:

$$i(t) = \lim_{\Delta t \to 0} \frac{\Delta q}{\Delta t} = \frac{\mathrm{d}q}{\mathrm{d}t} \tag{1.2.1}$$

式中, Δq 是 Δt 时间内流过横截面 S 的电荷量,其单位为安(A)。若空间电荷分布不随时间变化,此时的电流称为恒定电流,用 I 表示。为了描述电流在空间的分布状况,引入电流密度的概念。

1. 体电流密度 $\boldsymbol{J}$

电荷在一定的体积空间内流动形成的电流称为体电流,用体电流密度 $\boldsymbol{J}$ 来描述其在空间的分布。如图 1.9 所示,设点 r 处正电荷运动方向为 $\boldsymbol{e}_v$,垂直于 $\boldsymbol{e}_v$ 方向取一面元 ΔS ,若流过 ΔS 的电流为 ΔI ,则定义

$$\boldsymbol{J} = \boldsymbol{e}_v \lim_{\Delta S \to 0} \frac{\Delta I}{\Delta S} = \boldsymbol{e}_v \lim_{\substack{\Delta S \to 0 \\ \Delta t \to 0}} \frac{\Delta q}{\Delta t \cdot \Delta S} \tag{1.2.2}$$

为点 r 处的体电流密度,单位为安/米^2(A / m^2)。它表示点 r 处通过垂直于电荷运动方向的单位面积上的电流大小和方向。

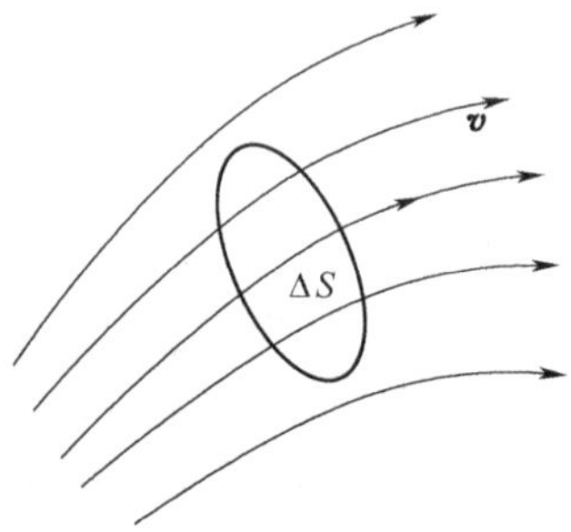

图 1.9 体电流分布示意图

若正电荷运动速度为 $\boldsymbol{v}$,面元 ΔS 垂直于 $\boldsymbol{v}$,电荷体密度为 ρ ,则 Δt 时间内通过 ΔS 的电荷流过的距离为 $v\Delta t$,流过 ΔS 的电荷量为 $\Delta q = \rho v \Delta t \Delta S$,代入式(1.2.2),有

$$\boldsymbol{J} = \rho \boldsymbol{v} \tag{1.2.3}$$

由 $\boldsymbol{J}$ 可求出通过任一横截面 S 的电流为

$$I = \int_S \boldsymbol{J} \cdot \mathrm{d}\boldsymbol{S} \tag{1.2.4}$$

2. 面电流密度 $\boldsymbol{J}_S$

电荷在一个厚度可忽略不计的面上流动形成的电流称为面电流,可用面电流密度 $\boldsymbol{J}_S$ 描述其分布。如图 1.10 所示,在垂直于电流方向上取一个线元 $\Delta l_\perp$,设流过 $\Delta l_\perp$ 的电流为 ΔI,则定义

$$\boldsymbol{J}_S = \boldsymbol{e}_v \lim_{\Delta l \to 0} \frac{\Delta I}{\Delta l_\perp} \tag{1.2.5}$$

为点 r 处的面电流密度,单位为安/米(A/m)。

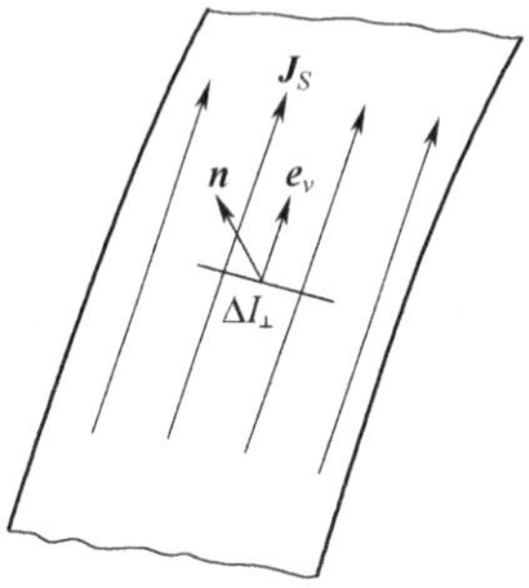

图 1.10　面电流分布

同理,可求得

$$\boldsymbol{J}_S = \rho_S \boldsymbol{v} \tag{1.2.6}$$

式中,ρ_S 为面电荷密度;$\boldsymbol{v}$ 为面电荷运动速度。

若已知曲面 S 上的面电流密度 $\boldsymbol{J}_S$,$\boldsymbol{l}$ 为 S 上的任意有向曲线,设 $\boldsymbol{J}_S$ 与 $\boldsymbol{l}$ 间的夹角为 α,则垂直穿过 $\mathrm{d}\boldsymbol{l}$ 的电流为 $\mathrm{d}I = \mathrm{d}lJ_S \sin\alpha = |\mathrm{d}\boldsymbol{l} \times \boldsymbol{J}_S|$,故可求得穿过曲线 $\boldsymbol{l}$ 的电流为

$$I = \int_l \boldsymbol{e}_\mathrm{n} \cdot (\mathrm{d}\boldsymbol{l} \times \boldsymbol{J}_S) = \int_l \boldsymbol{J}_S \cdot (\boldsymbol{E}_\mathrm{n} \times \mathrm{d}\boldsymbol{l}) \tag{1.2.7}$$

式中,$\boldsymbol{e}_\mathrm{n}$ 为曲面 S 的单位法向矢量。

3. 线电流 I

电荷在一条线上流动形成的电流称为线电流,用 I 表示。同理有 $I = \rho_l v$,其中 ρ_l 为线电荷密度,v 为正电荷运动速度。

1.2.2　电流连续性方程

实验表明,电荷是守恒的,它只能由一个物体流向另一个物体,不能被创造,也不会消失。因此,在密度为 $\boldsymbol{J}$ 的电流分布空间,任取一封闭曲面 S,设 S 所包围的体积为 V,根据电荷守恒定律,单位时间内流出闭合面 S 的电荷量应等于体积 V 内电荷的减少量。即

$$\oint_S \boldsymbol{J} \cdot \mathrm{d}\boldsymbol{S} = -\frac{\mathrm{d}q}{\mathrm{d}t} = -\frac{\mathrm{d}}{\mathrm{d}t}\int_V \rho \mathrm{d}V \tag{1.2.8}$$

式中,q 为体积 V 内的总电荷量。上式右端积分是在固定体积 V 上进行,故积分限与时间无关,可将积分和微分的顺序调换,同时应用散度定理,可得

$$\int_V \left(\boldsymbol{\nabla} \cdot \boldsymbol{J} + \frac{\partial \rho}{\partial t} \right) \mathrm{d}V = 0$$

因式中 S 和其所包围的 V 都是任意的,因此上式成立时应有

$$\nabla \cdot \boldsymbol{J} + \frac{\partial \rho}{\partial t} = 0 \tag{1.2.9}$$

式(1.2.8)和式(1.2.9)分别称为电流连续性方程的积分形式和微分形式。

1.2.3　恒定电场的基本方程

若电荷分布不随时间变化,即 $\frac{\partial \rho}{\partial t} = 0$,则构成了恒定电流场。此时,式(1.2.8)和式(1.2.9)的电流连续性方程可改写为

$$\oint_S \boldsymbol{J} \cdot \mathrm{d}\boldsymbol{S} = 0 \tag{1.2.10}$$

$$\nabla \cdot \boldsymbol{J} = 0 \tag{1.2.11}$$

这表明从任意闭合面穿出的电流恒为0，即恒定电流场是一个无散度的场。

要在导电介质中维持恒定电流，就必须存在恒定电场，电场力做功使电荷维持定向运动形成电流。若导电介质内电荷体密度为ρ，电场为$\boldsymbol{E}$，则单位体积内电荷所受的电场力为$\rho\boldsymbol{E}$。又若电荷在电场力作用下以速度$\boldsymbol{v}$运动，则单位时间内电场力对单位体积内电荷所做的功为

$$p = \rho\boldsymbol{E} \cdot \boldsymbol{v} = \boldsymbol{E} \cdot \boldsymbol{J} \tag{1.2.12}$$

电场提供的功率被转化成焦耳热能消耗在导电介质的电阻上，故p称为导电介质内单位体积内的焦耳损耗，单位为瓦/米^3（$\mathrm{W/m^3}$）。式(1.2.12)称为焦耳定律的微分形式。

实验表明，在线性、各向同性的导电介质中，$\boldsymbol{J}$和$\boldsymbol{E}$之间存在线性关系：

$$\boldsymbol{J} = \sigma\boldsymbol{E} \tag{1.2.13}$$

式中，σ为介质的电导率，单位为西/米(S/m)。一般金属材料的电导率σ是一个常数，但随温度变化。

虽然电流是运动电荷形成的，但在恒定电流情况下，电荷分布并不随时间变化。因此，可以认为恒定电场与静电场具有相同的性质，即它也是保守场，电场强度$\boldsymbol{E}$沿任一闭合回路的线积分恒为0。

因此，恒定电场的基本方程总结为

$$\oint_S \boldsymbol{J} \cdot \mathrm{d}\boldsymbol{S} = 0 \quad 或 \quad \nabla \cdot \boldsymbol{J} = 0$$

$$\oint_c \boldsymbol{E}(\boldsymbol{r}) \cdot \mathrm{d}\boldsymbol{l} = 0 \quad 或 \quad \nabla \times \boldsymbol{E}(\boldsymbol{r}) = \boldsymbol{0}$$

辅助方程为 $\boldsymbol{J} = \sigma\boldsymbol{E}$

导电介质中，σ越大，介质的导电性能越好，当$\sigma \to \infty$时，称为理想导体。由辅助方程$\boldsymbol{J} = \sigma\boldsymbol{E}$可看出，$\sigma \to \infty$时，$E \to 0$。因此理想导体内电场$\boldsymbol{E}$处处为0，而非理想导体内，$\boldsymbol{E}$不为0。这点与静电场不同，静电场中所有导体内的$\boldsymbol{E}$都为0。

1.3 恒定磁场的基本定律与方程

恒定电流在其周围空间产生恒定磁场，恒定磁场的基本实验定律是安培定律，由安培定律可导出磁感应强度矢量$\boldsymbol{B}$的计算公式，它是描述磁场的基本物理量。

1.3.1 安培定律和磁感应强度

1. 安培定律

安培定律描述了真空中两个电流回路间相互作用力的规律，它与静电场中库仑定律的作用和地位相当。

设真空中有两个闭合电流回路c'和c，分别载有恒定电流I'和I，如图1.11所示。则回路c'对回路c的安培作用力为

$$\boldsymbol{F}_{c' \to c} = \frac{\mu_0}{4\pi} \cdot \oint_c \oint_{c'} \frac{I\mathrm{d}\boldsymbol{l} \times (I'\mathrm{d}\boldsymbol{l}' \times \boldsymbol{R})}{R^3} \tag{1.3.1}$$

式中，μ_0为真空的磁导率，$\mu_0 = 4\pi \times 10^{-7}\mathrm{H/m}$；$I'\mathrm{d}\boldsymbol{l}'$和$I\mathrm{d}\boldsymbol{l}$分别是回路$c'$和$c$上的线电流元，$\mathrm{d}\boldsymbol{l}'$和

$\boldsymbol{dl}$ 方向分别与电流 I' 和 I 方向相同；$\boldsymbol{R} = \boldsymbol{r} - \boldsymbol{r}'$ 表示 $I'\mathrm{d}\boldsymbol{l}'$ 到 $I\mathrm{d}\boldsymbol{l}$ 的距离矢量，其中 $\boldsymbol{r}'$、$\boldsymbol{r}$ 分别是 $I'\mathrm{d}\boldsymbol{l}'$ 和 $I\mathrm{d}\boldsymbol{l}$ 的位置矢量。

式(1.3.1)称为安培定律，它是物理学家安培通过大量实验推导得出的。可以证明回路 c 对 c' 的作用力 $\boldsymbol{F}_{c\to c'} = -\boldsymbol{F}_{c'\to c}$，满足牛顿第三定律。

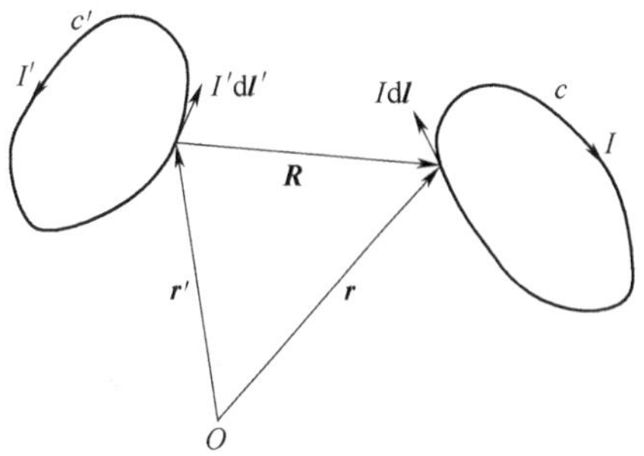

图 1.11　电流回路间的安培作用力

2. 磁感应强度

式(1.3.1)中回路 c' 对回路 c 的作用力，可认为是电流 I' 在其周围空间产生了磁场，而磁场对处于其中的回路 c 有安培力作用。据此，可将式(1.3.1)改写为

$$\boldsymbol{F}_{c'\to c} = \oint_c I\mathrm{d}\boldsymbol{l} \times \left[\oint_{c'} \frac{\mu_0}{4\pi}\frac{(I'\mathrm{d}\boldsymbol{l}' \times \boldsymbol{R})}{R^3}\right]$$

上式等号右边括号内的项可认为是电流 I' 在电流元 $I\mathrm{d}\boldsymbol{l}$ 位置处产生的磁场。于是，可引入描述磁场的物理量，定义回路电流 I' 在空间任一点 $\boldsymbol{r}$ 处产生的磁感应强度 $\boldsymbol{B}$ 为

$$\boldsymbol{B} = \frac{\mu_0}{4\pi}\oint_{c'} \frac{(I'\mathrm{d}\boldsymbol{l}' \times \boldsymbol{R})}{R^3} \tag{1.3.2}$$

$\boldsymbol{B}$ 的单位为特斯拉(T)或韦伯/米^2(Wb/m^2)，是一个矢量函数。式(1.3.2)称为毕奥-萨伐尔定律。

由式(1.3.2)可得出回路上任一电流元 $I'\mathrm{d}\boldsymbol{l}'$ 在点 $\boldsymbol{r}$ 处产生的磁感应强度 $\mathrm{d}\boldsymbol{B}$ 为

$$\mathrm{d}\boldsymbol{B} = \frac{\mu_0}{4\pi}\frac{I'\mathrm{d}\boldsymbol{l}' \times \boldsymbol{r}}{R^3} \tag{1.3.3}$$

这是毕奥-萨伐尔定律的另一表达形式。由式(1.3.3)可看出，$\mathrm{d}\boldsymbol{l}'$、$\boldsymbol{R}$ 和 $\mathrm{d}\boldsymbol{B}$ 三者方向间满足右手螺旋关系。

应用关系式 $\nabla\left(\frac{1}{R}\right) = -\frac{\boldsymbol{R}}{R^3}$，同时利用矢量恒等式 $\nabla\times(u\boldsymbol{A}) = u\nabla\times\boldsymbol{A} + \nabla u\times\boldsymbol{A}$，式(1.3.2)中的被积函数可写为

$$\begin{aligned}\frac{I'\mathrm{d}\boldsymbol{l}' \times \boldsymbol{r}}{R^3} &= \nabla\left(\frac{1}{R}\right) \times I'\,\mathrm{d}\boldsymbol{l}' = \nabla\times\left(\frac{I'\,\mathrm{d}\boldsymbol{l}'}{R}\right) - \frac{1}{R}\nabla\times(I'\,\mathrm{d}\boldsymbol{l}') \\ &= \nabla\times\left(\frac{I'\,\mathrm{d}\boldsymbol{l}'}{R}\right)\end{aligned} \tag{1.3.4}$$

上式中算符 ∇ 是对场点坐标的运算，而 $I'\,\mathrm{d}\boldsymbol{l}'$ 是源点坐标的函数，因此有 $\nabla\times(I'\,\mathrm{d}\boldsymbol{l}') = \boldsymbol{0}$。于是，毕奥-萨伐尔定律也可写为

$$\boldsymbol{B}(\boldsymbol{r}) = \frac{\mu_0}{4\pi}\oint_{c'} \frac{I'\mathrm{d}\boldsymbol{l}' \times \boldsymbol{r}}{R^3} = \frac{\mu_0}{4\pi}\oint_{c'} \nabla\times\left(\frac{I'\mathrm{d}\boldsymbol{l}'}{R}\right) = \frac{\mu_0}{4\pi}\nabla\times\oint_{c'}\left(\frac{I'\mathrm{d}\boldsymbol{l}'}{R}\right) \tag{1.3.5}$$

将上述线电流分布情形推广到体电流 $\boldsymbol{J}$ 和面电流 $\boldsymbol{J}_S$ 分布。线电流分布中，矢性单位元是电流元 $I'\mathrm{d}\boldsymbol{l}'$，对于体电流 $\boldsymbol{J}$，在垂直于电流方向取一面积元 $\mathrm{d}S'$，则通过 $\mathrm{d}S'$ 的电流为 $\mathrm{d}I' = \boldsymbol{J}\mathrm{d}S'$，如图 1.12 所示。将 $\mathrm{d}I'$ 视作为线电流，则电流元 $\mathrm{d}I'\mathrm{d}l' = \boldsymbol{J}\mathrm{d}S'\mathrm{d}l' = \boldsymbol{J}\mathrm{d}V'$，故体电流中的电流元为 $\boldsymbol{J}\mathrm{d}V'$。同理，可得出面电流元为 $\boldsymbol{J}_S\mathrm{d}S'$。将它们分别代入毕奥-萨伐尔定律，得出 $\boldsymbol{J}\mathrm{d}V'$、$\boldsymbol{J}_S\mathrm{d}S'$ 产生的 $\mathrm{d}\boldsymbol{B}$ 为

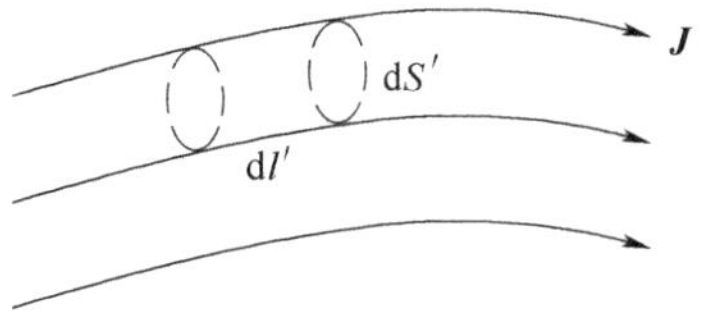

图 1.12　体电流元

$$\mathrm{d}\boldsymbol{B}=\frac{\mu_0}{4\pi}\frac{\boldsymbol{J}(\boldsymbol{r}')\mathrm{d}V'\times\boldsymbol{R}}{R^3}=\frac{\mu_0}{4\pi}\nabla\times\left(\frac{\boldsymbol{J}(\boldsymbol{r}')\mathrm{d}V'}{R}\right) \tag{1.3.6}$$

$$\mathrm{d}\boldsymbol{B}=\frac{\mu_0}{4\pi}\frac{\boldsymbol{J}_S(\boldsymbol{r}')\mathrm{d}S'\times\boldsymbol{r}}{R^3}=\frac{\mu_0}{4\pi}\nabla\times\left(\frac{\boldsymbol{J}_S(\boldsymbol{r}')\mathrm{d}S'}{R}\right) \tag{1.3.7}$$

体电流 $\boldsymbol{J}$ 、面电流 $\boldsymbol{J}_S$ 产生的 $\boldsymbol{B}$ 分别为

$$\boldsymbol{B}(\boldsymbol{r})=\frac{\mu_0}{4\pi}\int_{V'}\frac{\boldsymbol{J}(\boldsymbol{r}')\mathrm{d}V'\times\boldsymbol{r}}{R^3}=\frac{\mu_0}{4\pi}\nabla\times\int_{V'}\frac{\boldsymbol{J}(\boldsymbol{r}')\mathrm{d}V'}{R} \tag{1.3.8}$$

$$\boldsymbol{B}(\boldsymbol{r})=\frac{\mu_0}{4\pi}\int_{S'}\frac{\boldsymbol{J}_S(\boldsymbol{r}')\mathrm{d}S'\times\boldsymbol{r}}{R^3}=\frac{\mu_0}{4\pi}\nabla\times\int_{S'}\frac{\boldsymbol{J}_S(\boldsymbol{r}')\mathrm{d}S'}{R} \tag{1.3.9}$$

例 1.7 求一半径为 a 通有电流 I 的微小电流圆环在空间产生的磁感应强度 $\boldsymbol{B}$。

解 采用球坐标系，令小圆环位于 xOy 平面，圆心与球坐标原点重合，电流正方向与 $\boldsymbol{e}_z$ 符合右手螺旋规则，如图 1.13 所示。

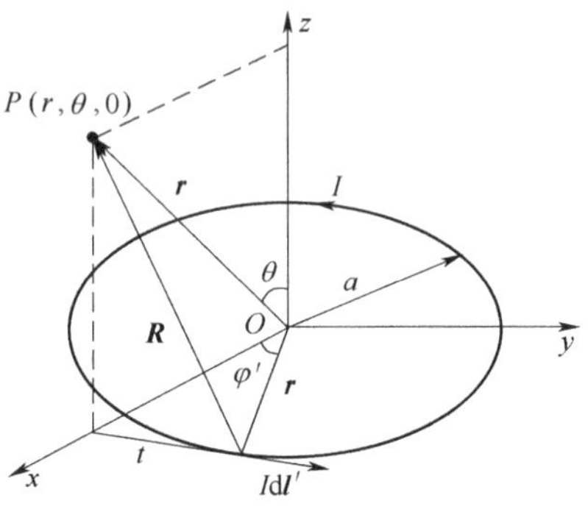

图 1.13 小电流圆环的磁场计算

因电流和磁场分布具有轴对称性，故场的分布与坐标 φ 无关，将待求场点 $P(r,\theta,0)$ 置于 xOz 平面上将不失其普遍性。

在小圆环上任取一电流元 $I\mathrm{d}\boldsymbol{l}'$，由式(1.3.5)可求得在场点 P 处的 $\boldsymbol{B}$ 为

$$\boldsymbol{B}(\boldsymbol{r})=\frac{\mu_0 I}{4\pi}\nabla\times\oint_c\left(\frac{\mathrm{d}\boldsymbol{l}'}{R}\right) \tag{1.3.10}$$

式中，$\mathrm{d}\boldsymbol{l}'=\boldsymbol{e}_\varphi a\mathrm{d}\varphi'$，$\boldsymbol{e}_\varphi=-\boldsymbol{e}_x\sin\varphi'+\boldsymbol{e}_y\cos\varphi'$，

$$R^2=z^2+t^2=z^2+x^2+a^2-2ax\cos\varphi'$$
$$=r^2+a^2-2ar\sin\theta\cos\varphi'$$

对于远离小圆环的区域，有 $r\gg a$，按照例 1.1 类似的方法化简，可得

$$\frac{1}{R}=\frac{1}{r}\left(1-\frac{2a}{r}\sin\theta\cos\varphi'+\frac{a^2}{r^2}\right)^{-\frac{1}{2}}$$

$$\approx\frac{1}{r}\left(1-2\frac{a}{r}\sin\theta\cos\varphi'\right)^{-\frac{1}{2}}\approx\frac{1}{r}\left(1+\frac{a}{r}\sin\theta\cos\varphi'\right)$$

将以上关系式代入式(1.3.10)中的积分项，可得

$$\oint_c\frac{\mathrm{d}\boldsymbol{l}'}{R}=\int_0^{2\pi}\frac{a}{r}\left(1+\frac{a}{r}\sin\theta\cos\varphi'\right)(-\boldsymbol{e}_x\sin\varphi'+\boldsymbol{e}_y\cos\varphi')\mathrm{d}\varphi'$$

根据三角函数的周期性，三角函数在一个周期内的积分为 0。故上式中，$\boldsymbol{e}_x$ 分量的积分结果为 0，而

$$\boldsymbol{e}_y\int_0^{2\pi}\frac{a}{r}\left(1+\frac{a}{r}\sin\theta\cos\varphi'\right)\cos\varphi'\mathrm{d}\varphi'=\boldsymbol{e}_y\frac{\pi a^2}{r^2}\sin\theta$$

由于 $\varphi=0$ 平面上，$\boldsymbol{e}_y$ 方向即为 $\boldsymbol{e}_\varphi$ 方向，为了不失普遍性，应将上式中 $\boldsymbol{e}_y$ 改为 $\boldsymbol{e}_\varphi$。将上式结果代入式(1.3.10)，可得

$$\begin{aligned}\boldsymbol{B}(\boldsymbol{r})&=\frac{\mu_0 I}{4\pi}\nabla\times\left(\boldsymbol{e}_\varphi\frac{\pi a^2}{r^2}\sin\theta\right)\\&=\frac{\mu_0 I a^2}{4r^3}(\boldsymbol{e}_r 2\cos\theta+\boldsymbol{e}_\theta\sin\theta)\end{aligned} \tag{1.3.11}$$

虽然上式是在 $r \gg a$ 的条件下推导得出的，但当 a 足够小或很小时，可认为此结果适用于全区域中。

由式(1.3.11)可看出，小电流圆环的远区磁场分布类似于电偶极子的远区电场分布，因此，将微小电流圆环称为磁偶极子，若圆环面积 $S=\pi a^2$，方向与电流正方向满足右手螺旋关系，则定义磁偶极子的磁偶极矩为 $\boldsymbol{P}_{\mathrm{m}} = I\boldsymbol{S}$。于是，式(1.3.11)可改写为

$$\boldsymbol{B}(\boldsymbol{r}) = \boldsymbol{e}_r \frac{\mu_0 P_{\mathrm{m}} \cos\theta}{2\pi r^3} + \boldsymbol{E}_\theta \frac{\mu_0 P_{\mathrm{m}} \sin\theta}{4\pi r^3} \quad (1.3.12)$$

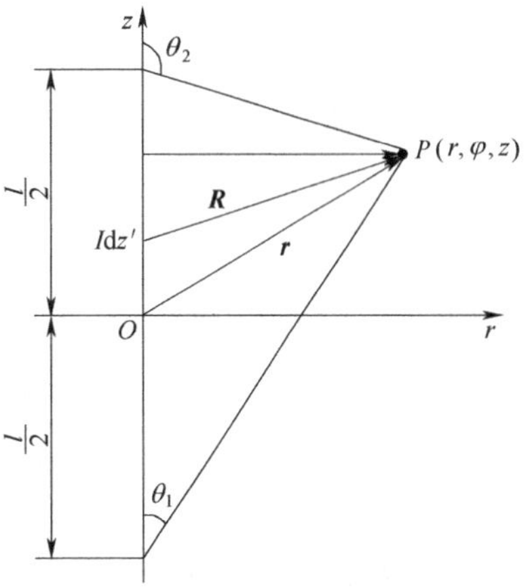

图 1.14　直线电流的磁场计算

例 1.8　求一长度为 l 的直线电流 I 产生的磁感应强度 $\boldsymbol{B}$。

解　采用圆柱坐标系，令直线电流位于 z 轴，线电流中点与坐标原点重合，如图 1.14 所示。显然，场分布具有轴对称性，场与坐标 φ 无关。任取场点 $P(r,\varphi,z)$，则场点位置矢量为 $\boldsymbol{r}=\boldsymbol{e}_r r+\boldsymbol{e}_z z$。在线电流上任取一线电流元 $I\mathrm{d}\boldsymbol{l}'=\boldsymbol{e}_z I\mathrm{d}z'$，其位置矢量为 $\boldsymbol{r}'=\boldsymbol{E}_z z'$。故距离矢量 $\boldsymbol{R}=\boldsymbol{r}-\boldsymbol{r}'=\boldsymbol{e}_r r+\boldsymbol{e}_z(z-z')$，代入式(1.3.5)可得

$$\boldsymbol{B}(\boldsymbol{r}) = \frac{\mu_0}{4\pi}\int_{-\frac{l}{2}}^{\frac{l}{2}} \frac{I\mathrm{d}z'\,\boldsymbol{e}_z \times [\boldsymbol{e}_r r + \boldsymbol{e}_z(z-z')]}{[r^2+(z-z')^2]^{3/2}} = \boldsymbol{e}_\varphi \frac{\mu_0 I}{4\pi}\int_{-\frac{l}{2}}^{\frac{1}{2}} \frac{r\mathrm{d}z'}{[r^2+(z-z')^2]^{3/2}}$$

$$= \boldsymbol{e}_\varphi \frac{\mu_0 I}{4\pi r}\left\{\frac{z+\frac{1}{2}}{\left[r^2+\left(z+\frac{l}{2}\right)^2\right]^{1/2}} - \frac{z-\frac{l}{2}}{\left[r^2+\left(z-\frac{1}{2}\right)^2\right]^{1/2}}\right\}$$

由图 1.14，有

$$\cos\theta_1 = \frac{z+\frac{l}{2}}{\left[r^2+\left(z+\frac{l}{2}\right)^2\right]^{1/2}}, \quad \cos\theta_2 = \frac{z-\frac{l}{2}}{\left[r^2+\left(z-\frac{l}{2}\right)^2\right]^{1/2}}$$

故有

$$\boldsymbol{B}(\boldsymbol{r}) = \boldsymbol{e}_\varphi \frac{\mu_0 I}{4\pi r}(\cos\theta_1 - \cos\theta_2)$$

当 $l\to\infty$ 时，即有限长线电流延伸变为无限长线电流，有 $\theta_1\to 0,\theta_2\to\pi$，可求得无线长直线电流产生的磁感应强度为

$$\boldsymbol{B}(\boldsymbol{r}) = \boldsymbol{e}_\varphi \frac{\mu_0 I}{2\pi r} \quad (1.3.13)$$

实际应用中，式(1.3.13)常用于长直线电流产生磁场的近似计算。

1.3.2　真空中恒定磁场的基本方程

磁场是一个矢量场，如同静电场，磁场也是由它的散度、旋度和边界条件唯一确定的。因此，恒定磁场分析时，也是先从它的散度和旋度开始讨论。

1. 恒定磁场的散度和磁通连续性原理

由式(1.3.6)毕奥-萨伐尔定律的表示形式

$$\boldsymbol{B}(\boldsymbol{r})=\nabla\times\left[\frac{\mu_0}{4\pi}\int_V\frac{\boldsymbol{J}(\boldsymbol{r}')\mathrm{d}V'}{R}\right] \tag{1.3.14}$$

可看出，$\boldsymbol{B}(\boldsymbol{r})$ 是一个矢量函数的旋度，由矢量恒等式 $\nabla\cdot(\nabla\times\boldsymbol{A})\equiv 0$，可知

$$\nabla\cdot\boldsymbol{B}=0 \tag{1.3.15}$$

此式表明，磁感应强度 $\boldsymbol{B}$ 的散度恒为0，磁场是一个无通量源的矢量场，不存在与电荷相对应的孤立磁荷。

对式(1.3.15)两边同时求体积分，并应用散度定理，可得

$$\int_V\nabla\cdot\boldsymbol{B}\mathrm{d}V=\oint_S\boldsymbol{B}\cdot\mathrm{d}\boldsymbol{S}=0 \tag{1.3.16}$$

此式表明，穿过任一闭合面的磁通量为0，磁感应线为闭合曲线。式(1.3.16)称为磁通连续性方程的积分形式，相应地式(1.3.15)称为其微分形式。

2. 恒定磁场的旋度和安培环路定律

对式(1.3.14)两边取旋度，得

$$\nabla\times\boldsymbol{B}=\frac{\mu_0}{4\pi}\nabla\times\nabla\times\int_V\frac{\boldsymbol{J}(\boldsymbol{r}')\mathrm{d}V'}{R}$$

利用矢量恒等式 $\nabla\times\nabla\times\boldsymbol{A}=\nabla(\nabla\cdot\boldsymbol{A})-\nabla^2\boldsymbol{A}$，有

$$\nabla\times\boldsymbol{B}=\frac{\mu_0}{4\pi}\nabla\int_V\nabla\cdot\left(\frac{\boldsymbol{J}(\boldsymbol{r}')}{R}\right)\mathrm{d}V'-\frac{\mu_0}{4\pi}\int_V\boldsymbol{J}(\boldsymbol{r}')\nabla^2\left(\frac{1}{R}\right)\mathrm{d}V' \tag{1.3.17}$$

由关系式 $\nabla\cdot(u\boldsymbol{A})=u\nabla\cdot(\boldsymbol{A})+\boldsymbol{A}\cdot\nabla u$，$\nabla\left(\frac{1}{R}\right)=-\nabla'\left(\frac{1}{R}\right)$，$\nabla\cdot\boldsymbol{J}(\boldsymbol{r}')=0$ 及 $\nabla'\cdot\boldsymbol{J}(\boldsymbol{r}')=0$，可推导出

$$\begin{aligned}\nabla\cdot\left(\frac{\boldsymbol{J}(\boldsymbol{r}')}{R}\right)&=\frac{1}{R}\nabla\cdot\boldsymbol{J}(\boldsymbol{r}')+\boldsymbol{J}(\boldsymbol{r}')\cdot\nabla\left(\frac{1}{R}\right)=-\boldsymbol{J}(\boldsymbol{r}')\cdot\nabla'\left(\frac{1}{R}\right)\\&=-\nabla'\cdot\left(\frac{\boldsymbol{J}(\boldsymbol{r}')}{R}\right)+\frac{\nabla'\boldsymbol{J}(\boldsymbol{r}')}{R}=-\nabla'\cdot\left(\frac{\boldsymbol{J}(\boldsymbol{r}')}{R}\right)\end{aligned}$$

故式(1.3.17)中右边第一项的积分为

$$\int_V\nabla\cdot\left(\frac{\boldsymbol{J}(\boldsymbol{r}')}{R}\right)\mathrm{d}V'=-\int_V\nabla'\cdot\left(\frac{\boldsymbol{J}(\boldsymbol{r}')}{R}\right)\mathrm{d}V'=-\oint_S\frac{\boldsymbol{J}(\boldsymbol{r}')\cdot\mathrm{d}\boldsymbol{S}'}{R}=0。$$

这是因为 S 面是包围区域 V 的曲面，电流限定在区域 V 内，故在边界面 S 上，$\boldsymbol{J}(\boldsymbol{r}')$ 没有法向分量，所以 $\boldsymbol{J}(\boldsymbol{r}')\cdot\mathrm{d}\boldsymbol{S}'=0$

由关系式 $\nabla^2\left(\frac{1}{R}\right)=\nabla^2\left(\frac{1}{|\boldsymbol{r}-\boldsymbol{r}'|}\right)=-4\pi\delta(\boldsymbol{r}-\boldsymbol{r}')$，可得式(1.3.17)右边第二项为

$$\frac{\mu_0}{4\pi}\int_{V'}\boldsymbol{J}(\boldsymbol{r}')\nabla^2\left(\frac{1}{R}\right)\mathrm{d}V'=-\mu_0\boldsymbol{J}(\boldsymbol{r})$$

因此可得到

$$\nabla\times\boldsymbol{B}(\boldsymbol{r})=\mu_0\boldsymbol{J}(\boldsymbol{r}) \tag{1.3.18}$$

这是安培环路定律的微分形式。此式表明，恒定磁场是有旋场，恒定电流是其涡旋源。

在恒定磁场中任取一曲面 S，围线 c 为 S 面的边界，对式(1.3.18)两边在 S 上取面积分，可得

$$\int_S\nabla\times\boldsymbol{B}\cdot\mathrm{d}\boldsymbol{S}=\mu_0\int_S\boldsymbol{J}\cdot\mathrm{d}\boldsymbol{S}=\mu_0 I$$

由斯托克斯定理 $\int_S \nabla\times \boldsymbol{B}\cdot \mathrm{d}\boldsymbol{S} = \oint_c \boldsymbol{B}\cdot \mathrm{d}\boldsymbol{l}$,有

$$\oint_c \boldsymbol{B}\cdot \mathrm{d}\boldsymbol{l} = \mu_0 I \tag{1.3.19}$$

式中,I 为回路 c 交链的总电流,其正方向与 c 的方向成右手螺旋关系。这是安培环路定律的积分形式,它表明,磁感应强度 $\boldsymbol{B}$ 沿任意闭合回路的环流等于回路交链的电流之和与 μ_0 的乘积。

当电流具有对称分布时,利用积分形式的安培环路定律可简化空间磁场 $\boldsymbol{B}$ 的计算。此时的关键是要能找到一闭合回路 c, 在 c 上每一点的 $\boldsymbol{B}$ 只有切线或法线方向分量,$\boldsymbol{B}$ 的切线分量大小相等或为 0。

例 1.9 半径为 a 的无限长直导体圆柱中,通有密度为 $\boldsymbol{J} = J_0 \dfrac{r}{a}\boldsymbol{e}_z$ 的恒定电流。求圆柱内外的磁感应强度。

解 选用圆柱坐标系,令圆柱轴线与 z 轴重合,电流沿 z 轴方向流动。显然,场分布具有轴对称性,以轴线为中心,r 为半径作一闭合回路 c,根据安培环路定律,有

$$\oint_c \boldsymbol{B}\cdot \mathrm{d}\boldsymbol{l} = B_\varphi 2\pi r = \mu_0 I'$$

式中, I' 是半径为 r 的回路 c 所交链的电流。

当 $r \leqslant a$ 时,有

$$I' = \int_S \boldsymbol{J}\cdot \mathrm{d}\boldsymbol{S} = \int_0^r \frac{2\pi J_0 r'^2}{a}\mathrm{d}r' = \frac{2\pi J_0 r^3}{3a}$$

$$\boldsymbol{B} = \boldsymbol{e}_\varphi \frac{\mu_0 J_0 r^2}{3a}$$

当 $r > a$ 时,有

$$I' = \int_S \boldsymbol{J}\cdot \mathrm{d}\boldsymbol{S} = \int_0^a \frac{2\pi J_0 r'^2}{a}\mathrm{d}r' = \frac{2\pi J_0 a^2}{3}$$

$$\boldsymbol{B} = \boldsymbol{e}_\varphi \frac{\mu_0 J_0 a^2}{3r}$$

例 1.10 无限大导体薄板上通有密度为 $\boldsymbol{J} = \boldsymbol{e}_x J_0$ 的电流,求其在空间产生的磁感应强度。

解 设导体平面位于 $z=0$ 平面,由电流分布可知,场分布具有平面对称性。垂直穿过导体平面作一闭合矩形回路,其上下两边边长 l 与导体面平行且等距,两侧边垂直于导体平面,如图 1.15 所示。在上下两平行边上,$\boldsymbol{B}$ 的大小相等,方向平行于回路方向,而在两侧边,$\boldsymbol{B}$ 的方向与回路方向垂直。故根据安培环路定律,有

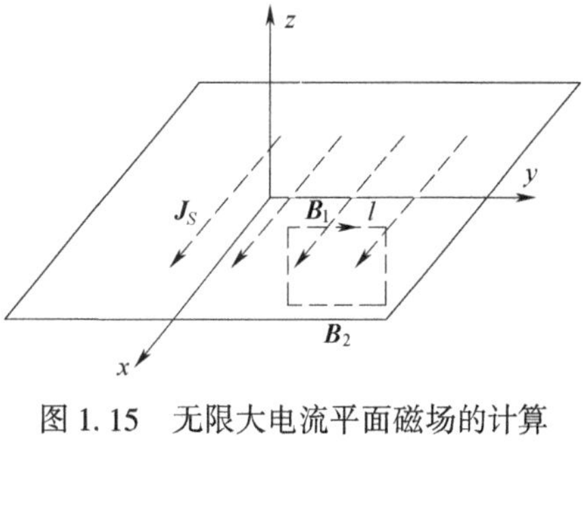

图 1.15 无限大电流平面磁场的计算

$$\oint_c \boldsymbol{B}\cdot \mathrm{d}\boldsymbol{l} = B_1\,\boldsymbol{e}_y \cdot l\,\boldsymbol{e}_y + B_2(-\boldsymbol{e}_y)\cdot l(-\boldsymbol{e}_y) = \mu_0 J_0 l$$

上式中因为两侧边 B 的方向垂直于回路方向,故两侧边线积分为 0。

因 $B_1 = B_2 = B$,故有

$$
\boldsymbol{B} = \begin{cases} \boldsymbol{e}_y \dfrac{\mu_0 J_0}{2} & \text{当 } z > 0 \\ -\boldsymbol{e}_y \dfrac{\mu_0 J_0}{2} & \text{当 } z < 0 \end{cases}
$$

1.3.3 物质的磁化

前面讨论了真空中的磁场,而未考虑空间介质对磁场的影响。如同电介质在电场中要被极化,磁介质在磁场中也会被磁化,它会产生附加的磁场,叠加在原有磁场上,使原来的磁场分布发生变化。

1. 介质的磁化

物质的磁化来源于构成物质的分子中电子的绕核运动或自我旋转,它们形成一个个微小的电流圆环,相当于磁偶极子,产生磁偶极矩。分子中所有磁偶极矩的总和称为分子固有磁矩,可等效为分子电流生成,表示为

$$
\boldsymbol{p}_{\mathrm{m}} = i\Delta \boldsymbol{S} \tag{1.3.20}
$$

式中,i 为等效的分子电流;$\Delta \boldsymbol{S}$ 为分子电流所围面积元矢量,其方向与 i 流动方向成右手螺旋关系。

若单个分子的固有磁矩为0,这类分子构成的物质称为抗磁性物质,这类似于无极分子构成的电介质,其对外不呈磁性;若单个分子的固有磁矩不为0,则称这类分子构成的物质为顺磁性物质,这类似于有极分子构成的电介质。当没有外加磁场作用时,顺磁性物质中各个分子的固有磁矩的取向是杂乱无章的,磁介质内总的合成磁矩为0,如图1.16所示。因此,无外加磁场时,无论是顺磁质还是抗磁质物质对外都不呈磁性。

当有外加磁场作用时,顺磁质中的分子固有磁矩会顺着外加磁场方向发生偏移,形成沿外加磁场方向的合成磁矩;而抗磁质中,电子的运动轨道会发生改变,感应出和外加磁场方向相反的磁矩。这两种情况下,都会顺着或逆着外加磁场方向产生一合成磁矩,这种介质对外加磁场的响应称为磁化,图1.17所示为顺磁性物质中的分子磁矩在外磁场作用下的规则排列。显然,合成磁矩又会在空间产生磁场,这些磁场叠加在原来的磁场上,使原有磁场发生变化。

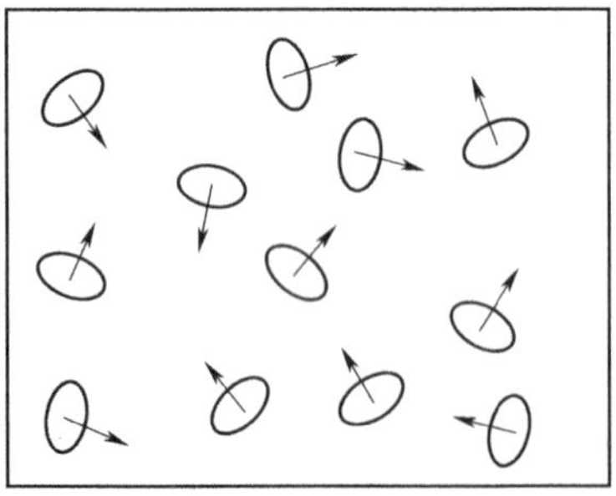

图1.16 顺磁质中分子磁矩随机排列

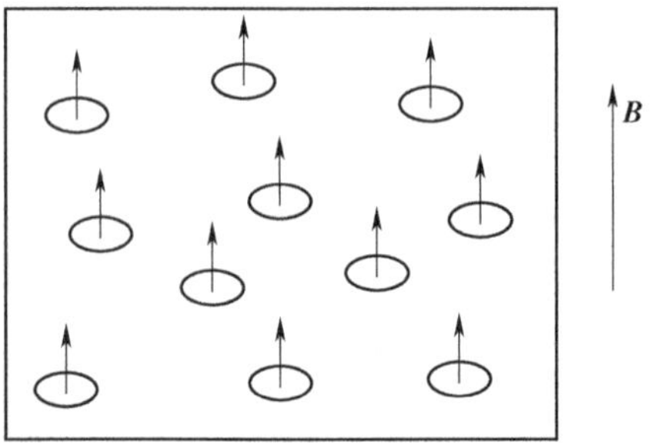

图1.17 顺磁质中的分子磁矩在外磁场作用下的规则排列

物质的磁化程度可用磁化强度 $\boldsymbol{M}$ 来描述,定义为

$$
\boldsymbol{M} = \lim_{\Delta V \to 0} \frac{\sum_i \boldsymbol{p}_i}{\Delta V} = N \boldsymbol{p}_{\mathrm{m}} \tag{1.3.21}
$$

式中，$\sum_i \boldsymbol{p}_i$ 是体积元 ΔV 内总的合成磁矩量，N 是单位体积内的分子数，$\boldsymbol{p}_{\mathrm{m}}$ 表示分子的平均磁矩。因此，$\boldsymbol{M}$ 表示了单位体积磁介质内的磁矩量，单位是安/米(A/m)。

2. 磁化电流

介质被磁化后，其内部的各分子电流磁矩顺着或逆着外加磁场方向排列，各分子电流不再能相互抵消，因而在介质内部和表面形成宏观电流，称这种电流为磁化电流，也叫作束缚电流。下面讨论磁化电流与磁化强度间的关系。

在介质内任取一曲面 S，其由围线 c 所限定。如图 1.18所示。由图中可看出，在所有的分子电流中，只有环绕围线 c 的分子电流才对穿过曲面 S 的磁化电流 I_M 有影响，其他分子电流或者不穿过曲面 S，或者沿相反的方向穿过 S 面两次而相互抵消。为了计算 I_M，在围线 c 上任取一线元 $\mathrm{d}\boldsymbol{l}$，设分子电流环面积矢量为 $\Delta\boldsymbol{S}$，以 $\Delta\boldsymbol{S}$ 为底，$\mathrm{d}\boldsymbol{l}$ 为轴线作一个斜圆柱体，可看出，只有环中心在圆柱体内的分子电流才会环绕 $\mathrm{d}\boldsymbol{l}$，引起磁化电流 I_M。故与 $\mathrm{d}\boldsymbol{l}$ 交链的磁化电流为

$$dI_M = iN\mathrm{d}V = Ni\Delta\boldsymbol{S}\cdot\mathrm{d}\boldsymbol{l} = N\boldsymbol{p}_{\mathrm{m}}\cdot\mathrm{d}\boldsymbol{l} = \boldsymbol{M}\cdot\mathrm{d}\boldsymbol{l} \tag{1.3.22}$$

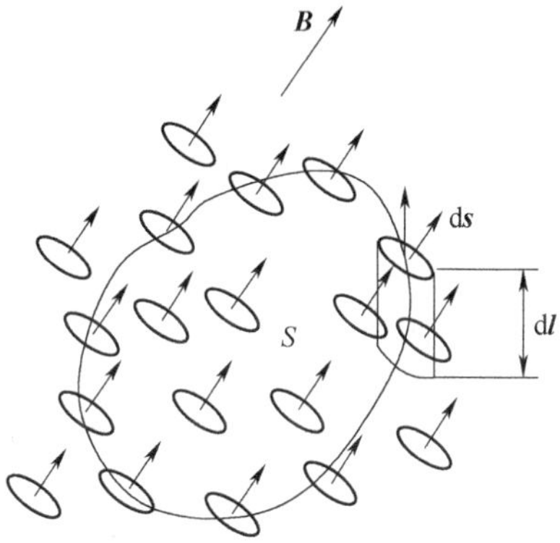

图 1.18　磁化电流计算示意图

式中，i 为分子电流大小；N 为单位体积内的分子数。则穿过曲面 S 的磁化电流为

$$I_M = \oint_c \mathrm{d}\boldsymbol{I}_M = \oint_c \boldsymbol{M}\cdot\mathrm{d}\boldsymbol{l} = \int_s \nabla\times\boldsymbol{M}\cdot\mathrm{d}\boldsymbol{s} \tag{1.3.23}$$

由关系式 $I = \int_S \boldsymbol{J}\cdot\mathrm{d}\boldsymbol{S}$，可得到磁化电流体密度为

$$\boldsymbol{J}_{\mathrm{M}} = \nabla\times\boldsymbol{M} \tag{1.3.24}$$

为求得磁介质表面上磁化电流面密度 $\boldsymbol{J}_{\mathrm{SM}}$，在磁介质内紧贴表面取一线元 $\mathrm{d}\boldsymbol{l}$，如图 1.19 所示，则与 $\mathrm{d}\boldsymbol{l}$ 交链的磁化电流同样为 $\mathrm{d}I_M = \boldsymbol{M}\cdot\mathrm{d}\boldsymbol{l} = M\mathrm{d}l\sin\alpha$，式中，$\alpha$ 为 $\boldsymbol{M}$ 与磁介质外表面法向单位矢量 $\boldsymbol{e}_{\mathrm{n}}$ 的夹角。由电流面密度定义式，可得磁化电流面密度大小为 $J_{\mathrm{sm}} = M\sin\alpha$。因分子电流环流方向与 $\boldsymbol{M}$ 成右手螺旋关系，故图中表面上磁化电流方向垂直纸面向外。因此磁化电流面密度可用矢量形式表达为

$$\boldsymbol{J}_{\mathrm{sm}} = \boldsymbol{M}\times\boldsymbol{e}_{\mathrm{n}} \tag{1.3.25}$$

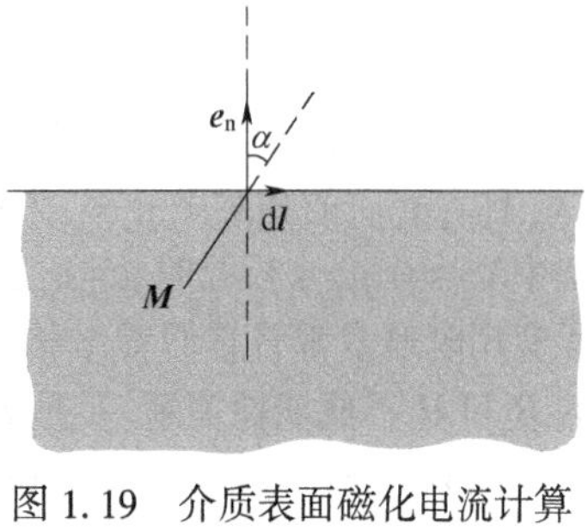

图 1.19　介质表面磁化电流计算

若磁介质被均匀磁化，即介质内各点的 $\boldsymbol{M}$ 相同，由式(1.3.24)可知介质内部无磁化体电流。但介质表面一般都存在磁化面电流。

1.3.4　介质中恒定磁场的基本方程

1. 介质中的场方程

外加磁场使介质发生磁化，磁化产生附加磁场，这种附加磁场可认为是介质中的磁化电流引起的，因此介质中的磁场应是所有电流源共同激发的结果。将真空中安培环路定律推广到磁介质中，有

$$\nabla\times\boldsymbol{B} = \mu_0(\boldsymbol{J} + \boldsymbol{J}_M) \tag{1.3.26}$$

将式(1.3.24)代入,有

$$\nabla\times\left(\frac{\boldsymbol{B}}{\mu_0}-\boldsymbol{M}\right)=\boldsymbol{J} \tag{1.3.27}$$

定义

$$\boldsymbol{H}=\frac{\boldsymbol{B}}{\mu_0}-\boldsymbol{M} \tag{1.3.28}$$

为磁场强度 ,单位为安/米(A/m),则式(1.3.27)变为

$$\nabla\times\boldsymbol{H}=\boldsymbol{J} \tag{1.3.29}$$

这是介质中安培环路定律的微分形式。它表明介质中某点磁场强度 $\boldsymbol{H}$ 的旋度仅与该点的传导电流密度有关。

对式(1.3.29)两边取面积分,并应用斯托克斯定理,可得

$$\oint_c \boldsymbol{H}\cdot \mathrm{d}\boldsymbol{l}=\int_S \boldsymbol{J}\cdot \mathrm{d}\boldsymbol{S}=I \tag{1.3.30}$$

这是介质中安培环路定律的积分形式。它表明 $\boldsymbol{H}$ 沿任一闭合回路 c 的环线积分等于该闭合回路所交链的传导电流之和。$\boldsymbol{H}$ 的方向与电流正方向符合右手螺旋关系。

磁介质中,磁感应线仍然是连续的,磁通连续性方程保持不变。因此,磁介质中磁场的基本方程为

$$\begin{cases}\nabla\cdot\boldsymbol{B}=0\\ \nabla\times\boldsymbol{H}=\boldsymbol{J}\end{cases}\quad 或 \quad \begin{cases}\oint_S \boldsymbol{B}\cdot \mathrm{d}\boldsymbol{S}=0\\ \oint_c \boldsymbol{H}\cdot \mathrm{d}\boldsymbol{l}=\mathrm{I}\end{cases}$$

2. 介质中的辅助方程

由前面的描述可知,介质的磁化与介质中的磁场有关。实验结果表明,在均匀线性各向同性的磁介质中,$\boldsymbol{M}$ 与 $\boldsymbol{H}$ 的关系为

$$\boldsymbol{M}=\chi_{\mathrm{m}}\boldsymbol{H} \tag{1.3.31}$$

式中,χ_{m} 为常数,称为磁化率,无量纲。

将式(1.3.31)代入到式(1.3.28)中,可得到

$$\boldsymbol{B}=\mu_0(\boldsymbol{H}+\boldsymbol{M})=\mu_0(1+\chi_{\mathrm{m}})\boldsymbol{H}=\mu_{\mathrm{r}}\mu_0\boldsymbol{H}=\mu\boldsymbol{H} \tag{1.3.32}$$

上式称为各向同性磁介质的辅助方程。式中,$\mu=\mu_{\mathrm{r}}\mu_0$ 称为介质的磁导率,单位为亨/米(H/m);$\mu_{\mathrm{r}}=1+\chi_{\mathrm{m}}$ 称为介质的相对磁导率,无量纲。顺磁性物质的$\chi_{\mathrm{m}}>0$,$\mu_r>1$;抗磁性物质$\chi_{\mathrm{m}}<0$,$\mu_r<1$;真空中$\chi_{\mathrm{m}}=0$,$\mu_{\mathrm{r}}=1$,此时 $\mu=\mu_0$,无磁化效应。顺磁性和抗磁性物质的磁化效应都很弱,χ_{m} 很小,工程应用时通常都将它们看作非铁磁性物质,假定 $\mu_{\mathrm{r}}\approx 1$。还有一类磁介质称为铁磁性物质,它们的 $\boldsymbol{B}$ 和 $\boldsymbol{H}$ 不成线性关系,μ 是 $\boldsymbol{H}$ 的函数,$\mu_{\mathrm{r}}\gg 1$。

例 1.11 半径为 a,长度为 l 的圆柱,被永久磁化到磁化强度为 $\boldsymbol{M}=M_0\boldsymbol{e}_z$,求各处的磁化电流密度。

解 采用圆柱坐标系,令圆柱轴线与 z 轴重合。由式(1.3.24)可求得圆柱内磁化电流体密度为

$$\boldsymbol{J}_{\mathrm{m}}=\nabla\times\boldsymbol{M}=\mathbf{0}$$

$r=a$ 处磁化电流面密度为

$$\boldsymbol{J}_{\mathrm{sm}}=\boldsymbol{M}\times\boldsymbol{e}_r\big|_{r=a}=M_0\boldsymbol{e}_z\times\boldsymbol{e}_r\big|_{r=a}=M_0\boldsymbol{e}_\varphi$$

在介质棒的上下表面,因表面方向分别为 $\boldsymbol{e}_z$ 和 $-\boldsymbol{e}_z$,故

$$\boldsymbol{J}_{\mathrm{sm}}=\boldsymbol{M}\times\boldsymbol{e}_z=\mathbf{0}$$

即介质棒的上下表面上没有磁化面电流。

例 1.12 磁导率为 μ，半径为 a 的无限长磁介质圆柱，其中心轴线处有一无限长的线电流 I，圆柱外是空气。求圆柱内外的磁感应强度、磁场强度、磁化强度和磁化电流分布。

解 采用圆柱坐标系，令圆柱中心轴线与 z 轴重合，中心线电流沿 z 轴正方向流动，如图 1.20 所示。分析题意可知，场分布具有轴对称性，可利用安培环路定律来求解各区域内的磁场分布。以圆柱轴线为中心，r 为半径作圆形闭合回路 c，则有

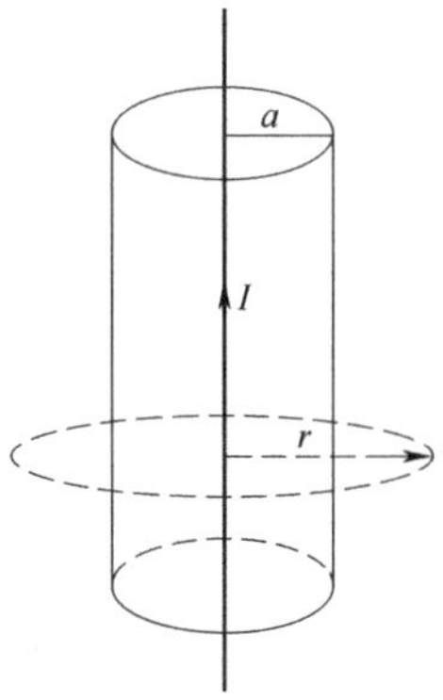

图 1.20 例 1.12 磁场计算

$$\oint_c \boldsymbol{H}\cdot \mathrm{d}\boldsymbol{l} = H_\varphi \cdot 2\pi r = I$$

$$\boldsymbol{H} = \frac{I}{2\pi r}\boldsymbol{e}_\varphi \quad (r > 0)$$

由于圆柱内外不同的磁介质，故

$$\boldsymbol{B} = \mu \boldsymbol{H} = \frac{\mu I}{2\pi r}\boldsymbol{e}_\varphi \quad (0 < r < a)$$

$$\boldsymbol{B} = \mu_0 \boldsymbol{H} = \frac{\mu_0 I}{2\pi r}\boldsymbol{e}_\varphi \quad (r > a)$$

由 $\boldsymbol{H} = \dfrac{\boldsymbol{B}}{\mu_0} - \boldsymbol{M}$，求得圆柱内外的磁化强度为

$$\boldsymbol{M} = \frac{\boldsymbol{B}}{\mu_0} - \boldsymbol{H} = \left(\frac{\mu}{\mu_0} - 1\right)\boldsymbol{H} = \frac{(\mu - \mu_0)I}{2\pi\mu_0 r}\boldsymbol{e}_\varphi \quad (r < a)$$

$$\boldsymbol{M} = \boldsymbol{0} \quad (r > a)$$

圆柱内磁化电流体密度为

$$\boldsymbol{J}_{\mathrm{m}} = \nabla\times\boldsymbol{M} = \begin{vmatrix} \dfrac{\boldsymbol{e}_r}{r} & \boldsymbol{e}_\varphi & \dfrac{\boldsymbol{e}_z}{r} \\ \dfrac{\partial}{\partial r} & \dfrac{\partial}{\partial \varphi} & \dfrac{\partial}{\partial z} \\ M_r & rM_\varphi & M_z \end{vmatrix} = \boldsymbol{0}$$

圆柱表面磁化电流面密度为

$$\boldsymbol{J}_{\mathrm{sm}} = \boldsymbol{M}\times\boldsymbol{e}_r \big|_{r=a} = \frac{(\mu - \mu_0)I}{2\pi\mu_0 a}\boldsymbol{e}_\varphi \times \boldsymbol{e}_r = -\frac{(\mu - \mu_0)I}{2\pi\mu_0 a}\boldsymbol{e}_z$$

介质内线电流 I 处即 $r=0$ 位置，存在磁化线电流 I_{m} 为

$$I_{\mathrm{m}} = \oint_c \boldsymbol{M}\cdot \mathrm{d}\boldsymbol{l} = \frac{(\mu - \mu_0)I}{2\pi\mu_0 r}2\pi r = \frac{(\mu - \mu_0)I}{\mu_0}$$

方向与电流 $\boldsymbol{I}$ 一致，所以介质中的磁感应强度比圆柱外空气中的大。

可看出，圆柱表面总的磁化面电流为

$$I_{\mathrm{sm}} = J_{\mathrm{sm}}2\pi a = -\frac{(\mu - \mu_0)I}{\mu_0} = -I_{\mathrm{m}}$$

满足电流守恒关系。

1.4 电磁感应定律和位移电流

前面我们讨论了静态场，即不随时间变化的电磁场。静态场中，电场和磁场相互独立，可以单

独分析和讨论。本节将讨论时变场，即随时间变化的电磁场。时变场中，电场和磁场不再相互独立，而是相互激励和转化，形成不可分割的统一的电磁场。

1.4.1 法拉第电磁感应定律

英国物理学家法拉第最早通过实验探索揭示了电磁感应现象。实验表明，当穿过导体回路所围面积的磁通量发生变化时，回路中会出现感应电动势，从而产生感应电流。若规定感应电动势的正方向与穿过回路的磁感应线的正方向满足右手螺旋定则，则感应电动势的数学表达式为

$$\varepsilon_{\text{in}} = -\frac{\mathrm{d}\Phi}{\mathrm{d}t} = -\frac{\mathrm{d}}{\mathrm{d}t}\int_S \boldsymbol{B}\cdot \mathrm{d}\boldsymbol{S} \tag{1.4.1}$$

式(1.4.1)是法拉第电磁感应定律。式中，ε_{in} 为回路中的感应电动势，Φ 为穿过导体回路所围面积 S 的磁通量。“-”号说明了感应电动势的方向。当 $\mathrm{d}\Phi/\mathrm{d}t > 0$，即磁通随时间的变化率大于0，则 $\varepsilon_{\text{in}} < 0$，说明 ε_{in} 的方向与规定的正方向相反；若 $\mathrm{d}\Phi/\mathrm{d}t < 0$，则 $\varepsilon_{\text{in}} > 0$，说明 ε_{in} 的方向与规定的正方向相同；这表明回路中产生的感应电动势总是力图阻止回路原磁通量的变化。

电动势是非保守电场沿闭合路径的积分，回路中出现了感应电动势，就必然存在感应电场，感应电动势可表示为感应电场的围线积分，即

$$\varepsilon_{\text{in}} = \oint_c \boldsymbol{E}_{\text{in}}\cdot \mathrm{d}\boldsymbol{l}$$

将式(1.4.1)代入，可得

$$\oint_c \boldsymbol{E}_{\text{in}}\cdot \mathrm{d}\boldsymbol{l} = -\frac{\mathrm{d}}{\mathrm{d}t}\int_S \boldsymbol{B}\cdot \mathrm{d}\boldsymbol{S} \tag{1.4.2}$$

式(1.4.2)说明，随时间变化的磁场产生感应电场，感应电场是有旋场，其涡旋源是 $-\partial\boldsymbol{B}/\partial t$。同时也可看出，感应电场的产生是磁场变化的结果，与构成回路的导体性质无关，感应电场可存在于导体中，也可存在于非导体的空间中。因此，式(1.4.2)适合于任意回路。

如果空间中同时还存在着静电场或者恒定电场 $\boldsymbol{E}_c$，则总电场为 $\boldsymbol{E} = \boldsymbol{E}_{\text{in}} + \boldsymbol{E}_c$。由于 $\boldsymbol{E}_c$ 为保守电场，满足 $\oint_c \boldsymbol{E}_c\cdot \mathrm{d}\boldsymbol{l} = 0$，故有

$$\oint_c \boldsymbol{E}\cdot \mathrm{d}\boldsymbol{l} = \oint_c (\boldsymbol{E}_{\text{in}} + \boldsymbol{E}_c)\cdot \mathrm{d}\boldsymbol{l} = -\frac{\mathrm{d}}{\mathrm{d}t}\int_S \boldsymbol{B}\cdot \mathrm{d}\boldsymbol{S} \tag{1.4.3}$$

式(1.3.3)为推广的法拉第电磁感应定律的积分形式。由式可看出，穿过回路 c 的磁通变化是产生感应电动势的唯一条件。磁通变化可以是磁场随时间变化引起的，也可以是回路运动，或两者的结合引起的。下面分情形对式(1.4.3)展开讨论。

(1)回路是静止的

若回路静止，磁场 $\boldsymbol{B}$ 随时间变化，此时生成的电动势称为感生电动势。式(1.4.3)可写为

$$\oint_c \boldsymbol{E}\cdot \mathrm{d}\boldsymbol{l} = -\int_S \frac{\partial \boldsymbol{B}}{\partial t}\cdot \mathrm{d}\boldsymbol{S}$$

利用斯托克斯定理，上式可写为

$$\int_S \nabla\times \boldsymbol{E}\cdot \mathrm{d}\boldsymbol{S} = -\int_S \frac{\partial \boldsymbol{B}}{\mathrm{d}t}\cdot \mathrm{d}\boldsymbol{S} \tag{1.4.4}$$

上式因对任意回路所围面积 S 都成立，故有

$$\nabla\times \boldsymbol{E} = -\frac{\partial \boldsymbol{B}}{\mathrm{d}t} \tag{1.4.5}$$

(2) 回路在恒定磁场中运动

若回路是运动的，则无论磁场是否恒定，都有可能在回路中产生感应电动势，此时的电动势称为动生电动势。若回路以速度$\boldsymbol{v}$在恒定磁场中运动，则产生的感应电动势为

$$\oint_c \boldsymbol{E} \cdot \mathrm{d}\boldsymbol{l} = \oint_c (\boldsymbol{v} \times \boldsymbol{B}) \cdot \mathrm{d}\boldsymbol{l} \tag{1.4.6}$$

利用斯托克斯定理，上式同样可表示为

$$\nabla \times \boldsymbol{E} = \nabla \times (\boldsymbol{v} \times \boldsymbol{B}) \tag{1.4.7}$$

(3) 回路在时变磁场中运动

当回路在时变磁场中运动时，可视为上述两种情形的结合。有

$$\oint_c \boldsymbol{E} \cdot \mathrm{d}\boldsymbol{l} = -\int_S \frac{\partial \boldsymbol{B}}{\mathrm{d}t} \cdot \mathrm{d}\boldsymbol{S} + \oint_c (\boldsymbol{v} \times \boldsymbol{B}) \cdot \mathrm{d}\boldsymbol{l} \tag{1.4.8}$$

对应的微分形式为

$$\nabla \times \boldsymbol{E} = -\frac{\partial \boldsymbol{B}}{\mathrm{d}t} + \nabla \times (\nabla \times \boldsymbol{B}) \tag{1.4.9}$$

例 1.13 一矩形回路中有磁场 $\boldsymbol{B} = \boldsymbol{e}_z B_0 \sin \omega t$ 垂直通过，回路一边 ab 段以匀速 $\boldsymbol{v} = \boldsymbol{e}_x v_0$ 沿 x 轴正方向滑动，如图 1.21所示。求此回路中的感应电动势。

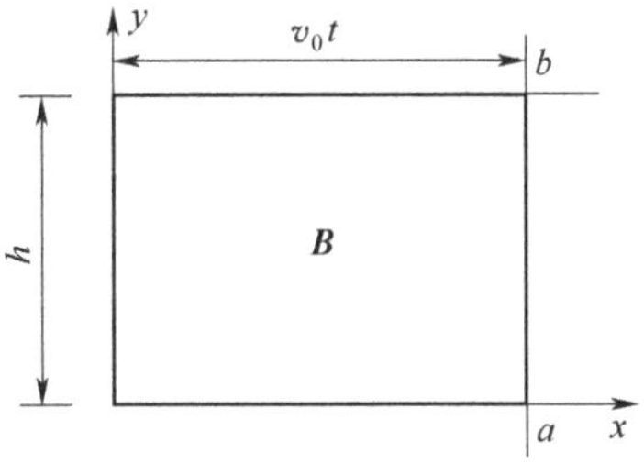

图 1.21 感应电动势的计算

解 该回路中的感应电动势由两部分组成。一部分是由于磁场的变化产生的，另一部分则是由于 ab 段运动而生成的。由式(1.4.8)，可得

$$\begin{aligned}
\varepsilon_{\text{in}} &= -\int_S \frac{\partial \boldsymbol{B}}{\mathrm{d}t} \cdot \mathrm{d}\boldsymbol{S} + \oint_c (\boldsymbol{v} \times \boldsymbol{B}) \cdot \mathrm{d}\boldsymbol{l} \\
&= -\int_0^h \int_0^{v_0 t} \boldsymbol{e}_z (B_0 \omega \cos \omega t) \cdot \boldsymbol{e}_z \mathrm{d}x \mathrm{d}y + \int_0^h (\boldsymbol{e}_x v_0 \times \\
&\quad \boldsymbol{e}_z B_0 \sin \omega t) \cdot \boldsymbol{e}_y \mathrm{d}y \\
&= -B_0 v_0 h \omega t \cos \omega t - B_0 v_0 h \sin \omega t
\end{aligned}$$

也可直接由磁通变化计算

$$\begin{aligned}
\varepsilon_{\text{in}} &= -\frac{\mathrm{d}}{\mathrm{d}t}\int_S \boldsymbol{B} \cdot \mathrm{d}\boldsymbol{S} = -\frac{\mathrm{d}}{\mathrm{d}t}\int_0^h \int_0^{v_0 t} \boldsymbol{e}_z (B_0 \sin \omega t) \cdot \boldsymbol{e}_z \mathrm{d}x \mathrm{d}y \\
&= -\frac{\mathrm{d}}{\mathrm{d}t}(B_0 h v_0 t \sin \omega t) = -B_0 h v_0 \omega t \cos \omega t - B_0 h v_0 \sin \omega t
\end{aligned}$$

可看出，两种算法计算的结果一致。

1.4.2 位移电流

法拉第电磁感应定律揭示了随时间变化的磁场会产生电场，将静电场中的环路定律在时变条件下进行了扩展。那么随时间变化的电场是否也能产生磁场？静态电磁场的基本定律在时变条件下是否还能适用？本单元将讨论恒定磁场中的安培环路定理直接应用于时变场时的局限性，以及它在时变场中的推广。

设有一电容器充放电电路如图 1.22 所示，电路中有一时变电压源 $U(t)$，它在回路中产生时变的传导电流 i，并由此在空间建立时变磁场。选取一闭合路径 c 及 c 所限定的与导线相交的曲面 S_1，由安培环路定律可得 $\oint_c \boldsymbol{H} \cdot \mathrm{d}\boldsymbol{l} = \int_{S_1} \boldsymbol{J} \cdot \mathrm{d}\boldsymbol{S} = i$。由于 c 所限定的曲面可以是任意的，故另选取一

个 c 所限定的不与导线相交的曲面 S_2，因穿过曲面 S_2 的电流为 0，所以 $\oint_c \boldsymbol{H}\cdot d\boldsymbol{l}=0$。这表明，同一磁场强度 $\boldsymbol{H}$ 沿同一闭合路径 c 的环流出现了不同的结果，说明恒定磁场中推导出来的安培环路定律应用于时变场时产生了矛盾。

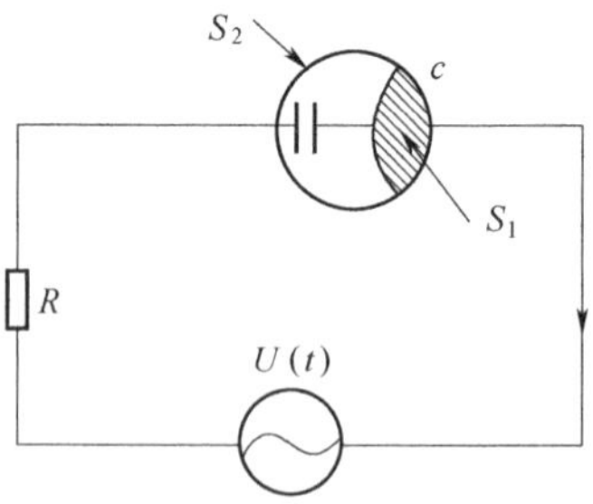

图 1.22 电容器充放电电路

上述矛盾主要源于静态场中，安培环路定律为 $\nabla\times\boldsymbol{H}=\boldsymbol{J}$，有

$$\nabla\cdot(\nabla\times\boldsymbol{H})=\nabla\cdot\boldsymbol{J}=0$$

而时变场中，电流连续性方程为

$$\nabla\cdot\boldsymbol{J}=-\frac{\partial\rho}{\partial t} \tag{1.4.10}$$

因而出现了矛盾。为了克服安培环路定律应用于时变场的局限性，麦克斯韦提出了位移电流假设。他认为在电容器两极板之间存在着另外一种形式的电流，称之为位移电流，其大小与回路中的传导电流相等。

为了求出位移电流密度表达式，将静电场中的高斯定理 $\nabla\cdot\boldsymbol{D}=\rho$ 推广至时变场，则式(1.4.10)变为

$$\nabla\cdot\boldsymbol{J}+\frac{\partial\rho}{\partial t}=\nabla\cdot\boldsymbol{J}+\frac{\partial}{\partial t}\nabla\cdot\boldsymbol{D}=0$$

即

$$\nabla\cdot\left(\boldsymbol{J}+\frac{\partial\boldsymbol{D}}{\partial t}\right)=0 \tag{1.4.11}$$

式(1.5.11)表明，时变场中虽然 $\nabla\cdot\boldsymbol{J}\neq 0$，但 $\nabla\cdot\left(\boldsymbol{J}+\frac{\partial\boldsymbol{D}}{\partial t}\right)=0$。若将 $\boldsymbol{J}+\frac{\partial\boldsymbol{D}}{\partial t}$ 代替安培环路定律中的 $\boldsymbol{J}$，则可得

$$\nabla\times\boldsymbol{H}=\boldsymbol{J}+\frac{\partial\boldsymbol{D}}{\partial t} \tag{1.4.12}$$

满足

$$\nabla\cdot(\nabla\times\boldsymbol{H})=\nabla\cdot\left(\boldsymbol{J}+\frac{\partial\boldsymbol{D}}{\partial t}\right)=0$$

且静态场中，$\frac{\partial\boldsymbol{D}}{\partial t}=\boldsymbol{0}$，式(1.4.12)就变为恒定磁场中的安培环路定律，这就克服了电流连续性方程在静态和时变条件下的矛盾。称式(1.4.12)为推广的安培环路定律微分形式，此式表明，随时间变化的电场产生磁场。

式(1.4.12)中 $\frac{\partial\boldsymbol{D}}{\partial t}$ 的作用相当于电流密度函数，故定义

$$\boldsymbol{J}_{\mathrm{d}}=\frac{\partial\boldsymbol{D}}{\partial t} \tag{1.4.13}$$

为位移电流密度，单位为安/米^2($\mathrm{A/m^2}$)。

对式(1.4.12)两边取面积分，并应用斯托克斯定理，可得

$$\oint_c \boldsymbol{H}\cdot d\boldsymbol{l}=\int_S\left(\boldsymbol{J}+\frac{\partial\boldsymbol{D}}{\partial t}\right)\cdot d\boldsymbol{S}=\int_S(\boldsymbol{J}+\boldsymbol{J}_{\mathrm{d}})\cdot d\boldsymbol{S} \tag{1.4.14}$$

式(1.4.14)为推广的安培环路定律的积分形式。

需说明的是，位移电流概念最初只是麦克斯韦提出的一种假设，但在此假设基础上建立起的麦克斯韦方程组所阐述的宏观电磁规律，都得到了实验验证，从而证明了这种假设的正确性。

例 1.14 自由空间中磁场强度 $\boldsymbol{H}=\boldsymbol{e}_y H_0 \sin(\omega t-kz)$，其中 H_0、ω 和 k 均为常数。试求：(1)位移电流密度；(2)电场强度。

解 自由空间中传导电流密度为 0，由式(1.4.12)，可得

$$\nabla\times\boldsymbol{H}=\frac{\partial\boldsymbol{D}}{\partial t}=\boldsymbol{J}_{\mathrm{d}}$$

所以，位移电流密度为

$$\begin{aligned}\boldsymbol{J}_{\mathrm{d}}=\nabla\times\boldsymbol{H}&=\begin{vmatrix}\boldsymbol{e}_x & \boldsymbol{e}_y & \boldsymbol{e}_z\\ \dfrac{\partial}{\partial x} & \dfrac{\partial}{\partial y} & \dfrac{\partial}{\partial z}\\ 0 & H_y & 0\end{vmatrix}=-\boldsymbol{e}_x\frac{\partial H_y}{\partial z}\\ &=\boldsymbol{e}_x H_0 k\cos(\omega t-kz)\end{aligned}$$

而

$$\boldsymbol{D}=\int\boldsymbol{J}_{\mathrm{d}}\mathrm{d}t=\boldsymbol{e}_x\int H_0 k\cos(\omega t-kz)\,\mathrm{d}t=\boldsymbol{e}_x\frac{H_0 k}{\omega}\sin(\omega t-kz)$$

故自由空间中的电场强度为

$$\boldsymbol{E}=\frac{\boldsymbol{D}}{\varepsilon_0}=\boldsymbol{e}_x\frac{H_0 k}{\varepsilon_0\omega}\sin(\omega t-kz)$$

1.5 麦克斯韦方程组与边界条件

1.5.1 麦克斯韦方程组

麦克斯韦在引入位移电流假说的基础上，总结前人研究成果，将揭示电磁场基本规律的几个方程结合在一起，构成了麦克斯韦方程组。其积分形式为

$$\oint_c\boldsymbol{H}\cdot\mathrm{d}\boldsymbol{l}=\int_S\left(\boldsymbol{J}+\frac{\partial\boldsymbol{D}}{\partial t}\right)\cdot\mathrm{d}\boldsymbol{S}\tag{1.5.1}$$

$$\oint_c\boldsymbol{E}\cdot\mathrm{d}\boldsymbol{l}=-\int_S\frac{\partial\boldsymbol{B}}{\partial t}\cdot\mathrm{d}\boldsymbol{S}\tag{1.5.2}$$

$$\oint_S\boldsymbol{B}\cdot\mathrm{d}\boldsymbol{S}=0\tag{1.5.3}$$

$$\oint_S\boldsymbol{D}\cdot\mathrm{d}\boldsymbol{S}=Q\tag{1.5.4}$$

相应的微分形式为：

$$\nabla\times\boldsymbol{H}=\boldsymbol{J}+\frac{\partial\boldsymbol{D}}{\partial t}\tag{1.5.5}$$

$$\nabla\times\boldsymbol{E}=-\frac{\partial\boldsymbol{B}}{\partial t}\tag{1.5.6}$$

$$\nabla\cdot\boldsymbol{B}=0\tag{1.5.7}$$

$$\nabla\cdot\boldsymbol{D}=\rho\tag{1.5.8}$$

这四个方程依次称为麦克斯韦第一、二、三、四方程。

麦克斯韦方程组是经典电磁理论的基本方程，描述了宏观电磁现象。第一方程表明，除了传导电流外，时变的电场也会产生磁场；第二方程表明，除了电荷外，时变的磁场也产生电场。第三方程表明，穿过任意闭合曲面的磁通量恒等于0，磁场无散度源。第四方程表明，穿过任意闭合曲面的电位移通量等于该闭合面内所包围的自由电荷之和。所以，在时变条件下，电场和磁场是统一的电磁场的两个方面，它们相互激励，在空间形成电磁波。一旦场源激发了电磁波，即使场源不再存在，但电场和磁场仍可相互激励，以有限速度向远处传播。

不同介质中，场量之间存在着某种限定关系，对于线性各向同性介质，这些关系为

$$\boldsymbol{D} = \varepsilon \boldsymbol{E} \tag{1.5.9}$$

$$\boldsymbol{B} = \mu \boldsymbol{H} \tag{1.5.10}$$

$$\boldsymbol{J} = \sigma \boldsymbol{E} \tag{1.5.11}$$

这些方程称为麦克斯韦方程的辅助方程。其中，ε、μ 和 σ 分别称为介质的介电常数、磁导率和电导率。

当场量不随时间变化时，麦克斯韦方程可变为静态场的基本方程。

1.5.2 电磁场的边界条件

当电磁场越过不同介质的分界面时，由于分界面两侧介质特性发生变化，场量在界面两侧也会发生变化。把电磁场场量在介质分界面上需满足的关系称为电磁场的边界条件。边界条件可由积分形式的麦克斯韦应用于边界上而导出。

1. $\boldsymbol{H}$ 的边界条件

设有两种不同介质的分界面如图 1.23 所示。介质 1 和介质 2 的特性参数分别为 ε_1、μ_1、σ_1 和 ε_2、μ_2、σ_2。

设分界面上法向单位矢量 $\boldsymbol{e}_n$ 由介质 2 指向介质 1，面电流密度为 $\boldsymbol{J}_S = \boldsymbol{e}_S J_S$，$\boldsymbol{e}_S$ 为垂直纸面向内的单位矢量。垂直于 $\boldsymbol{e}_S$ 方向在分界面上做一小的矩形闭合回路，回路两长边 Δl 位于分界面两侧并与分界面平行，高 $\Delta h \to 0$。令回路方向与 $\boldsymbol{e}_S$ 方向呈右手螺旋关系，回路在介质 1 中的绕行方向与分界面的切线单位矢量 $\boldsymbol{e}_t$ 的方向一致，故有 $\boldsymbol{e}_n \times \boldsymbol{e}_t = \boldsymbol{e}_S$。由式(1.5.1)，可得

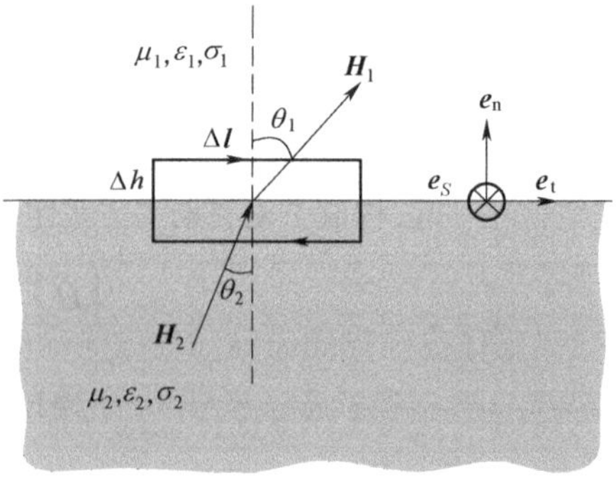

图 1.23 切线方向边界条件

$$\boldsymbol{H}_1 \cdot \boldsymbol{e}_t \Delta l - \boldsymbol{H}_2 \cdot \boldsymbol{e}_t \Delta l = \boldsymbol{J}_S \cdot \boldsymbol{E}_S \Delta l + \lim_{\Delta h \to 0} \frac{\partial \boldsymbol{D}}{\partial t} \cdot \boldsymbol{e}_S \Delta l \Delta h$$

等式左边，由于 $\Delta h \to 0$，环路两侧边的线积分可忽略。又由于 $\frac{\partial \boldsymbol{D}}{\partial t}$ 为有限值，故等式右边第二项的值也为 $\boldsymbol{0}$。于是有

$$H_{1t} - H_{2t} = J_S \tag{1.5.12}$$

表示为矢量形式为

$$\boldsymbol{e}_n \times (\boldsymbol{H}_1 - \boldsymbol{H}_2) = \boldsymbol{J}_S \tag{1.5.13}$$

可见，当 $\boldsymbol{H}$ 穿过存在面电流的分界面时，其切向方向是不连续的。若分界面上不存在面电流，即 $\boldsymbol{J}_S = 0$ 时，$\boldsymbol{H}$ 的切向方向连续，有

$$H_{1t} - H_{2t} = 0 \quad 或 \quad \boldsymbol{e}_n \times (\boldsymbol{H}_1 - \boldsymbol{H}_2) = \boldsymbol{0} \tag{1.5.14}$$

2. $\boldsymbol{E}$ 的边界条件

类似地,在介质分界面上取如图 1.23 所示的矩形闭合回路,应用式(1.5.2),可得

$$\boldsymbol{E}_1 \cdot \boldsymbol{e}_t \Delta l - \boldsymbol{E}_2 \cdot \boldsymbol{e}_t \Delta l = \lim_{\Delta h \to 0}\left(-\frac{\partial \boldsymbol{B}}{\partial t}\right) \cdot \boldsymbol{e}_S \Delta l \Delta h = 0$$

同理,由于 $\dfrac{\partial \boldsymbol{B}}{\partial t}$ 为有限项,故上式右边项等于 0。

于是有

$$E_{1t} - E_{2t} = 0 \quad 或 \quad \boldsymbol{e}_n \times (\boldsymbol{E}_1 - \boldsymbol{E}_2) = \boldsymbol{0} \tag{1.5.15}$$

上式说明,分界面上 $\boldsymbol{E}$ 的切线方向连续。

3. $\boldsymbol{B}$ 的边界条件

在两种不同介质的分界面上取一个如图 1.24 所示的贴近分界面的圆柱形闭合面,设上、下表面 ΔS 位于分界面两侧并平行于分界面,高 $\Delta h \to 0$。设分界面法向单位矢量 $\boldsymbol{e}_n$ 由介质 2 指向介质 1,则由式(1.5.3),可得

$$\boldsymbol{B}_1 \cdot \boldsymbol{e}_n \Delta S - \boldsymbol{B}_2 \cdot \boldsymbol{e}_n \Delta S = 0$$

上式中,由于 $\Delta h \to 0$,两侧边面积分被忽略。于是有

$$B_{1n} = B_{2n} \quad 或 \quad \boldsymbol{e}_n \cdot (\boldsymbol{B}_1 - \boldsymbol{B}_2) = 0 \tag{1.5.16}$$

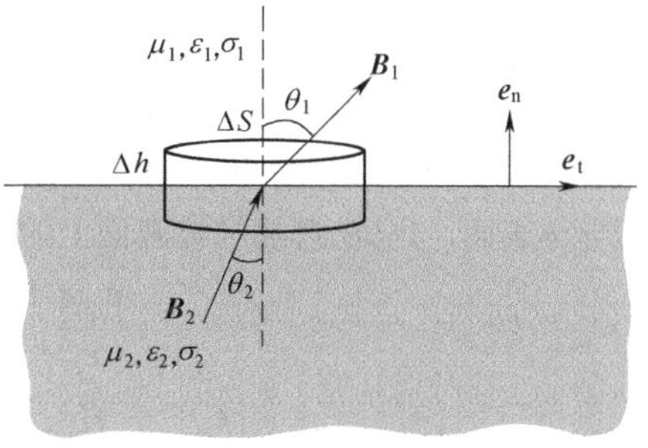

图 1.24 法向方向边界条件

说明在分界面上 $\boldsymbol{B}$ 的法向分量是连续的。

4. $\boldsymbol{D}$ 的边界条件

类似地,在介质分界面上也取如图 1.24 所示的圆柱形闭合面,设分界面上自由电荷面密度为 ρ_S 应用式(1.5.4),可得

$$\boldsymbol{D}_1 \cdot \boldsymbol{e}_n \Delta S - \boldsymbol{D}_2 \cdot \boldsymbol{e}_n \Delta S = \rho_S \Delta S$$

故有

$$D_{1n} - D_{2n} = \rho_S \ 或 \quad (\boldsymbol{D}_1 - \boldsymbol{D}_2) \cdot \boldsymbol{e}_n = \rho_S \tag{1.5.17}$$

表明 $\boldsymbol{D}$ 的法向分量在有自由电荷的分界面上不连续。若分界面上无自由电荷,即 $\rho_S = 0$,此时 $\boldsymbol{D}$ 的法向分量是连续的,有

$$D_{1n} - D_{2n} = 0 \quad 或 \quad (\boldsymbol{D}_1 - \boldsymbol{D}_2) \cdot \boldsymbol{e}_n = 0 \tag{1.5.18}$$

以上由麦克斯韦方程组积分形式导出了电场和磁场的边界条件。可以看出,方程组中各时间相关项对得出的结果没有影响,所以得出的边界条件在静态和时变条件下都普遍适用。

实际应用中,经常遇到的是电导率很高的良导体和电导率很低的电介质。为了简化电磁场的分析计算,常将它们近似看作是理想导体和理想介质。因此下面考察两种特殊情形下的边界条件

(1) 两种理想介质分界面上的边界条件

因为介质 1、2 都为理想介质,故 $\sigma_1 = 0, \sigma_2 = 0$。分界面上不存在自由电荷和面电流,即 $\rho_S = 0$,$J_S = 0$。因此,分界面上的边界条件为

$$\boldsymbol{e}_n \times (\boldsymbol{H}_1 - \boldsymbol{H}_2) = \boldsymbol{0} \quad 或 \quad H_{1t} - H_{2t} = 0 \tag{1.5.19}$$

$$\boldsymbol{e}_n \times (\boldsymbol{E}_1 - \boldsymbol{E}_2) = \boldsymbol{0} \quad 或 \quad E_{1t} = E_{2t} \tag{1.5.20}$$

$$\boldsymbol{B}_1 \cdot \boldsymbol{e}_n - \boldsymbol{B}_2 \cdot \boldsymbol{e}_n = 0 \quad 或 \quad B_{1n} = B_{2n} \tag{1.5.21}$$

$$(\boldsymbol{D}_1 - \boldsymbol{D}_2) \cdot \boldsymbol{e}_n = 0 \quad 或 \quad D_{1n} - D_{2n} = 0 \tag{1.5.22}$$

由式(1.5.20)和式(1.5.22),可得

$$E_1\sin\theta_1 = E_2\sin\theta_2 \quad 和 \quad \varepsilon_1 E_1\cos\theta_1 = \varepsilon_2 E_2\cos\theta_2$$

故有

$$\frac{\tan\theta_1}{\tan\theta_2} = \frac{\varepsilon_1}{\varepsilon_2} \tag{1.5.23}$$

这是分界面上不存在自由电荷时,分界面两侧电场与法线 $\boldsymbol{n}$ 的夹角 θ_1 和 θ_2 与介质参数间的关系。

由式(1.5.19)和式(1.5.21),可得

$$H_1\sin\theta_1 = H_2\sin\theta_2 \quad 和 \quad \mu_1 H_1\cos\theta_1 = \mu_2 H_2\cos\theta_2$$

故有

$$\frac{\tan\theta_1}{\tan\theta_2} = \frac{\mu_1}{\mu_2} \tag{1.5.24}$$

这是分界面上不存在面电流时,分界面两侧磁场与法线 $\boldsymbol{n}$ 的夹角 θ_1 和 θ_2 与介质参数间关系。

(2)理想介质与理想导体分界面上的边界条件

设介质 1 为理想介质,介质 2 为理想导体。理想导体内,$\boldsymbol{E}_2 = \boldsymbol{0}$,$\boldsymbol{H}_2 = \boldsymbol{0}$,电荷和电流只分布于理想导体表面。因此,理想导体表面上的边界条件为

$$\boldsymbol{e}_n \times \boldsymbol{H}_1 = \boldsymbol{J}_S \quad 或 \quad H_{1t} = J_S \tag{1.5.25}$$

$$\boldsymbol{e}_n \times \boldsymbol{E} = \boldsymbol{0} \quad 或 \quad E_{1t} = 0 \tag{1.5.26}$$

$$\boldsymbol{B}_1 \cdot \boldsymbol{e}_n = 0 \quad 或 \quad B_{1n} = 0 \tag{1.5.27}$$

$$\boldsymbol{D}_1 \cdot \boldsymbol{e}_n = \rho_S \quad 或 \quad D_{1n} = \rho_S \tag{1.5.28}$$

可看出,在理想导体表面上电场只有法向方向分量,磁场只有切向方向分量。

例 1.15 同轴线内导体半径为 a,外导体是半径为 b 的薄圆柱面,内、外导体间充满参数为 ε,μ_0 的介质,如图 1.25 所示,导体间的电场强度为

$$\boldsymbol{E} = \boldsymbol{e}_r \frac{E_m}{r}\cos(\omega_0 t - k_0 z)$$

试求:(1)求内、外导体间的磁场强度 $\boldsymbol{H}$;(2)计算内、外导体表面的面电流密度和面电荷密度;(3)计算内、外导体间的位移电流密度。

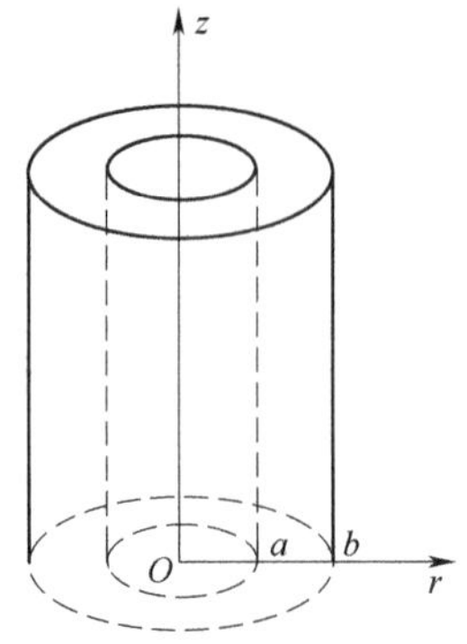

图 1.25 同轴线

解 (1)采用圆柱坐标系,由 $\nabla\times\boldsymbol{E} = -\dfrac{\partial\boldsymbol{B}}{\partial t}$,可得

$$\frac{\partial\boldsymbol{B}}{\partial t} = -\nabla\times\boldsymbol{E} = -\frac{1}{r}\begin{vmatrix} \boldsymbol{e}_r & \boldsymbol{e}_\varphi & \boldsymbol{e}_z \\ \dfrac{\partial}{\partial r} & \dfrac{\partial}{\partial\varphi} & \dfrac{\partial}{\partial z} \\ E_r & 0 & 0 \end{vmatrix}$$

$$= -\boldsymbol{e}_\varphi \frac{1}{r}\frac{\partial E_r}{\partial z} = -\boldsymbol{e}_\varphi \frac{k_0 E_m}{r}\sin(\omega_0 t - k_0 z)$$

$$\boldsymbol{H} = -\boldsymbol{e}_\varphi \frac{1}{\mu_0}\int \frac{k_0 E_m}{r}\sin(\omega_0 t - k_0 z)\,\mathrm{d}t = \boldsymbol{e}_\varphi \frac{k_0 E_m}{\omega_0\mu_0 r}\cos(\omega_0 t - k_0 z)$$

(2)将内、外导体看作是理想导体,则内导体表面($r=a$)处

$$\boldsymbol{J}_S = \boldsymbol{e}_n \times \boldsymbol{H}\big|_{r=a} = \boldsymbol{e}_r \times \boldsymbol{e}_\varphi \frac{k_0 E_m}{\omega_0\mu_0 r}\cos(\omega_0 t - k_0 z)\big|_{r=a} = \boldsymbol{e}_z \frac{k_0 E_m}{\omega_0\mu_0 a}\cos(\omega_0 t - k_0 z)$$

$$\rho_S = \boldsymbol{D}_1 \cdot \boldsymbol{e}_n\big|_{r=a} = \boldsymbol{e}_r \frac{\varepsilon E_m}{r}\cos(\omega_0 t - k_0 z)\cdot\boldsymbol{e}_r\big|_{r=a} = \frac{\varepsilon E_m}{a}\cos(\omega_0 t - k_0 z)$$

外导体内表面($r=b$)处

$$\boldsymbol{J}_S=\boldsymbol{e}_n\times\boldsymbol{H}\mid_{r=b}=-\boldsymbol{e}_r\times\boldsymbol{e}_\varphi\frac{k_0E_m}{\omega_0\mu_0 r}\cos(\omega_0t-k_0z)\mid_{r=b}=-\boldsymbol{e}_z\frac{k_0E_m}{\omega_0\mu_0 b}\cos(\omega_0t-k_0z)$$

$$\rho_S=\boldsymbol{D}_1\cdot\boldsymbol{e}_n\mid_{r=b}=\boldsymbol{e}_r\frac{\varepsilon E_m}{r}\cos(\omega_0t-k_0z)\cdot(-\boldsymbol{e}_r)\mid_{r=b}=-\frac{\varepsilon E_m}{b}\cos(\omega_0t-k_0z)$$

(3)内、外导体间位移电流密度

$$\boldsymbol{J}_d=\frac{\partial\boldsymbol{D}}{\partial t}=-\boldsymbol{e}_r\frac{\varepsilon E_m\omega_0}{r}\sin(\omega_0t-k_0z)$$

例 1.16 两种介质的分界面位于 $z=0$ 的平面。已知 $z>0$ 空间的介质参数为 $\varepsilon_1=2\varepsilon_0$、$\mu_1=\mu_0$、$\sigma_1=0$;$z<0$ 空间的介质参数为 $\varepsilon_2=4\varepsilon_0$、$\mu_2=\mu_0$、$\sigma_2=0$。若已知介质 1 中的电场为 $\boldsymbol{E}_1=\boldsymbol{e}_x2y-\boldsymbol{e}_y4x+\boldsymbol{e}_z(6+z)$。试问能否确定介质 2 中的 $\boldsymbol{E}_2$ 和 $\boldsymbol{D}_2$

解 因为两种介质均为理想介质,故分界面上 $\rho_S=0$。设介质 2 中电场为

$$\boldsymbol{E}_2=\boldsymbol{e}_xE_{2x}+\boldsymbol{e}_yE_{2y}+\boldsymbol{e}_zE_{2z}$$

在分界面 $z=0$ 处,由边界条件 $E_{1t}=E_{2t}$ 和 $D_{1n}=D_{2n}$,可得

$$\boldsymbol{e}_x2y-\boldsymbol{e}_y4x=\boldsymbol{e}_xE_{2x}+\boldsymbol{e}_yE_{2y}\quad 和\quad 2\varepsilon_0\times6=4\varepsilon_0\times E_{2y}$$

于是得到

$$E_{2x}=2y\quad,\quad E_{2y}=-4x \text{ 和 } E_{2y}=3$$

因此,$z=0$ 处 $\boldsymbol{E}_2$、$\boldsymbol{D}_2$ 的表达式为

$$\boldsymbol{E}_2=\boldsymbol{e}_x2y-\boldsymbol{e}_y4x+\boldsymbol{e}_z\cdot3$$

$$\boldsymbol{D}_2=\varepsilon_2\boldsymbol{E}_2=\varepsilon_0(\boldsymbol{e}_x8y-\boldsymbol{e}_y16x+\boldsymbol{e}_z\cdot12)$$

由于是非均匀场,故只能得到分界面处的 $\boldsymbol{E}_2$ 和 $\boldsymbol{D}_2$,介质 2 中其他位置处的 $\boldsymbol{E}_2$ 和 $\boldsymbol{D}_2$ 则不能确定。

习 题

1.1 长度为 L 的直线上均匀分布着线电荷 ρ_l,求此线电荷在空间产生的电场。

1.2 半径为 a 的薄带电圆盘上均匀分布着密度为 ρ_S 的面电荷,试计算圆盘中心轴线上任意点处的电场强度。

1.3 无界均匀介质中有一半径为 a 的球形空腔,其中心放有一点电荷 Q。设介质的介电常数为 ε,求空腔表面的极化电荷面密度。

1.4 半径均为 a 的两平行圆柱间有部分区域重叠,如图 1.26 中的区域③,已知区域①、②中的电荷体密度分别为 ρ 和 $-\rho$。求区域③中的电场强度

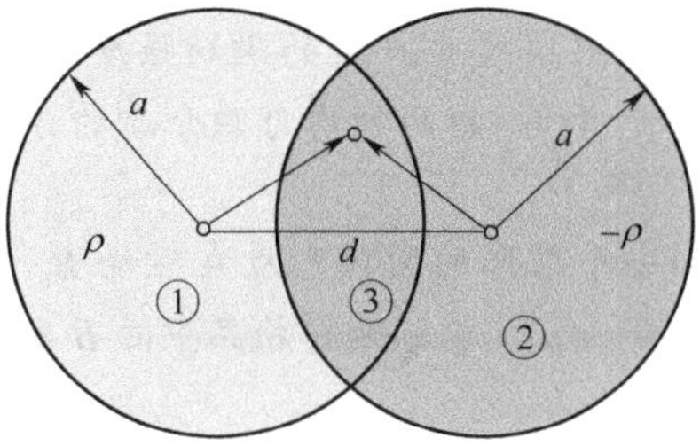

图 1.26 题 1.4 图

1.5　在半径为 a 的薄导体球壳上分布有电荷量 Q，其内表面涂覆了一薄层绝缘膜。已知球内区域充满电荷量为 Q 的体电荷，球内电场为 $\boldsymbol{E}=\boldsymbol{e}_r\,(r/a)^4$，介质为真空。计算：(1) 球内的电荷分布；(2) 球壳外表面的电荷面密度。

1.6　半径为 a，带有电荷量为 Q 的导体球，其球心位于两种介质的分界面上，已知两种介质的介电常数分别为 ε_1 和 ε_2。求：(1) 球外空间的电场分布；(2) 极化电荷分布；(3) 导体表面上的自由电荷面密度。

1.7　(1) 证明不均匀电介质在没有自由电荷密度时可能存在束缚电荷体密度；(2) 导出束缚电荷密度 ρ_P 的表达式。

1.8　球形电容器的内、外导体半径分别为 a 和 b，其间填充电导率分别为 σ_1 和 σ_2 的两种均匀介质，球心处于两种介质的分界面上，如图 1.27 所示。若在两导体球壳间通有电流 I，求球壳间介质中的电流密度分布。

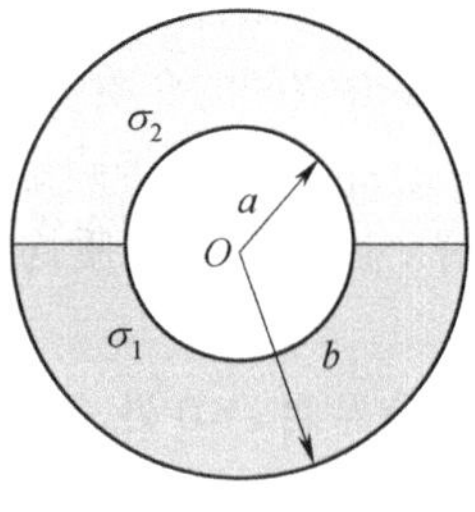

图 1.27　题 1.8 的图

1.9　平行板电容器极板间的距离为 d，板间介质的电导率为 σ，两极板间接有电流为 I 的电流源，测得介质的功率损耗为 P。若将极板间的间距扩大到 $2d$，介质的电导率不变，则此电容器的功率损耗为多少？

1.10　计算半径为 a，通有电流 I 的电流圆环在其中心轴线上任一点处的磁感应强度 $\boldsymbol{B}$。

1.11　半径为 a 的导体球上带有电量 Q，球体以均匀角速度 ω 绕一条直径旋转，如图 1.28 所示。求球心处的磁感应强度 $\boldsymbol{B}$。

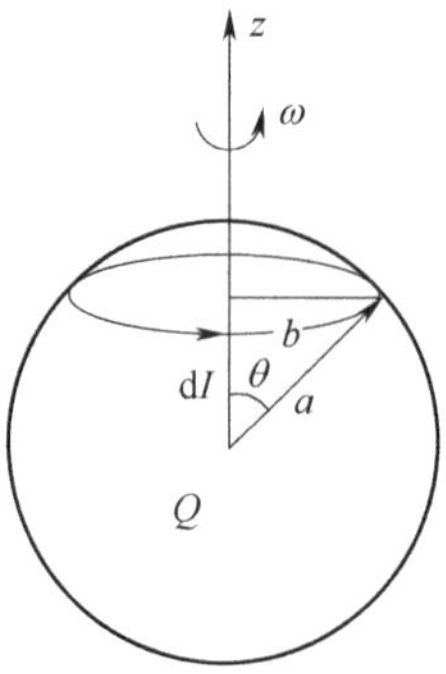

图 1.28　题 1.11 图

1.12　内、外半径分别为 a、b 的无限长中空导体圆柱，导体内沿轴向有恒定的均匀传导电流，体电流密度为 $\boldsymbol{J}$，导体磁导率为 μ。试求：空间各点的磁感应强度 $\boldsymbol{B}$。

1.13　两平行放置的无限长直线电流 I_1 和 I_2，它们之间相距距离 d，求每根导线单位长度上所受到的磁场力。

1.14　半径为 a 的磁介质球，具有磁化强度为

$$\boldsymbol{M}=\boldsymbol{e}_z(az^2+b)$$

式中，a 和 b 为常数，求磁化电流分布。

1.15　无限长直线电流 I 位于磁导率分别为 μ_1 和 μ_2 的两种磁介质的分界面上，如图 1.29 所示。试求：两种磁介质中的磁感应强度和磁化电流的分布。

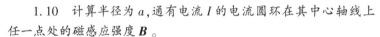

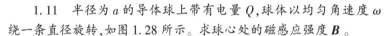

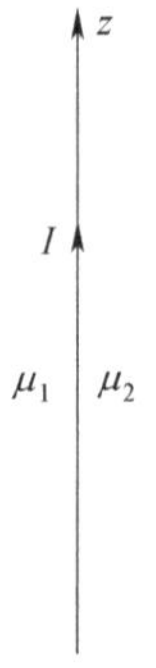

图 1.29　题 1.15 的图

1.16　恒定磁场中，已知两种不同介质的分界面为 xOz 平面，其上通有面密度为 $\boldsymbol{J}_S=\boldsymbol{e}_z 2$ A/m 的电流。若介质 1 中磁场强度为 $\boldsymbol{H}_1=\boldsymbol{e}_x+\boldsymbol{e}_y\cdot 2+\boldsymbol{e}_z\cdot 3$。试求：介质 2 中的磁场 $\boldsymbol{H}_2$。

1.17　已知一个平面电流回路在真空中产生的磁场强度为 $\boldsymbol{H}_0$，若将此平面电流回路放于磁导率分别为 μ_1 和 μ_2 的两种均匀磁介质的分界平面上，试求两种磁介质中的磁场强度 $\boldsymbol{H}_1$ 和 $\boldsymbol{H}_2$。

1.18　一根极细的圆铁杆和一个很薄的圆铁盘放在磁场 $\boldsymbol{B}_0$ 中，并使它们的轴线与 $\boldsymbol{B}_0$ 平行，设铁的磁导率为 μ。求这两样物品中的 $\boldsymbol{B}$ 和 $\boldsymbol{H}$；若已知 $\mu=5\,000\mu_0$，求它们的磁化强度 M。

1.19　一矩形回路中有磁场 $\boldsymbol{B}=\boldsymbol{e}_z 5\cos\omega t$ 垂直穿过，回路一边的导体滑片沿 x 轴方向滑动，滑

动位置由 $x=0.35(1-\cos\omega t)$ 确定，如图 1.30 所示。回路终端接有电阻 $R=0.2\ \Omega$，试求回路上的感应电流 i。

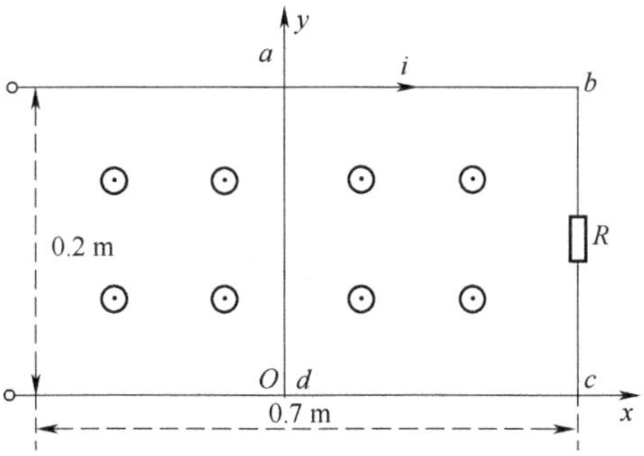

图 1.30　题 1.19 图

1.20　两块无限大的理想导体平板分别位于 $z=0$ 和 $z=d$ 处。已知平板间的电场强度为

$$\boldsymbol{E}=\boldsymbol{e}_y E_0 \sin\left(\frac{\pi}{d}z\right)\cos(\omega t-k_0 z)\ \mathrm{V/m}$$

式中，E_0 和 k_0 均为常数。试求：(1) 两极板间的磁场强度 $\boldsymbol{H}$；(2) 两导体表面上的电流分布。

1.21　设电场强度 $\boldsymbol{E}=\boldsymbol{e}_y E_m \cos\omega t\ \mathrm{V/m}$，计算下列几种介质在频率 $f=1\ \mathrm{MHz}$ 和 $f=1\ \mathrm{GHz}$ 时的传导电流和位移电流的幅值之比。

(1) 铜 $\sigma=5.8\times10^7\ \mathrm{S/m}$，$\varepsilon_r=1$；

(2) 海水 $\sigma=4\ \mathrm{S/m}$，$\varepsilon_r=81$；

(3) 聚苯乙烯 $\sigma=10^{-16}\ \mathrm{S/m}$，$\varepsilon_r=2.53$。

第 2 章 静态电磁场

前一章讨论了静态场的基本规律。静止电荷激发静电场，稳恒运动的电荷(即稳恒电流)激发稳恒电场，也激发稳恒磁场。静电场、稳恒电场和稳恒磁场都不随时间变化，统称为静态场。在静态情况下，电场和磁场是相互独立的，可分别对其场的物理性质和物理参数加以分析讨论。

本章从麦克斯韦方程组出发，分别介绍关于静电场、稳恒电场和稳恒磁场的分析方法。根据静电场和稳恒电场的无旋性，引入标量电位，将矢量场的问题转化为相对简单的标量场问题，并分析导体系统的电容和静电场的能量。稳恒磁场是无散场，引入矢量磁位这一概念，建立矢量磁位与电流的关系，并分析电感和稳恒磁场的能量。

2.1 静电场的电位

在第 1 章，采用电场强度矢量来描述静电场。本节中，将定义一个标量场电位，以简化静电场的描述。

2.1.1 静电场电位简介

由麦克斯韦方程组，对于静电场，其场方程为

$$\nabla\times\boldsymbol{E}=\boldsymbol{0} \tag{2.1.1}$$

$$\nabla\cdot\boldsymbol{D}=\rho \tag{2.1.2}$$

上两式表明，静电场是无旋场，从而可以写为

$$\boldsymbol{E}=-\nabla\varphi \tag{2.1.3}$$

这里，标量函数 φ 称为电位或电势。由于 $\nabla\varphi$ 垂直于 φ 的等值面，并指向 φ 增加的方向，故由上式可知，电场强度 $\boldsymbol{E}$ 垂直于 φ 的等位面，并指向电位下降的方向。

设 a、b 为空间任意两点，以任意路径 L 相连接，对于式(2.1.3)，沿曲线 L 取积分，可得

$$\int_{\substack{a\\(L)}}^{b}\boldsymbol{E}\cdot\mathrm{d}\boldsymbol{l}=-\int_{\substack{a\\(L)}}^{b}\nabla\varphi\cdot\mathrm{d}\boldsymbol{l}=-\int_{\substack{a\\(L)}}^{b}\frac{\partial\varphi}{\partial l}\mathrm{d}l=-\int_{\substack{a\\(L)}}^{b}\mathrm{d}\varphi=\varphi(a)-\varphi(b) \tag{2.1.4}$$

可见，静电场中任意两点之间的电位差可由电场强度 $\boldsymbol{E}$ 沿连接这两点的任意路径的积分得到。处于静电平衡状态的导体，其内部电场 $\boldsymbol{E}=0$。由式(2.1.4)可知，静电平衡的导体中 $\nabla\varphi=0$，导体是等位体。

式(2.1.3)和式(2.1.4)定义的是电位的梯度和电位差。只有规定了电位的零点，电场中每一点的电位才具有确定的值。电位的零点可以任意选取，因为电位加上一个任意常数并不影响其梯度或电位差的值。

2.1.2 空间电荷的电位

对于点电荷的电场,有

$$\boldsymbol{E}(\boldsymbol{r})=\frac{q}{4\pi\varepsilon}\cdot\frac{\boldsymbol{r}-\boldsymbol{r}'}{|\boldsymbol{r}-\boldsymbol{r}'|^3} \tag{2.1.5}$$

考虑到以下梯度运算结果

$$\nabla\left(\frac{1}{|\boldsymbol{r}-\boldsymbol{r}'|}\right)=-\frac{\boldsymbol{r}-\boldsymbol{r}'}{|\boldsymbol{r}-\boldsymbol{r}'|^3} \tag{2.1.6}$$

则有

$$\boldsymbol{E}(\boldsymbol{r})=-\nabla\left(\frac{q}{4\pi\varepsilon}\cdot\frac{1}{|\boldsymbol{r}-\boldsymbol{r}'|}\right) \tag{2.1.7}$$

从而可得点电荷 q 产生的电场的电位函数为

$$\varphi(\boldsymbol{r})=\frac{q}{4\pi\varepsilon}\cdot\frac{1}{|\boldsymbol{r}-\boldsymbol{r}'|}+C \tag{2.1.8}$$

式中, C 为任意常数。应用叠加原理,根据式(2.1.8)可得到点电荷系、线电荷、面电荷和体电荷产生的电场的电位函数分别为

$$\varphi(\boldsymbol{r})=\frac{1}{4\pi\varepsilon}\sum_{i=1}^{N}\frac{q_i}{|\boldsymbol{r}-\boldsymbol{r}_i'|}+C \tag{2.1.9}$$

$$\varphi(\boldsymbol{r})=\frac{1}{4\pi\varepsilon}\int_{l'}\frac{\rho_l(\boldsymbol{r}')}{|\boldsymbol{r}-\boldsymbol{r}'|}\mathrm{d}l'+C \tag{2.1.10}$$

$$\varphi(\boldsymbol{r})=\frac{1}{4\pi\varepsilon}\int_{S'}\frac{\rho_S(\boldsymbol{r}')}{|\boldsymbol{r}-\boldsymbol{r}'|}\mathrm{d}S'+C \tag{2.1.11}$$

$$\varphi(\boldsymbol{r})=\frac{1}{4\pi\varepsilon}\int_{V'}\frac{\rho(\boldsymbol{r}')}{|\boldsymbol{r}-\boldsymbol{r}'|}\mathrm{d}V'+C \tag{2.1.12}$$

例 2.1 求真空中无限长均匀带电直线周围的电位分布,设带电线的线电荷密度为 ρ_l 。

解 以带电直线为轴线建立圆柱坐标系,取距离轴线有限远的 $\rho=\rho_0$ 处为电位零点。由高斯定理,该带电直线引起的电场为

$$\boldsymbol{E}(\rho)=\boldsymbol{e}_\rho\cdot\frac{\rho_l}{2\pi\varepsilon_0\rho} \tag{2.1.13}$$

从而,距带电线为 ρ 处的电位为

$$\varphi(\rho)=\int_\rho^{\rho_0}\boldsymbol{E}\cdot\mathrm{d}\boldsymbol{l}=\int_\rho^{\rho_0}\frac{\rho_l}{2\pi\varepsilon_0\rho}\mathrm{d}\rho=\frac{\rho_l}{2\pi\varepsilon_0}\ln\frac{\rho_0}{\rho} \tag{2.1.14}$$

2.1.3 静电位的微分方程

在均匀、线性和各向同性的电介质中, ε 是一个常数。因此将 $\boldsymbol{E}(\boldsymbol{r})=-\nabla\varphi(\boldsymbol{r})$ 代入 $\nabla\cdot\boldsymbol{D}(\boldsymbol{r})=\rho(\boldsymbol{r})$, 可得

$$\nabla\cdot\boldsymbol{D}(\boldsymbol{r})=\nabla\cdot\varepsilon\boldsymbol{E}(\boldsymbol{r})=-\varepsilon\,\nabla\cdot\nabla\varphi(\boldsymbol{r})=\rho(\boldsymbol{r}) \tag{2.1.15}$$

从而,有

$$\nabla^2\varphi(\boldsymbol{r})=-\frac{\rho(\boldsymbol{r})}{\varepsilon} \tag{2.1.16}$$

即静电位满足标量泊松方程。若空间内无自由电荷的分布,即 $\rho=0$,则电位函数满足拉普拉斯方

程，即

$$\nabla^2\varphi(\boldsymbol{r}) = 0 \tag{2.1.17}$$

通过以上的推导，可见电位函数的微分方程包含了 $\nabla\times\boldsymbol{E}=0$，$\nabla\cdot\boldsymbol{D}=\rho$ 和 $\boldsymbol{D}=\varepsilon\boldsymbol{E}$ 这些静电场的所有基本方程。因此对于静电场而言，电位的微分方程和场方程等价。在通过解泊松方程或拉普拉斯方程求电位函数 $\varphi(\boldsymbol{r})$ 时，需应用边界条件来确定常数。下面介绍电位的边界条件。

设 P_1 和 P_2 是介质分界面两侧、紧贴分界面的相邻两点，其电位分别为 φ_1 和 φ_2。由于在两种介质中电场强度均为有限值，当 P_1 和 P_2 都无限贴近分界面时，即其间距 $\Delta l\to 0$ 时，$\varphi_1-\varphi_2=\boldsymbol{E}\cdot\Delta\boldsymbol{l}\to 0$。因此，分界面两侧的电位是相等的，即 $\varphi_1=\varphi_2$。

又由 $\boldsymbol{e}_n\cdot(\boldsymbol{D}_1-\boldsymbol{D}_2)=\rho_S$，$\boldsymbol{D}=\varepsilon\boldsymbol{E}=-\varepsilon\nabla\varphi$ 可导出

$$\varepsilon_1\frac{\partial\varphi_1}{\partial n}-\varepsilon_2\frac{\partial\varphi_2}{\partial n}=-\rho_S \tag{2.1.18}$$

若分界面上不存在自由面电荷，即 $\rho_S=0$，则上式变为

$$\varepsilon_1\frac{\partial\varphi_1}{\partial n}=\varepsilon_2\frac{\partial\varphi_2}{\partial n} \tag{2.1.19}$$

若第二种介质为导体，因达到静电平衡后导体内部的电场为零，导体为等位体，故导体表面上，电位的边界条件为

$$\begin{cases}\varphi=\text{常数}\\ \varepsilon\dfrac{\partial\varphi}{\partial n}=-\rho_S\end{cases} \tag{2.1.20}$$

2.2　导体系统的电容

电容是导体系统的一种基本属性，它是描述导体系统储存电荷能力的物理量。电容的大小只是导体系统的物理尺度及周围电介质的特性参数的函数。

2.2.1　两导体间的电容

定义两导体系统的电容为任一导体上的总电荷量与两导体之间的电位差之比，即

$$C=\frac{Q}{U} \tag{2.2.1}$$

电容的单位是 F(法)。

例 2.2　两平行长直导线的半径为 a，相距 $2h(2h\gg a)$，如图 2.1 所示，求两导线间单位长度的电容。

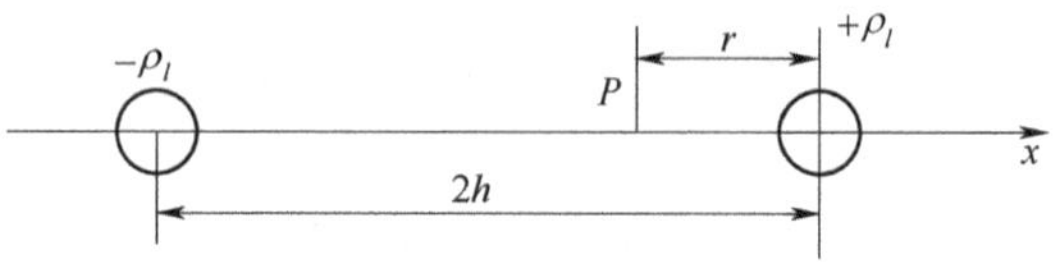

图 2.1　平行双线传输线

解　设两导线单位长度上的电荷分别为 $\pm\rho_l$，两导线连线上任一点 P 点的场强可由高斯定律求出

$$E = \frac{\rho_l}{2\pi\varepsilon_0 r} + \frac{\rho_l}{2\pi\varepsilon_0(2h - r)} \tag{2.2.2}$$

方向沿 $-x$ 方向。两导线之间的电位差可表示为

$$U = \int_a^{2h-a} \boldsymbol{E} \cdot \mathrm{d}\boldsymbol{l} = \frac{\rho_l}{\pi\varepsilon_0}\ln\frac{2h - a}{a} \approx \frac{\rho_l}{\pi\varepsilon_0}\ln\frac{2h}{a} \tag{2.2.3}$$

从而可得两导线间单位长度的电容为

$$C = \frac{\rho_l}{U} = \frac{\pi\varepsilon_0}{\ln(2h/a)}(\mathrm{F/m}) \tag{2.2.4}$$

2.2.2 部分电容

式(2.2.4)只能计算两导体间的电容,对于多导体系统,如图2.2所示,每两个导体间的电位差不仅与两导体上所带的电荷量有关,还要受到其他导体上电荷的影响,为了计算多导体系统中导体间的电容,引入部分电容的概念。

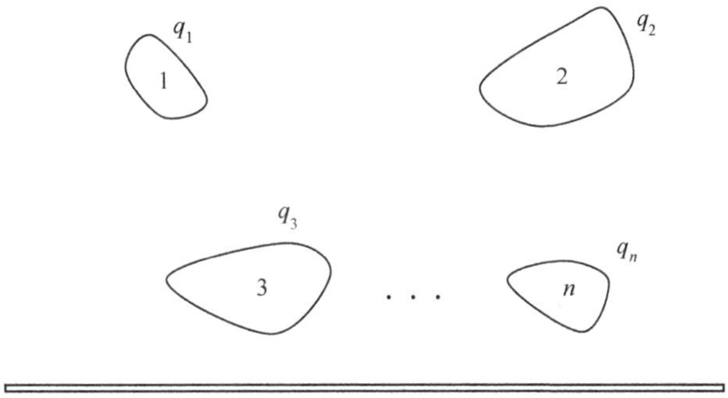

图2.2 多导体系统

1. 电位系数

对于一个孤立的多导体系统,每一个导体的电位不仅与该导体上所带的电荷量有关,而且受其他导体上所带电荷量的影响,根据叠加原理,则有

$$\begin{cases} \Phi_1 = p_{11}q_1 + p_{12}q_2 + \cdots + p_{1n}q_n \\ \quad\vdots \\ \Phi_i = p_{i1}q_1 + p_{i2}q_2 + \cdots + p_{in}q_n \\ \quad\vdots \\ \Phi_n = p_{n1}q_1 + p_{n2}q_2 + \cdots + p_{nn}q_n \end{cases} \tag{2.2.5}$$

可以用如下的通式表示为

$$\Phi_i = \sum_{j=1}^{n} p_{ij}q_j \tag{2.2.6}$$

式中,p_{ij} 称为电位系数,表示第 j 个电荷对第 i 个导体电位的影响,$i = j$ 称为自电位系数,$i \neq j$ 称为互电位系数。

2. 感应系数(电容系数)

由式(2.2.6)可以求解得到多导体系统中各导体的电荷,如式(2.2.7)所示。

$$\begin{cases} q_1 = \beta_{11}\Phi_1 + \beta_{12}\Phi_2 + \cdots + \beta_{1n}\Phi_n \\ \quad\vdots \\ q_i = \beta_{i1}\Phi_1 + \beta_{i2}\Phi_2 + \cdots + \beta_{in}\Phi_n \\ \quad\vdots \\ q_n = \beta_{n1}\Phi_1 + \beta_{n2}\Phi_2 + \cdots + \beta_{nn}\Phi_n \end{cases} \tag{2.2.7}$$

通式为

$$q_i = \sum_{j=1}^{n} \beta_{ij}\Phi_j \tag{2.2.8}$$

$i = j$，β_{ij} 称为电容系数，$i \neq j$，β_{ij} 称为感应系数。β_{ij} 与 p_{ij} 的关系为

$$\beta_{ij} = \frac{P_{ij}}{\Delta} \tag{2.2.9}$$

式中，Δ 为电位系数行列式 p_{ij}，P_{ij} 是 p_{ij} 的代数余子式。

3. 部分电容

改写式(2.2.8)，有

$$\begin{aligned} q_i &= \sum_{j=1}^{n} \beta_{ij}(\Phi_j - \Phi_i + \Phi_i) = \sum_{\substack{j=1 \\ (j\neq i)}}^{n} \beta_{ij}(\Phi_j - \Phi_i) + \Phi_i \sum_{j=1}^{n} \beta_{ij} \\ &= \sum_{\substack{j=1 \\ (j\neq i)}}^{n} C_{ij}(\Phi_i - \Phi_j) + C_{ii}\Phi_i \end{aligned} \tag{2.2.10}$$

式中，$C_{ij} = -\beta_{ij}(i \neq j)$，$C_{ii} = \sum_{j=1}^{n} \beta_{ij}$。

从而，式(2.2.7)可以写为

$$\begin{cases} q_1 = C_{11}\Phi_1 + C_{12}(\Phi_1 - \Phi_2) + \cdots + C_{1n}(\Phi_1 - \Phi_n) \\ q_2 = C_{21}(\Phi_2 - \Phi_1) + C_{22}\Phi_2 + \cdots + C_{2n}(\Phi_2 - \Phi_n) \\ \quad\vdots \\ q_n = C_{n1}(\Phi_n - \Phi_1) + C_{n2}(\Phi_n - \Phi_2) + \cdots + C_{nn}\Phi_n \end{cases} \tag{2.2.11}$$

式中，$C_{ij}(i \neq j)$ 称为互有部分电容，表示第 i 个导体与第 j 个导体间的部分电容，C_{ii} 称为自有部分电容，表示第 i 个导体与大地间的部分电容。

上述分析中，p_{ij}、β_{ij}、C_{ij} 仅与各导体的大小、形状、相对位置及周围的介质有关，对于一个给定的导体系统，p_{ij}、β_{ij}、C_{ij} 均为常数。$p_{ij} = p_{ji}$，$\beta_{ij} = \beta_{ji}$，$C_{ij} = C_{ji}$，所以电位系数矩阵、感应系数矩阵和部分电容矩阵都是对称矩阵。

例 2.3 某一对称的三芯电缆，结构如图 2.3 所示，若将三根芯线相连，测得与铅皮间的电容为 0.051 μF，若将两根芯线与铅皮相连，测得与另一芯线间的电容为 0.037 μF，求电缆的各部分电容。

解 由于三芯线对称，所以有 $C_{11} = C_{22} = C_{33}$，$C_{12} = C_{23} = C_{13}$。

三芯线相连时，相当于各芯间的电容被短路，即 C_{12}、C_{23}、C_{13} 被短路，各芯与铅皮的电容成并联形式，因此有 $C_{11} + C_{22} + C_{33} = 0.051\ \mu\text{F}$。

从而有 $C_{11} = C_{22} = C_{33} = \dfrac{0.051}{3}\mu\text{F} = 0.017\ \mu\text{F}$。两根芯线与铅皮相连，如芯线 1 和 2 与铅皮相连，则 C_{11}、C_{22}、C_{12} 被短路，芯线 1 与芯线 3 间的电容可表示为

$$C_{13} + C_{23} + C_{33} = 0.037\ \mu\text{F}$$

从而有

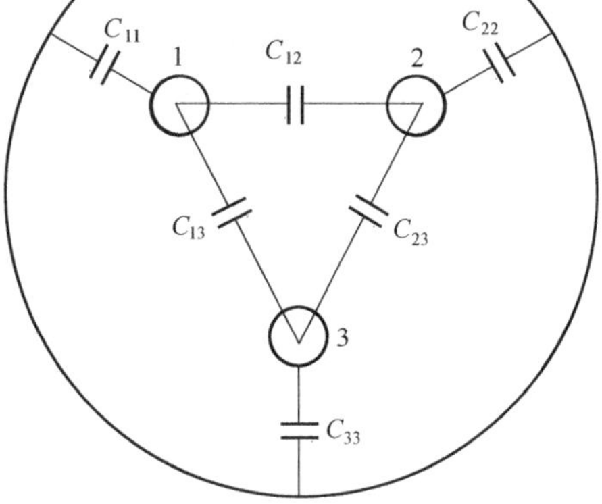

图 2.3　三芯电缆示意图

$$C_{13} = C_{23} = \frac{0.037\ \mu F - C_{33}}{2} = 0.01\ \mu F$$

$$C_{12} = 0.01\ \mu F$$

2.3　静电场的能量

2.3.1　静电场能量的计算方法

本节中,将采用两种方法计算电场中的能量,一种用场源表示,另一种用场量表示。

考虑一个没有电场的区域。为了得到这样一个区域,如果有任何电荷,必须放置在无限远处。设想有 n 个点电荷,每个在距所在区域无限远处。现在,把一个点电荷 q_1 从无穷远处移到 a 点,如图 2.4 所示。

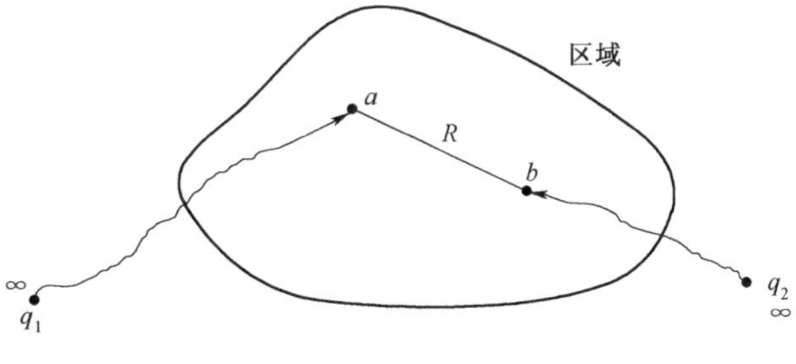

图 2.4　两个点电荷的位能

因为电荷没有受任何力的作用,这样做所需的能量为零, $W_1 = 0$。点电荷 q_1 的出现,便在区域中建立了电位分布。如果现在再将另一个电荷 q_2 从无穷远处移到 b 点,这样做所需的能量为

$$W_2 = q_2\varphi_{b,a} = \frac{q_1 q_2}{4\pi\varepsilon R} \tag{2.3.1}$$

式中, $\varphi_{b,a}$ 为 a 点的电荷在 b 点建立的电位; R 为两电荷的距离。做上述分析时,已经将电位参考点选为无穷远处。这样,把两个电荷从无穷远处移到 a 、b 两点所需的总能量为

$$W = W_1 + W_2 = \frac{q_1 q_2}{4\pi\varepsilon R} \tag{2.3.2}$$

式(2.3.2)给出任何介质中相隔距离为 R 的两个点电荷的位能。如果将两个电荷的移动过程加以改变,即先移动 q_2 电荷,再移动 q_1 电荷,所需的总能量是否会不同呢?首先,将 q_2 电荷从无穷远移到无电场的 b 点,所需的能量为零($W_2 = 0$)。b 点的 q_2 电荷在 a 点建立的电位为

$$\varphi_{a,b} = \frac{q_2}{4\pi\varepsilon R} \tag{2.3.3}$$

把电荷 q_1 移动到 a 点所需的能量为

$$W_1 = q_1 \varphi_{a,b} = \frac{q_1 q_2}{4\pi\varepsilon R} \tag{2.3.4}$$

改变电荷移动顺序后所需的总能量为

$$W = W_1 + W_2 = \frac{q_1 q_2}{4\pi\varepsilon R} \tag{2.3.5}$$

两种情况所需的能量相同,因此先移动哪个电荷无关紧要。现在,将情况扩展到三电荷系统,如图 2.5 所示。

把 q_1、q_2 和 q_3 依次从无穷远处移到 a、b、c 三点所需的能量为

$$W = W_1 + W_2 + W_3 = 0 + q_2\varphi_{b,a} + q_3(\varphi_{c,a} + \varphi_{c,b}) = \frac{1}{4\pi\varepsilon}\left(\frac{q_2 q_1}{R_{21}} + \frac{q_3 q_1}{R_{31}} + \frac{q_3 q_2}{R_{32}}\right) \tag{2.3.6}$$

另外,如果将三电荷移到各自位置的次序颠倒,所需的总能量为

$$W = W_3 + W_2 + W_1 = 0 + q_2\varphi_{c,a} + q_1(\varphi_{a,b} + \varphi_{a,c}) = \frac{1}{4\pi\varepsilon}\left(\frac{q_2 q_3}{R_{23}} + \frac{q_1 q_2}{R_{12}} + \frac{q_1 q_3}{R_{13}}\right) \tag{2.3.7}$$

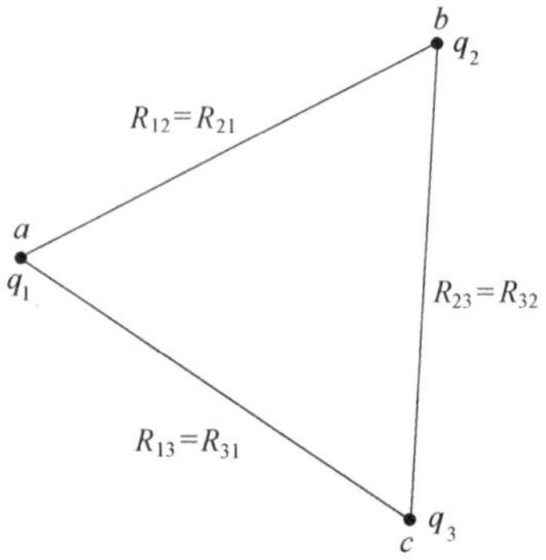

图 2.5　三个点电荷系的位能

该式的结果与式(2.3.6)是相同的。在每一种情况下移动电荷做的功增加了电荷系内同样数量的储能。显然,将式(2.3.6)和式(2.3.7)相加再除以 2,同样可以表示所需的总能量,如式(2.3.8)所示。

$$W = \frac{1}{2}[q_1(\varphi_{a,c} + \varphi_{a,b}) + q_2(\varphi_{b,a} + \varphi_{b,c}) + q_3(\varphi_{c,a} + \varphi_{c,b})] \tag{2.3.8}$$

式中,$\varphi_{a,c} + \varphi_{a,b}$ 是 b、c 两点的电荷在 a 点的总电位,可表示为

$$\varphi_1 = \varphi_{a,c} + \varphi_{a,b} = \frac{1}{4\pi\varepsilon}\left(\frac{q_3}{R_{13}} + \frac{q_2}{R_{12}}\right) \tag{2.3.9}$$

类似地,b 点和 c 点的电位分别为 $\varphi_2 = \varphi_{b,a} + \varphi_{b,c}$ 和 $\varphi_3 = \varphi_{c,a} + \varphi_{c,b}$。
总能量则可表示为

$$W = \frac{1}{2}[q_1\varphi_1 + q_2\varphi_2 + q_3\varphi_3] = \frac{1}{2}\sum_{i=1}^{3} q_i\varphi_i \tag{2.3.10}$$

将式(2.3.10)推广到 n 个点电荷系统可得

$$W = \frac{1}{2}\sum_{i=1}^{n} q_i \varphi_i \tag{2.3.11}$$

如果电荷是连续分布的，则上式可转化为

$$W = \frac{1}{2}\int_v \rho_v \varphi \mathrm{d}v \tag{2.3.12}$$

式中，ρ_v 为体积 v 内的体电荷密度。此式是用体电荷密度和电位表示的电荷系能量的标准公式。据此，面电荷密度、线电荷密度和点电荷的能量即可列出。

例 2.4 半径为 a 的球形空间均匀分布着体电荷密度为 ρ 的电荷，试求电场能量。

解 根据高斯定律，求得电场强度为

$$\boldsymbol{E}(\boldsymbol{r}) = \begin{cases} \boldsymbol{e}_r \dfrac{\rho r}{3\varepsilon_0} & \text{当 } r < a \\ \boldsymbol{e}_r \dfrac{\rho a^3}{3\varepsilon_0 r^2} & \text{当 } r \geqslant a \end{cases}$$

则可求得电位分布为

$r < a$ 时，$\varphi_1 = \int_r^a \boldsymbol{E}_1 \cdot \mathrm{d}\boldsymbol{r} + \int_a^\infty \boldsymbol{E}_2 \cdot \mathrm{d}\boldsymbol{r} = \dfrac{\rho a^2}{2\varepsilon_0} - \dfrac{\rho r^2}{6\varepsilon_0}$

$r \geqslant a$ 时，$\varphi_2 = \int_r^\infty \boldsymbol{E}_2 \cdot \mathrm{d}\boldsymbol{r} = \dfrac{\rho a^3}{3\varepsilon_0 r}$

从而有

$$W = \frac{1}{2}\int_V \rho\varphi \mathrm{d}V = \frac{1}{2}\int_0^{2\pi}\int_0^{\pi}\int_0^a \rho\varphi_1 r^2 \sin\theta \mathrm{d}\theta \mathrm{d}\varphi \mathrm{d}r = \frac{4\pi\rho^2 a^5}{15\varepsilon_0}$$

下面推导用场量表示静电系能量的另一表达式。由高斯定律，$\nabla \cdot \boldsymbol{D} = \rho_v$，式(2.3.12)可以写为

$$W = \frac{1}{2}\int_v \varphi(\nabla \cdot \boldsymbol{D}) \mathrm{d}v \tag{2.3.13}$$

利用矢量恒等式 $\varphi(\nabla \cdot \boldsymbol{D}) = \nabla \cdot (\varphi\boldsymbol{D}) - \boldsymbol{D} \cdot \nabla\varphi$，便可得能量表达式为

$$W = \frac{1}{2}\left[\int_v \nabla \cdot (\varphi\boldsymbol{D}) \mathrm{d}v - \int_v \boldsymbol{D} \cdot \nabla\varphi \mathrm{d}v\right] \tag{2.3.14}$$

下面用散度定理把第一个体积分变换为封闭面积分，即 $\int_v \nabla \cdot (\varphi\boldsymbol{D}) \mathrm{d}v = \oint_S \varphi\boldsymbol{D} \cdot \mathrm{d}\boldsymbol{S}$，其中体积 v 的选择是任意的，唯一约束是 S 要包围 v。如果在如此大的体积上积分，以致表面上的 φ 和 $\boldsymbol{D}$ 都是可以忽略不计的小，则面积分为零。因此，静电系内的储能变为

$$W = -\frac{1}{2}\int_v \boldsymbol{D} \cdot \nabla\varphi \mathrm{d}v = \frac{1}{2}\int_v \boldsymbol{D} \cdot \boldsymbol{E} \mathrm{d}v \tag{2.3.15}$$

上式给出了用场量来求静电场能量的方法，积分范围是整个空间（$|\boldsymbol{r}| \to \infty$）。

例 2.5 应用式(2.3.15)解例 2.4。

解 $W = \dfrac{1}{2}\int_{V_1} \boldsymbol{D}_1 \cdot \boldsymbol{E}_1 \mathrm{d}v + \dfrac{1}{2}\int_{V_2} \boldsymbol{D}_2 \cdot \boldsymbol{E}_2 \mathrm{d}v = \dfrac{1}{2}\int_0^{2\pi}\int_0^{\pi}\int_0^a \varepsilon_0 \left(\dfrac{\rho r}{3\varepsilon_0}\right)^2 r^2 \sin\theta \mathrm{d}\theta \mathrm{d}\varphi \mathrm{d}r +$

$$\frac{1}{2}\int_0^{2\pi}\int_0^{\pi}\int_a^{\infty} \varepsilon_0 \left(\frac{\rho a^3}{3\varepsilon_0 r^2}\right)^2 r^2 \sin\theta \mathrm{d}\theta \mathrm{d}\varphi \mathrm{d}r = \frac{4\pi\rho^2 a^5}{15\varepsilon_0}$$

例 2.6 导出电容器的储能公式

解 电容器由两块导体板组成。设两极板的电位分别为 φ_+ 和 φ_-，带电量分别为 $+q$ 和 $-q$，按式(2.3.12)则有

$$W_e = \frac{1}{2}[\varphi_+ q + \varphi_-(-q)] = \frac{1}{2}q(\varphi_+ - \varphi_-) = \frac{1}{2}qU$$

上式就是电容器的储能公式,其中 $U = \varphi_+ - \varphi_-$ 表示电容器两极板间的电位差。

利用 $C = \frac{q}{U}$,这里 C 为电容器的电容值,上式又可写为

$$W_e = \frac{1}{2}CU^2 = \frac{q^2}{2C}$$

2.3.2 静电力

在静电场中,各个带电体都要受到电场力的作用。原则上,带电体之间的静电力是可以用库仑定律来计算的,但对于电荷分布形状较为复杂的带电体,这种计算往往是很困难的。而利用电场的能量来求电场力会更方便,这就是引入虚位移法的原因。

虚位移法的思路是:设想带电体在外电场中发生了一微小位移 $\mathrm{d}l$ (称为虚位移),在此虚位移过程中,电场力 $\boldsymbol{F}$ 对其做的功为 $\mathrm{d}A = \boldsymbol{F} \cdot \mathrm{d}\boldsymbol{l}$ 。另一方面,当带电体的位置改变后,电场也将发生改变,导致电场能量改变。设电场能量的增量为 $\mathrm{d}W_e$,按照能量的转化和守恒定律,电源在此过程中提供的能量 $\mathrm{d}W_s$ 为

$$\mathrm{d}W_s = \boldsymbol{F} \cdot \mathrm{d}\boldsymbol{l} + \mathrm{d}W_e \qquad (2.3.16)$$

式中, $\boldsymbol{F}$ 是真实的力,而位移 $\mathrm{d}\boldsymbol{l}$ 仅存在于设想中,并未实际发生,在该虚位移过程中系统的状态并未改变。因此,可以按某物理量(如电位 φ ,电荷 q 等)保持不变来设想虚位移,以求得到可解的关系式。

若设想虚位移过程中各导体上的电荷量不变,这相当于各导体都不接电源,于是在此过程中电源不做功,即 $\mathrm{d}W_s = 0$。按式(2.3.16),则有

$$\boldsymbol{F} \cdot \mathrm{d}\boldsymbol{l} = -\mathrm{d}W_e \qquad (2.3.17)$$

所以有

$$F_l = -\frac{\partial W_e}{\partial l} \qquad (2.3.18)$$

分别取 $\mathrm{d}\boldsymbol{l}$ 沿 x 、y 、z 方向,可写出与式(2.3.18)类似的3个关系式。三者综合起来,即可得到下面的矢量关系

$$\boldsymbol{F} = -\nabla W_e \big|_q \qquad (2.3.19)$$

这里下标 q 表示各导体上的电荷量不变。

也可以假定各导体的电位不变,这相当于各导体都接有恒压电源。在虚位移中,为保持各导体的电位不变,各电源必须向导体输送电荷,而输送电荷必须克服电场力做功。假定为保持导体 i 的电位 φ_i 不变,输送了电荷量 $\mathrm{d}q_i$,其间电源做功为

$$\mathrm{d}A_i = \mathrm{d}q_i\varphi_i \qquad (2.3.20)$$

从而电源对全体导体做的总功为

$$\mathrm{d}W_s = \sum_i \mathrm{d}q_i\varphi_i \qquad (2.3.21)$$

另一方面,按式(2.3.21),由于电荷量改变,电场能量的增量为

$$\mathrm{d}W_e = \frac{1}{2}\sum_i \mathrm{d}q_i\varphi_i = \frac{1}{2}\mathrm{d}W_s \qquad (2.3.22)$$

代入式(2.3.16),则有

$$\boldsymbol{F} \cdot \mathrm{d}\boldsymbol{l} = \mathrm{d}W_e \qquad (2.3.23)$$

所以,在此情况下有

$$F_l = \frac{\partial W_e}{\partial l} \tag{2.3.24}$$

进而可写为

$$\boldsymbol{F} = \nabla W_e \big|_{\varphi} \tag{2.3.25}$$

式中,下标 φ 表示各导体的电位不变。

对于一个静电场系统,在电荷不变和电位不变的两种假设下,电场力的表达式不同,但最终计算结果是相同的。上面推导中用到的 d$\boldsymbol{l}$ 是 $\boldsymbol{F}$ 的作用点的虚位移,因此计算得到的 $\boldsymbol{F}$ 是发生虚位移的那一导体所受的力。

例 2.7 一平行板电容器,极板面积为 S ,板间距离为 x ,极板间充满空气,两极板间的电压为 U ,如图 2.6 所示,求每个极板受的力。

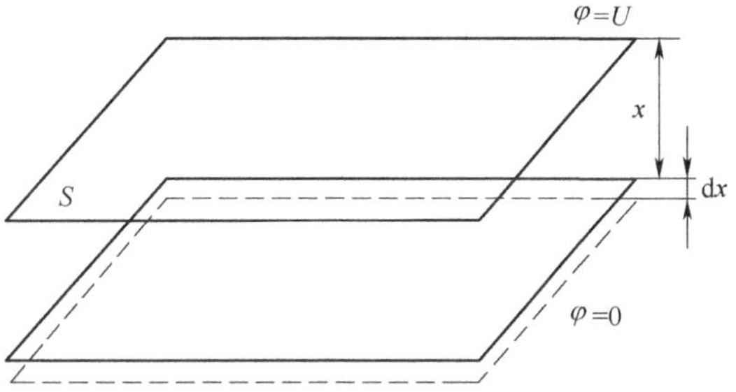

图 2.6 平行板电容器示意图

解 两极板间的电场强度为 $E = \dfrac{U}{x}$,能量密度为 $w_e = \dfrac{1}{2}\varepsilon E^2$。

两极板间的电场能量为

$$W_e = w_e \cdot Sd = \frac{\varepsilon S U^2}{2x}$$

每个极板受的电场力为

$$f = \frac{\partial W_e}{\partial x}\Big|_{\varphi} = -\frac{\varepsilon S U^2}{2x^2}$$

求解该类问题时,先假定电容器的极板间有一个很小的位移 dx ,引起电容器中能量的变化 dW ,然后再求出电场力。这便是虚位移法原理,“虚位移”是借用了理论力学中的一个概念。

2.4 稳恒电场和稳恒电流场

稳恒电场是稳恒运动的电荷引起的电场,亦即存在稳恒电流时的电场。在导体中,自由电荷只有在电场力的作用下才能发生宏观移动。因此,稳恒情况下导体内电场不为零,这一点与静电场不同。本节讨论稳恒电场的主要性质。

2.4.1 稳恒电场的基本方程和边界条件

稳恒电流情况下,电荷分布不随时间改变,即 $\dfrac{\partial \rho}{\partial t} = 0$,于是电流连续性方程为

$$\nabla \cdot \boldsymbol{J} = 0 \tag{2.4.1}$$

这是稳恒电流场的基本方程。式(2.4.1)表明,从闭合曲面 S 穿出的电流恒为零,因而闭合面包围的体积内的电量也不随时间变化。因此可得结论:尽管电流是电荷的运动,但在恒定电流的状态下,电荷分布并不随时间改变。可以认定恒定电场也是保守场,电场强度沿任一闭合路径的线积分恒为零,即

$$\oint_C \boldsymbol{E} \cdot \mathrm{d}\boldsymbol{l} = 0 \tag{2.4.2}$$

相应的微分形式为

$$\nabla \times \boldsymbol{E} = 0 \tag{2.4.3}$$

稳恒电流场与稳恒电场以欧姆定律相联系

$$\boldsymbol{J} = \sigma \boldsymbol{E} \tag{2.4.4}$$

在两种导电介质的交界面处,由于导电介质表面无面传导电流,电流的边界条件为

$$J_{1n} = J_{2n} \tag{2.4.5}$$

电场的边界条件为

$$E_{1t} = E_{2t} \tag{2.4.6}$$

$$D_{2n} - D_{1n} = \rho_S \tag{2.4.7}$$

例 2.8 试证明,稳恒情况下各向同性均匀导电介质内部不存在自由电荷。

证明 将欧姆定律 $\boldsymbol{J}=\sigma\boldsymbol{E}$ 代入方程(2.4.1),有

$$\nabla \cdot (\sigma \boldsymbol{E}) = \nabla\sigma \cdot \boldsymbol{E} + \sigma \nabla \cdot \boldsymbol{E} = 0$$

对于各向同性介质,可得

$$\nabla\varepsilon \cdot \boldsymbol{E} + \varepsilon \nabla \cdot \boldsymbol{E} = \rho$$

联立上面两式,可得

$$\rho = \left(\nabla\varepsilon - \frac{\varepsilon}{\sigma}\nabla\sigma\right) \cdot \boldsymbol{E}$$

上式给出了稳恒情况下各向同性介质内部的自由电荷分布。它表明,某点的自由电荷密度不仅与该点的场强有关,还取决于该点的介质是否均匀。若介质均匀,则有 $\nabla\varepsilon = 0$, $\nabla\sigma = 0$,代入上式可得 $\rho=0$。这就证明了各向同性均匀介质内部不存在自由电荷。自由电荷只能存在于非均匀导电介质中,或分布于两种导电介质的交界面上。

2.4.2 稳恒电场的电位

式(2.4.3)表明,稳恒电场是无旋场,仍可以定位电位

$$\boldsymbol{E} = -\nabla\varphi \tag{2.4.8}$$

对于均匀导电介质,因为 $\nabla\sigma = 0$,将式(2.4.8)和式(2.4.4)代入式(2.4.1),则可知 φ 满足拉普拉斯方程

$$\nabla^2\varphi = 0 \tag{2.4.9}$$

在两种导电介质的交界面上,电位 φ 满足的边界条件是

$$\varphi_1 = \varphi_2 \tag{2.4.10}$$

$$\sigma_1 \frac{\partial\varphi_1}{\partial n} = \sigma_2 \frac{\partial\varphi_2}{\partial n} \tag{2.4.11}$$

$$\varepsilon_1 \frac{\partial\varphi_1}{\partial n} - \varepsilon_2 \frac{\partial\varphi_2}{\partial n} = \rho_S \tag{2.4.12}$$

式(2.4.11)和式(2.4.12)分别来自于式(2.4.5)和式(2.4.7)。

2.4.3 解稳恒电流场的静电比拟法

通过前面的讨论,可见均匀导电介质中的稳恒电场和均匀电介质中的静电场有很多相似之处,见表2.1。

表 2.1 稳恒电流场和静电场的比拟

均匀介质中的稳恒电流场	无源区域中的静电场
$\nabla\cdot\boldsymbol{J}=0$	$\nabla\cdot\boldsymbol{D}=0$
$\boldsymbol{J}=\sigma\boldsymbol{E}$	$\boldsymbol{D}=\varepsilon\boldsymbol{E}$
$J_{1n}=J_{2n}$	$D_{1n}=D_{2n}$
$\dfrac{J_{1t}}{\sigma_1}=\dfrac{J_{2t}}{\sigma_2}$	$\dfrac{D_{1t}}{\varepsilon_1}=\dfrac{D_{2t}}{\varepsilon_2}$
$I=\int_S\boldsymbol{J}\cdot\mathrm{d}\boldsymbol{S}$	$q=\int_S\boldsymbol{D}\cdot\mathrm{d}\boldsymbol{S}$

由上表可见,只要把静电场公式中的$\boldsymbol{D}$、q、ε分别换成$\boldsymbol{J}$、I、σ,就可得到稳恒电流场的相应公式。称这两组公式是对偶的,$\boldsymbol{J}$、I、σ与$\boldsymbol{D}$、q、ε是对偶量。如果某无源区域静电场边值问题的解已知,则可经对偶量的代换得到相应的稳恒电流场边值问题的解,这就是求解均匀导电介质中稳恒电流场的静电比拟法。在静电场中,两导体间充满介电常数为ε的均匀电介质时的电容为

$$C=\frac{q}{U}=\frac{\varepsilon\oint_S\boldsymbol{E}\cdot\mathrm{d}\boldsymbol{S}}{\int_{“1”}^{“2”}\boldsymbol{E}\cdot\mathrm{d}\boldsymbol{l}} \tag{2.4.13}$$

式中,q是带正电荷的导体1上的电荷量;U是两导体间的电压。

在稳恒电流场中两个电极间充满电导率为σ的均匀导电介质时的电导为

$$G=\frac{I}{U}=\frac{\sigma\oint_S\boldsymbol{E}\cdot\mathrm{d}\boldsymbol{S}}{\int_1^2\boldsymbol{E}\cdot\mathrm{d}\boldsymbol{l}} \tag{2.4.14}$$

式中的I是从导体1(电极1)表面流出的电流。需要指出的是,电极由良导体构成,电极内的电场可视为零,电极表面可视为等位面,从而导出式(2.4.14)。比较式(2.4.13)和式(2.4.14)可知,如果在静电场中两导体的电容为已知,则用同样的两个导体做电极时,填充均匀导电介质的电导就可以直接从电容的表达式中将ε换为σ而得到。

例 2.9 用静电比拟法求无限长平行双导线之间单位长度的电导。

解 设导线的半径为a,两线间距为d,空间充满介电常数为ε的均匀介质。由电磁学知,平行双导线之间单位长度的电容为

$$C=\frac{\pi\varepsilon}{\ln\dfrac{d-a}{a}}$$

按对偶关系,将ε换为σ,C换为G,就得到单位长度的电导

$$G=\frac{\pi\sigma}{\ln\dfrac{d-a}{a}}$$

本例给出的$\dfrac{G}{C}=\dfrac{\sigma}{\varepsilon}$,对一般均匀介质都成立。这是因为$\dfrac{C}{G}=\dfrac{q}{I}=\dfrac{\oint_S \boldsymbol{D}\cdot \mathrm{d}\boldsymbol{S}}{\oint_S \boldsymbol{J}\cdot \mathrm{d}\boldsymbol{S}}=\dfrac{\varepsilon}{\sigma}$。

2.5 磁 矢 位

2.5.1 磁矢位简介

根据恒定磁场的特征,可以在磁场中引入位函数。由麦克斯韦方程组,稳恒磁场的基本方程为

$$\nabla\times \boldsymbol{H}=\boldsymbol{J} \tag{2.5.1}$$

$$\nabla\cdot \boldsymbol{B}=0 \tag{2.5.2}$$

已知磁通密度是无散的,因为它的散度恒为零。一个散度为零的矢量可以用另一个矢量的旋度表示如下

$$\boldsymbol{B}=\nabla\times \boldsymbol{A} \tag{2.5.3}$$

此处 $\boldsymbol{A}$ 称为磁矢位,单位为韦/米(Wb/m)。但仅由式(2.5.3)确定的 $\boldsymbol{A}$ 是非唯一的。例如,设另一矢量 $\boldsymbol{A}'=\boldsymbol{A}+\nabla\psi$, ψ 为任一标量函数,则

$$\nabla\times \boldsymbol{A}'=\nabla\times(\boldsymbol{A}+\nabla\psi)=\nabla\times \boldsymbol{A}+\nabla\times\nabla\psi=\nabla\times \boldsymbol{A}=\boldsymbol{B} \tag{2.5.4}$$

所以对于给定的 $\boldsymbol{B}$,可引入无数个 $\boldsymbol{A}$ 满足式(2.5.3)。由赫姆霍兹定理,一个矢量场的性质由该矢量场的散度和旋度唯一地确定,式(2.5.3)只定义了矢量场 $\boldsymbol{A}$ 的旋度。为了使磁矢位 $\boldsymbol{A}$ 是唯一的,令

$$\nabla\cdot \boldsymbol{A}=0 \tag{2.5.5}$$

此时

$$\nabla\cdot \boldsymbol{A}'=\nabla\cdot(\boldsymbol{A}+\nabla\psi)=\nabla\cdot \boldsymbol{A}+\nabla^2\psi=\nabla^2\psi\neq 0 \tag{2.5.6}$$

$\boldsymbol{A}'$不满足式(2.5.5),保证了 $\boldsymbol{A}$ 的唯一性。所以磁矢位 $\boldsymbol{A}$ 是由式(2.5.3)和式(2.5.5)引入的,式(2.5.5)是一个附加条件,称为库仑规范。

2.5.2 磁矢位的微分方程及其解

在各向同性均匀介质中, $\boldsymbol{B}=\mu\boldsymbol{H}$, μ 为常数,式(2.5.1)可写为

$$\nabla\times \boldsymbol{B}=\mu\boldsymbol{J} \tag{2.5.7}$$

将式(2.5.3)代入,有

$$\nabla\times\nabla\times \boldsymbol{A}=\mu\boldsymbol{J} \tag{2.5.8}$$

运用矢量恒等式,式(2.5.8)可转化为

$$\nabla(\nabla\cdot \boldsymbol{A})-\nabla^2\boldsymbol{A}=\mu\boldsymbol{J} \tag{2.5.9}$$

这就是磁矢位满足的微分方程。磁矢位 $\boldsymbol{A}$ 的微分方程概括了磁场的基本方程式(2.5.1)和式(2.5.2)。因此,求解稳恒磁场的问题可以转化为求解方程式(2.5.9)。

利用式(2.5.5)可得

$$\nabla^2\boldsymbol{A}=-\mu\boldsymbol{J} \tag{2.5.10}$$

式(2.5.10)称为磁矢位 $\boldsymbol{A}$ 的泊松方程。在无源区域($\boldsymbol{J}=\boldsymbol{0}$),有

$$\nabla^2\boldsymbol{A}=0 \tag{2.5.11}$$

式(2.5.11)称为磁矢位 **A** 的拉普拉斯方程。求解式(2.5.11)时，一般先写出分量式。比如，在直角坐标系中，方程(2.5.11)可写为

$$\begin{cases}\nabla^2 A_x = -\mu J_x \\ \nabla^2 A_y = -\mu J_y \\ \nabla^2 A_z = -\mu J_z\end{cases} \tag{2.5.12}$$

可以采用类比法求解矢量磁位 **A** 的泊松方程。静电场中电位 φ 满足的泊松方程为

$$\nabla^2 \varphi = -\frac{\rho}{\varepsilon} \tag{2.5.13}$$

其解为

$$\varphi = \frac{1}{4\pi\varepsilon}\iiint_V \frac{\rho \mathrm{d}V}{r} \tag{2.5.14}$$

对比式(2.5.12)和式(2.5.13)，对应的物理量为 $\varphi \to A_x$，$\frac{1}{\varepsilon} \to \mu$，$\rho \to J_x$，采用类比法可得

$$A_x = \frac{\mu}{4\pi}\iiint_V \frac{J_x \mathrm{d}V}{r}, A_y = \frac{\mu}{4\pi}\iiint_V \frac{J_y \mathrm{d}V}{r}, A_z = \frac{\mu}{4\pi}\iiint_V \frac{J_z \mathrm{d}V}{r}$$

A 的矢量表达式为

$$\boldsymbol{A} = \boldsymbol{e}_x A_x + \boldsymbol{e}_y A_y + \boldsymbol{e}_z A_x = \frac{\mu}{4\pi}\iiint_V \frac{\boldsymbol{J}\mathrm{d}V}{r} \tag{2.5.15}$$

体电流元产生的磁矢位为

$$\mathrm{d}\boldsymbol{A} = \frac{\mu}{4\pi} \cdot \frac{\boldsymbol{J}\mathrm{d}V}{r} \tag{2.5.16}$$

面电流和面电流元产生的磁矢位分别为

$$\boldsymbol{A} = \frac{\mu}{4\pi}\iint_S \frac{\boldsymbol{J}_S \mathrm{d}S}{r} \tag{2.5.17}$$

$$\mathrm{d}\boldsymbol{A} = \frac{\mu}{4\pi} \cdot \frac{\boldsymbol{J}_S \mathrm{d}S}{r} \tag{2.5.18}$$

线电流和线电流元产生的磁矢位分别为

$$\boldsymbol{A} = \frac{\mu}{4\pi}\int_l \frac{I\mathrm{d}\boldsymbol{l}}{r} \tag{2.5.19}$$

$$\mathrm{d}\boldsymbol{A} = \frac{\mu}{4\pi} \cdot \frac{I\mathrm{d}\boldsymbol{l}}{r} \tag{2.5.20}$$

将式(2.5.19)与毕奥-萨伐尔定律对比

$$\boldsymbol{B}(\boldsymbol{r}) = \frac{\mu}{4\pi}\int_l \frac{I\mathrm{d}\boldsymbol{l} \times \boldsymbol{e}_r}{r^2} \tag{2.5.21}$$

可见，式(2.5.19)中的磁矢位 **A** 与电流元 $I\mathrm{d}\boldsymbol{l}$ 同方向，引入磁矢位 **A** 可以简化磁场的计算。

2.5.3 磁矢位的边界条件

根据稳恒磁场在不同介质分界面上的边界条件

$$\boldsymbol{e}_n \times (\boldsymbol{H}_1 - \boldsymbol{H}_2) = \boldsymbol{J}_S, \boldsymbol{e}_n \cdot (\boldsymbol{B}_1 - \boldsymbol{B}_2) = 0 \tag{2.5.22}$$

以及 $\boldsymbol{B} = \nabla \times \boldsymbol{A}$，可得到不同介质分界面上磁矢位 **A** 的边界条件为

$$\boldsymbol{e}_n \times \left(\frac{1}{\mu_1}\nabla\times\boldsymbol{A}_1 - \frac{1}{\mu_2}\nabla\times\boldsymbol{A}_2\right) = \boldsymbol{J}_S \tag{2.5.23}$$

$$\boldsymbol{A}_1 = \boldsymbol{A}_2 \tag{2.5.24}$$

这两个边界条件不常用,一般是导出 $\boldsymbol{B}$ 和 $\boldsymbol{H}$ 后再利用边界条件。

2.5.4 利用磁矢位计算磁场

利用磁矢位 $\boldsymbol{A}$ 计算磁场的基本方法是先由电流分布($I,\boldsymbol{J},\boldsymbol{J}_S$)求出磁矢位 $\boldsymbol{A}$,再由 $\boldsymbol{B}=\nabla\times\boldsymbol{A}$ 求得磁感应强度 $\boldsymbol{B}$。

例 2.10 试求圆形电流环在远处引起的磁感应强度。

解 用毕奥–萨伐尔定律求解本例是较为困难的。下面用磁矢位求解,先求出 $\boldsymbol{A}$。

设电流环位于真空中,其半径为 a,电流为 I。取坐标系使电流环在 xOy 平面,圆心在原点,如图 2.7(a)所示。因为电流关于 z 轴对称,故磁矢位的大小 $|\boldsymbol{A}|$ 与 φ 无关,因此可取场点 $\boldsymbol{r}$ 位于 $\varphi=0$ 平面[见图 2.7(b)],以简化分析。

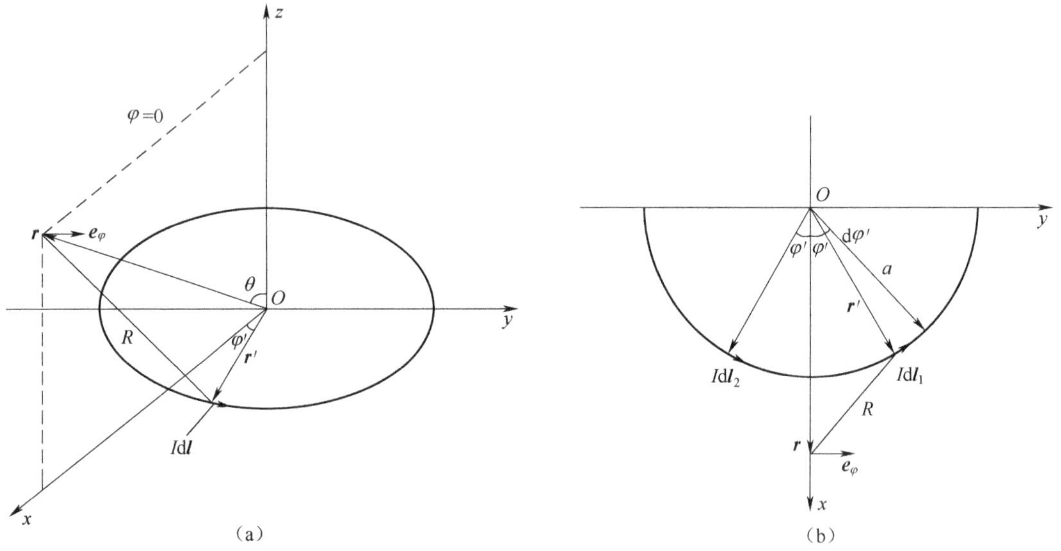

图 2.7 平面圆形电流环

在电流环上关于 $\varphi=0$ 平面对称处取两个电流元 $I\mathrm{d}\boldsymbol{l}_1$ 和 $I\mathrm{d}\boldsymbol{l}_2$,如图 2.7 所示。按式(2.5.20),两电流元在场点 $\boldsymbol{r}$ 处引起的磁矢位分别为

$$\mathrm{d}\boldsymbol{A}_1 = \frac{\mu_0}{4\pi}\cdot\frac{I\mathrm{d}\boldsymbol{l}_1}{R},\mathrm{d}\boldsymbol{A}_2 = \frac{\mu_0}{4\pi}\cdot\frac{I\mathrm{d}\boldsymbol{l}_2}{R}$$

式中 $R=|\boldsymbol{r}-\boldsymbol{r}'|$。从而这两个电流元在场点 $\boldsymbol{r}$ 处引起的合成磁位为

$$\begin{aligned}\mathrm{d}\boldsymbol{A} &= \mathrm{d}\boldsymbol{A}_1 + \mathrm{d}\boldsymbol{A}_2 = \frac{\mu_0 I}{4\pi R}(\mathrm{d}\boldsymbol{l}_1 + \mathrm{d}\boldsymbol{l}_2)\\ &= \boldsymbol{e}_\varphi\frac{\mu_0 I}{4\pi R}2\cos\varphi'\mathrm{d}l = \boldsymbol{e}_\varphi\frac{\mu_0 I}{2\pi R}a\cos\varphi'\mathrm{d}\varphi'\end{aligned}$$

此处 $\mathrm{d}l=|\mathrm{d}\boldsymbol{l}_1|=|\mathrm{d}\boldsymbol{l}_2|=a\mathrm{d}\varphi'$。注意:$\boldsymbol{e}_\varphi$ 对应于场点 $\boldsymbol{r}$,而 φ' 对应于源点 $\boldsymbol{r}'$。

由上可知,整个电流环在场点引起的磁矢位为

$$\boldsymbol{A}(\boldsymbol{r}) = \boldsymbol{e}_\varphi\frac{\mu_0 Ia}{2\pi}\int_0^\pi\frac{\cos\varphi'}{R}\mathrm{d}\varphi'$$

式中

$$R=\sqrt{\boldsymbol{r}^2+\boldsymbol{r}'^2-2\boldsymbol{r}\cdot\boldsymbol{r}'}=r\left(1+\frac{a^2}{r^2}-\frac{2\boldsymbol{r}\cdot\boldsymbol{r}'}{r^2}\right)^{1/2}$$

因为 $\boldsymbol{r}=r(\boldsymbol{e}_x\sin\theta+\boldsymbol{e}_z\cos\theta)$，$\boldsymbol{r}'=a(\boldsymbol{e}_x\cos\varphi'+\boldsymbol{e}_y\sin\varphi')$ 故上式可改写为

$$R=r\left(1+\frac{a^2}{r^2}-\frac{2a}{r}\sin\theta\cos\varphi'\right)^{1/2}$$

对远离电流环处，有 $r\gg a$。忽略高阶小量，并利用近似公式 $(1+x)^n\approx 1+nx$（当 $|x|\ll 1$ 时）可得

$$\frac{1}{R}\approx\frac{1}{r}\left(1-2\frac{a}{r}\sin\theta\cos\varphi'\right)^{-1/2}\approx\frac{1}{r}\left(1+\frac{a}{r}\sin\theta\cos\varphi'\right)$$

将此式代入，可得

$$\begin{aligned}\boldsymbol{A}(\boldsymbol{r})&\approx\boldsymbol{e}_\varphi\frac{\mu_0Ia}{2\pi r}\int_0^{\pi}\left(1+\frac{a}{r}\sin\theta\cos\varphi'\right)\cos\varphi'\mathrm{d}\varphi'\\&=\boldsymbol{e}_\varphi\frac{\mu_0Ia}{2\pi r}\cdot\frac{a}{r}\cdot\frac{\pi}{2}\sin\theta=\boldsymbol{e}_\varphi\frac{\mu_0m}{4\pi r^2}\sin\theta\end{aligned}$$

式中，$m=\pi Ia^2$ 为线圈磁矩 $\boldsymbol{m}$ 的大小，磁矩 $\boldsymbol{m}$ 的方向为 $+z$ 方向。上式可改写为 $\boldsymbol{A}(\boldsymbol{r})=\dfrac{\mu_0\boldsymbol{m}\times\boldsymbol{r}}{4\pi r^3}$。

由此，电流环在远处引起的磁感应强度为

$$\boldsymbol{B}=\nabla\times\boldsymbol{A}=\frac{\mu_0m}{4\pi}\cdot\frac{1}{r^2\sin\theta}\begin{vmatrix}\boldsymbol{e}_r & r\boldsymbol{e}_\theta & r\sin\theta\boldsymbol{e}_\varphi\\ \dfrac{\partial}{\partial r} & \dfrac{\partial}{\partial\theta} & \dfrac{\partial}{\partial\varphi}\\ 0 & 0 & \dfrac{\sin^2\theta}{r}\end{vmatrix}=\frac{\mu_0m}{4\pi r^3}(\boldsymbol{e}_r2\cos\theta+\boldsymbol{e}_\theta\sin\theta)$$

例 2.11 空间有一电流分布，$\boldsymbol{J}=J_0r\boldsymbol{e}_z(r\leqslant a)$，求空间任一点的磁矢位 $\boldsymbol{A}$ 和磁感应强度 $\boldsymbol{B}$。

解 因为 $\boldsymbol{J}$ 只有 $\boldsymbol{e}_z$ 分量，所以 $\boldsymbol{A}$ 也只有 $\boldsymbol{e}_z$ 分量。由于电流分布的轴对称性，$\boldsymbol{A}$ 只与坐标 r 有关。设 $r<a$ 的区域内磁矢位为 $\boldsymbol{A}_1$，$r>a$ 的区域内磁矢位为 $\boldsymbol{A}_2$，则 $\boldsymbol{A}_1$ 和 $\boldsymbol{A}_2$ 分别满足一维泊松方程和拉普拉斯方程，即

$$\nabla^2A_{1z}=\frac{1}{r}\cdot\frac{\partial}{\partial r}\left(r\frac{\partial A_{1z}}{\partial r}\right)=-\mu_0J_0r\quad(r<a)$$

$$\nabla^2A_{2z}=\frac{1}{r}\cdot\frac{\partial}{\partial r}\left(r\frac{\partial A_{2z}}{\partial r}\right)=0\quad(r>a)$$

对以上两式分别积分 2 次可得

$$A_{1z}=-\frac{\mu_0J_0}{9}r^3+C_1\ln r+C_2$$

$$A_{2z}=D_1\ln r+D_2$$

式中，C_1、C_2、D_1 和 D_2 为待定系数。$r<a$ 区域内的磁感应强度为

$$\boldsymbol{B}_1=\nabla\times\boldsymbol{A}_1=-\boldsymbol{e}_\varphi\frac{\partial A_{1z}}{\partial r}=\boldsymbol{e}_\varphi\left(\frac{1}{3}\mu_0J_0r^2-\frac{C_1}{r}\right)$$

因为 $r=0$ 时，$\boldsymbol{B}_1$ 的数值是有限的，所以 $C_1=0$，即

$$\boldsymbol{B}_1=\frac{1}{3}\boldsymbol{e}_\varphi\mu_0J_0r^2\quad(r<a)$$

$r>a$ 区域内的磁感应强度为

$$B_2 = \nabla\times A_2 = -e_\varphi \frac{\partial A_{2z}}{\partial r} = -e_\varphi \frac{D_1}{r}$$

由边界条件 $r=a$ 时，$H_{1t}=H_{2t}$，可得 $D_1 = -\frac{1}{3}\mu_0 J_0 a^3$，从而

$$B_2 = e_\varphi \frac{\mu_0 J_0 a^3}{3r} \quad (r > a)$$

把 C_1、D_1 代入，可得

$$A_{1z} = -\frac{\mu_0 J_0}{9} r^3 + C_2, \quad A_{2z} = -\frac{\mu_0 J_0}{3} a^3 \ln r + D_2$$

式中 C_2、D_2 与参考点的选取有关。

2.6 磁　标　位

在静电场中，引入了电位 $\varphi(\boldsymbol{E} = -\nabla\varphi)$，$\varphi$ 是标量，引入电位使得电场的分析计算简化，恒定磁场中可否引入标量磁位呢？一般情况下

$$\oint_l \boldsymbol{H}\cdot \mathrm{d}\boldsymbol{l} = \sum_i I_i \neq 0 \quad 或 \quad \nabla\times \boldsymbol{H} = \boldsymbol{J} \neq \boldsymbol{0}$$

所以磁场是非保守场，不能引入标量磁位。但是在没有电流分布的区域中

$$\boldsymbol{J} = \boldsymbol{0}, \quad \nabla\times \boldsymbol{H} = \boldsymbol{0}$$

则可以引入标量磁位

$$\boldsymbol{H} = -\nabla\varphi_{\mathrm{m}} \tag{2.6.1}$$

其中 φ_{m} 称为标量磁位，或磁标位，其单位是安(A)。空间 φ_{m} 相等的各点构成曲面称为等磁位面，等磁位面与 $\boldsymbol{H}$ 线处处正交。

由 $\nabla\cdot \boldsymbol{B} = 0$ 和 $\boldsymbol{B} = \mu\boldsymbol{H}$，$\boldsymbol{H} = -\nabla\varphi_{\mathrm{m}}$ 可得

$$\nabla\cdot \boldsymbol{B} = \nabla\cdot(-\mu\nabla\varphi_{\mathrm{m}}) = -\mu\nabla^2\varphi_{\mathrm{m}} = 0 \tag{2.6.2}$$

可以得到

$$\nabla^2\varphi_{\mathrm{m}} = 0 \tag{2.6.3}$$

磁标位满足拉普拉斯方程。和讨论电位 φ 满足的边界条件时类似，可以导出磁标位的边界条件为

$$\varphi_{\mathrm{m1}} = \varphi_{\mathrm{m2}} \tag{2.6.4}$$

$$\mu_1 \frac{\partial\varphi_{\mathrm{m1}}}{\partial n} = \mu_2 \frac{\partial\varphi_{\mathrm{m2}}}{\partial n} \tag{2.6.5}$$

式(2.6.4)与边界条件 $H_{1t}=H_{2t}$ 等价，式(2.6.5)与边界条件 $B_{1n} = B_{2n}$ 等价。计算磁标位，一般是在给定边界条件下求解 $\nabla^2\varphi_{\mathrm{m}} = 0$。

2.7 电　　感

2.7.1 自感系数和互感系数

一个线圈中通入电流 I，它所产生的穿过线圈本身的磁链与线圈中的电流成正比，比例系数称

为自感系数，可以表示为

$$\Psi_L = LI \tag{2.7.1}$$

式中，L 称为自感系数，单位是亨(H)。对于单匝线圈，穿过线圈的磁链与磁通相等，对于密绕的多匝线圈，如果无漏磁，则

$$\Psi_L = \sum_i \Psi_i \tag{2.7.2}$$

线圈 1 中通入电流 I_1，它所产生的穿过线圈 2 的磁链与线圈 1 中的电流成正比，比例系数称为互感系数，可以表示为

$$\Psi_{12} = M_{12} I_1 \tag{2.7.3}$$

M_{12}称为互感系数，单位也是亨(H)。也可以用线圈 2 中通入电流 I_2 所产生的穿过线圈 1 的磁链定义互感系数

$$\Psi_{21} = M_{21} I_2 \tag{2.7.4}$$

后面将会证明 $M_{12}=M_{21}=M$。自感系数 L 只与线圈的大小、形状、匝数及周围的介质等因素有关，互感系数 M 只与两线圈的大小、形状、匝数、周围的介质及相对位置有关。

2.7.2 互感系数和自感系数的计算

可以根据定义式对自感系数和互感系数进行计算。由线圈中通入的电流 I，求出所产生的穿过线圈自身的磁链 Ψ_L，进而求得自感系数 $L=\dfrac{\Psi_L}{I}$。计算互感系数时，由线圈 1(或线圈 2)中通入的电流 I_1(或 I_2)，计算所产生的穿过线圈 2(或线圈 1)的磁链 Ψ_{12}(或 Ψ_{21})，进而求出互感系数。下面介绍利用磁矢位计算 L 和 M 的方法。

首先利用磁矢位 $\boldsymbol{A}$ 计算磁通量。已知穿过曲面 S 的磁通量为

$$\Phi = \iint_S \boldsymbol{B} \cdot \mathrm{d}\boldsymbol{S} \tag{2.7.5}$$

把 $\boldsymbol{B}=\nabla\times\boldsymbol{A}$ 带入式(2.7.5)，则有

$$\Phi = \iint_S (\nabla\times\boldsymbol{A}) \cdot \mathrm{d}\boldsymbol{S} = \oint_l \boldsymbol{A} \cdot \mathrm{d}\boldsymbol{l} \tag{2.7.6}$$

其中 l 是曲面 S 的边界，式(2.7.6)提供了一种利用磁矢位计算磁通量的方法。

下面讨论利用磁矢位 $\boldsymbol{A}$ 计算互感系数 M 的方法。如图 2.8 所示，l_1 和 l_2 是两个载有电流的回路，先计算 l_1 中的电流 I_1 产生的穿过回路 l_2 的磁链。

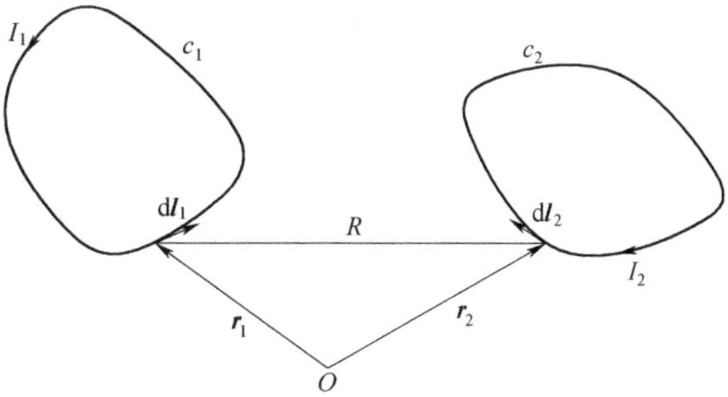

图 2.8　两回路间的互感

回路 c_1 中的电流 I_1 在回路 c_2 上的任意一点产生的磁矢位为

$$\boldsymbol{A}_1(\boldsymbol{r}_2)=\frac{\mu}{4\pi}\oint_{c_1}\frac{I_1\mathrm{d}\boldsymbol{l}_1}{|\boldsymbol{r}_2-\boldsymbol{r}_1|} \tag{2.7.7}$$

电流 I_1 产生的磁场与回路 c_2 相交链的磁链为

$$\Psi_{21}=\iint_{S_2}\boldsymbol{B}_1\cdot\mathrm{d}\boldsymbol{S}_2=\oint_{c_2}\boldsymbol{A}_1\cdot\mathrm{d}\boldsymbol{l}_2=\frac{\mu I_1}{4\pi}\oint_{c_2}\oint_{c_1}\frac{\mathrm{d}\boldsymbol{l}_1\cdot\mathrm{d}\boldsymbol{l}_2}{|\boldsymbol{r}_2-\boldsymbol{r}_1|} \tag{2.7.8}$$

两回路间的互感系数为

$$M_{21}=\frac{\Psi_{21}}{I_1}=\frac{\mu}{4\pi}\oint_{l_2}\oint_{l_1}\frac{\mathrm{d}\boldsymbol{l}_1\cdot\mathrm{d}\boldsymbol{l}_2}{|\boldsymbol{r}_2-\boldsymbol{r}_1|} \tag{2.7.9}$$

同样,可以导出回路 c_2 对回路 c_1 电流的互感为

$$M_{12}=\frac{\Psi_{12}}{I_1}=\frac{\mu}{4\pi}\oint_{l_1}\oint_{l_2}\frac{\mathrm{d}\boldsymbol{l}_2\cdot\mathrm{d}\boldsymbol{l}_1}{|\boldsymbol{r}_2-\boldsymbol{r}_1|} \tag{2.7.10}$$

式(2.7.9)和式(2.7.10)称为纽曼公式,这是计算互感的一般公式。可见,$M_{12}=M_{21}=M$,即两个导线回路之间只有一个互感值。

在计算粗导体回路的自感时,通常将自感表示为内自感 L_i 与外自感 L_o 之和。导体内部的磁场仅与部分电流相交链,相应的磁链称为内磁链,用 φ_i 表示,则内自感为

$$L_i=\frac{\varphi_i}{I} \tag{2.7.11}$$

全部在导体外部的闭合的磁链称为外磁链,用 φ_o 表示,则外自感为

$$L_o=\frac{\varphi_o}{I} \tag{2.7.12}$$

回路的总自感为

$$L=L_i+L_o \tag{2.7.13}$$

例 2.12 设双线传输线间的距离为 D,导线的半径为 $a(D\gg a)$,如图 2.9 所示,求单位长度的自感。

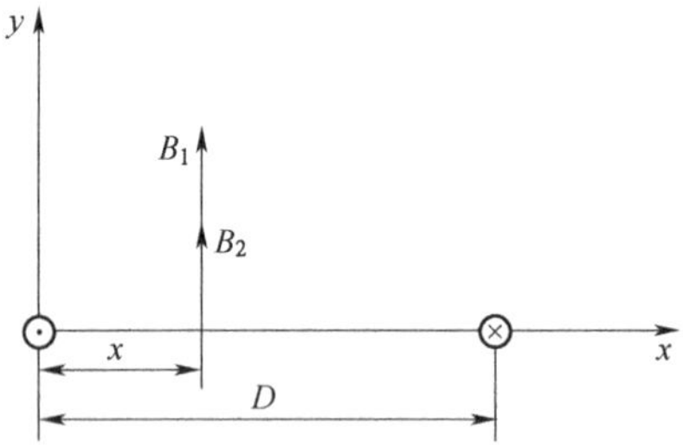

图 2.9 双线传输线示意图

解 先求单根导线单位长度的内自感。设导线中的电流为 I,根据安培环路定律求得导线内任意一点的磁感应强度为

$$\boldsymbol{B}_i=\boldsymbol{e}_\varphi\frac{\mu_0}{2\pi\rho}\cdot\frac{\pi\rho^2}{\pi a^2}\cdot I=\boldsymbol{e}_\varphi\frac{\mu_0 I\rho}{2\pi a^2}\quad(0<\rho<a)$$

穿过由轴向为单位长度、宽为 $\mathrm{d}\rho$ 构成的矩形面积元 $\mathrm{d}\boldsymbol{S}=\boldsymbol{e}_\varphi 1\cdot\mathrm{d}\rho=\boldsymbol{e}_\varphi\mathrm{d}\rho$ 的磁通为

$$\mathrm{d}\Phi_i=\boldsymbol{B}_i\cdot\mathrm{d}\boldsymbol{S}=\frac{\mu_0 I\rho}{2\pi a^2}\mathrm{d}\rho$$

因为与 $\mathrm{d}\Phi_i$ 这一部分磁通相交链的电流不是导体中的全部电流 I,而只是部分电流 I',二者有如下关系

$$I'=\frac{\pi\rho^2}{\pi a^2}I=\left(\frac{\rho}{a}\right)^2 I$$

所以,与 $\mathrm{d}\Phi_i$ 相应的磁链为

$$\mathrm{d}\Psi_i=\frac{I'}{I}\mathrm{d}\Phi_i=\frac{\mu_0 I\rho^3}{2\pi a^4}\mathrm{d}\rho$$

内导体中单位长度的自感磁链总量为

$$\Psi_i = \int d\Psi_i = \int_0^a \frac{\mu_0 I \rho^3}{2\pi a^4} d\rho = \frac{\mu_0 I}{8\pi}$$

从而得到单根导线单位长度的内自感为

$$L_i = \frac{\Psi_i}{I} = \frac{\mu_0}{8\pi}$$

则两根导线单位长度的内自感为 $\dfrac{\mu_0}{4\pi}$。

然后再求外自感。设导线中的电流为$\pm I$,在两导线构成的平面上 x 处,两导线产生的磁感应强度方向相同,总的磁感应强度为

$$B = \frac{\mu_0 I}{2\pi}\left(\frac{1}{x} + \frac{1}{D - x}\right)$$

两导线间单位长度的外磁链为

$$\Psi = \int_a^{D-a} \frac{\mu_0 I}{2\pi}\left(\frac{1}{x} + \frac{1}{D - x}\right) dx = \frac{\mu_0 I}{\pi}\ln\frac{D - a}{a} \approx \frac{\mu_0 I}{\pi}\ln\frac{D}{a}$$

则单位长度的外自感为

$$L_0 = \frac{\Psi}{I} = \frac{\mu_0}{\pi}\ln\frac{D}{a}$$

从而可得平行双线传输线单位长度的电感为

$$L = \frac{\mu_0}{4\pi} + \frac{\mu_0}{\pi}\ln\frac{D}{a}$$

2.8　磁场的能量和力

2.8.1　电流回路系统的能量

一个电流回路系统的能量等于在建立该系统的过程中电源所做的功。如图 2.10 所示,设第 j 个回路中的电流 i_j 由 0 开始增大,穿过第 j 个回路的磁通量也增大,回路中出现感应电动势。

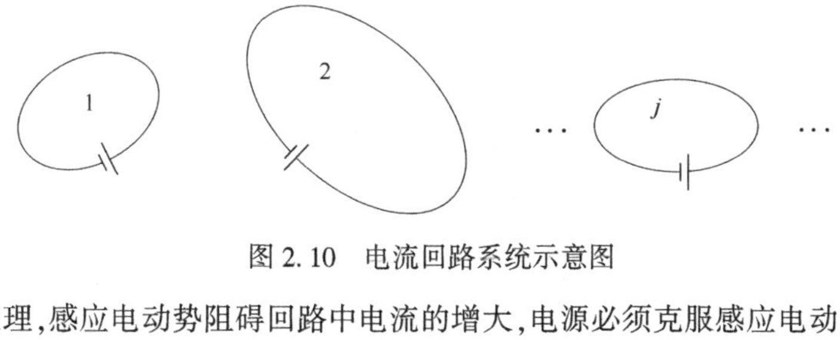

图 2.10　电流回路系统示意图

根据楞次定理,感应电动势阻碍回路中电流的增大,电源必须克服感应电动势做功,这部分功就转变为系统的磁场能量。第 i 个回路中的电流 i_j 增大时,回路中出现的感应电动势为

$$e_j = -\frac{d\Psi_j}{dt} \tag{2.8.1}$$

克服感应电动势 e_j 需要的外加电压为

$$u_j = -e_j = \frac{\mathrm{d}\Psi_j}{\mathrm{d}t} \tag{2.8.2}$$

$\mathrm{d}t$ 时间内电源对回路 j 做的功(即非静电力搬运电荷 $\mathrm{d}q_j$ 做的功)为

$$\mathrm{d}W_j = u_j \mathrm{d}q_j = \frac{\mathrm{d}\Psi_j}{\mathrm{d}t} i_j \mathrm{d}t = i_j \mathrm{d}\Psi_j \tag{2.8.3}$$

$\mathrm{d}t$ 时间内电源对整个系统(设有 N 个回路)做的功为

$$\mathrm{d}W_{\mathrm{m}} = \sum_{j=1}^{N} i_j \mathrm{d}\Psi_j \tag{2.8.4}$$

则 $\mathrm{d}\Psi_j$ 穿过系统中 N 个回路的总磁链可以写为

$$\Psi_j = \sum_{k=1}^{N} M_{kj} i_k \tag{2.8.5}$$

$k \neq j$ 时,M_{kj}是互感系数;$k=j$ 时,M_{kj}是自感系数,所以

$$\mathrm{d}\Psi_j = \sum_{k=1}^{N} M_{kj} \mathrm{d}i_k \tag{2.8.6}$$

将式(2.8.6)代入式(2.8.4),可得

$$\mathrm{d}W_{\mathrm{m}} = \sum_{j=1}^{N} \sum_{k=1}^{N} i_j M_{kj} \mathrm{d}i_k \tag{2.8.7}$$

对于线性介质中的磁场,建立某一电流回路系统电源做的功是一定的,与建立该电流回路系统的过程无关。设每个回路中的电流都按比例均匀增大,则在任一时刻各回路中的电流可以写为

$$i_j(t) = \alpha(t) I_j, \quad i_k(t) = \alpha(t) I_k, \quad \mathrm{d}i_k = I_k \mathrm{d}\alpha \tag{2.8.8}$$

式中 $\alpha(t)$ 由 0 均匀增大到 1,把式(2.8.8)代入式(2.8.7)可得

$$\mathrm{d}W_{\mathrm{m}} = \sum_{j=1}^{N} \sum_{k=1}^{N} M_{kj} I_j I_k \alpha \mathrm{d}\alpha \tag{2.8.9}$$

电路回路系统的总能量为

$$W_{\mathrm{m}} = \int \mathrm{d}W_{\mathrm{m}} = \sum_{j=1}^{N} \sum_{k=1}^{N} M_{kj} I_j I_k \int_0^1 \alpha \mathrm{d}\alpha = \frac{1}{2} \sum_{j=1}^{N} \sum_{k=1}^{N} M_{kj} I_j I_k \tag{2.8.10}$$

将式(2.8.5)代入式(2.8.10)中可得

$$W_{\mathrm{m}} = \frac{1}{2} \sum_{j=1}^{N} \sum_{k=1}^{N} M_{kj} I_j I_k = \frac{1}{2} \sum_{j=1}^{N} I_j \Psi_j = \frac{1}{2} \sum_{k=1}^{N} I_j \oint_{l_j} \boldsymbol{A} \cdot \mathrm{d}\boldsymbol{l}_j \tag{2.8.11}$$

对于体电流分布,电流系统的总能量可以写为

$$W_{\mathrm{m}} = \frac{1}{2} \int_V \boldsymbol{J} \cdot \boldsymbol{A} \mathrm{d}V \tag{2.8.12}$$

例 2.13 计算两个线圈组成的电流回路系统的能量。

解 设两个线圈电流分别为 I_1 和 I_2。穿过两个线圈的磁链分别为

$$\Psi_1 = \Psi_{11} \pm \Psi_{12}; \quad \Psi_2 = \Psi_{22} \pm \Psi_{21}$$

式中,Ψ_{11}是线圈 1 中的电流产生的穿过线圈 1 的磁链;Ψ_{12}是线圈 2 中的电流产生的穿过线圈 1 中的磁链;Ψ_{22}是线圈 2 中的电流产生的穿过线圈 2 的磁链;Ψ_{21}是线圈 1 中的电流产生的穿过线圈 2 中的磁链;正号表示两磁链方向相同,负号表示两磁链方向相反。由式(2.8.11),该电流回路系统的能量为

$$W = \frac{1}{2}\Psi_1 I_1 + \frac{1}{2}\Psi_2 I_2 = \frac{1}{2}\Psi_{11} I_1 \pm \frac{1}{2}\Psi_{12} I_1 + \frac{1}{2}\Psi_2 I_2 \pm \frac{1}{2}\Psi_{21} I_2$$

由自感系数和互感系数的定义可得

$$L_1=\frac{\Psi_{11}}{I_1},\quad L_2=\frac{\Psi_{22}}{I_2},\quad M_{12}=\frac{\Psi_{12}}{I_2},\quad M_{21}=\frac{\Psi_{21}}{I_1}$$

式中,$M_{12}=M_{21}=M$,进而可得

$$W_m=\frac{1}{2}L_1I_1^2+\frac{1}{2}L_2I_2^2\pm MI_1I_2$$

2.8.2 磁场的能量

将 $\boldsymbol{J}=\nabla\times\boldsymbol{H}$ 代入式(2.8.12)可得

$$\begin{aligned}W_m&=\frac{1}{2}\int_V\boldsymbol{A}\times(\nabla\times\boldsymbol{H})\mathrm{d}V=\frac{1}{2}\int_V[\boldsymbol{H}\cdot(\nabla\times\boldsymbol{A})-\nabla\cdot(\boldsymbol{A}\times\boldsymbol{H})]\mathrm{d}V\\&=\frac{1}{2}\int_V\boldsymbol{H}\cdot\boldsymbol{B}\mathrm{d}V-\frac{1}{2}\oint_S(\boldsymbol{A}\times\boldsymbol{H})\cdot\mathrm{d}\boldsymbol{S}\end{aligned}\tag{2.8.13}$$

式中,V 是磁场不为零的整个空间区域;S 是包围 V 的曲面,可取为无限大。在无穷远处,$\boldsymbol{A}$ 和 $\boldsymbol{H}$ 都趋近于零,因此磁场的能量为

$$W_m=\frac{1}{2}\int_V\boldsymbol{H}\cdot\boldsymbol{B}\mathrm{d}V\tag{2.8.14}$$

磁场的能量密度为

$$w_m=\frac{1}{2}\boldsymbol{H}\cdot\boldsymbol{B}\tag{2.8.15}$$

对于各向同性线性介质,可写为

$$w_m=\frac{1}{2}\mu H^2=\frac{B^2}{2\mu}\tag{2.8.16}$$

例 2.14 长同轴线的横截面如图 2.11 所示。设内、外导体的横截面上电流均匀分布,求单位长度内的磁场能量和电感。

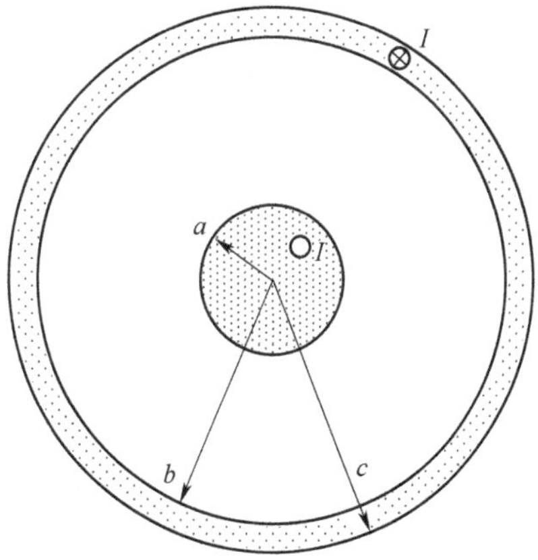

图 2.11 同轴线横截面图

解 如图 2.11 所示,同轴线的内导体半径为 a,外导体的内半径为 b,外导体的外半径为 c。内外导体间填充的介质以及导体的磁导率均为 μ_0。设电流为 I,根据安培环路定律可求得空间不同区域的磁场分别为

$$\boldsymbol{H}_1=\boldsymbol{e}_\varphi\frac{Ir}{2\pi a^2},\quad(0\leqslant r\leqslant a)$$

$$\boldsymbol{H}_2=\boldsymbol{e}_\varphi\frac{I}{2\pi r},\quad(a\leqslant r\leqslant b)$$

$$\boldsymbol{H}_3=\boldsymbol{e}_\varphi\frac{I}{2\pi r}\cdot\frac{c^2-r^2}{c^2-b^2},\quad(0\leqslant r\leqslant c)$$

由此即可求出三个区域单位长度内的磁场能量分别为

$$W_{m1}=\frac{\mu_0}{2}\int_0^a H_1^2 2\pi r\mathrm{d}r=\frac{\mu_0I^2}{16\pi}\quad(\mathrm{J/m})$$

$$W_{m2}=\frac{\mu_0}{2}\int_a^b H_2^2 2\pi r\mathrm{d}r=\frac{\mu_0I^2}{4\pi}\ln\frac{b}{a}\quad(\mathrm{J/m})$$

$$W_{m3}=\frac{\mu_0}{2}\int_b^c H_3^2 2\pi r\mathrm{d}r=\frac{\mu_0I^2}{4\pi}\left[\frac{c^4}{(c^2-b^2)^2}\ln\frac{c}{b}-\frac{3c^2-b^2}{4(c^2-b^2)}\right]\quad(\mathrm{J/m})$$

则同轴线单位长度储存的总磁场能量为

$$W_m = W_{m1} + W_{m2} + W_{m3}$$
$$= \frac{\mu_0 I^2}{16\pi} + \frac{\mu_0 I^2}{4\pi}\ln\frac{b}{a} + \frac{\mu_0 I^2}{4\pi}\left[\frac{c^4}{(c^2-b^2)}\ln\frac{c}{b} - \frac{3c^2-b^2}{4(c^2-b^2)}\right] \quad (\text{J/m})$$

总磁场还可表示为 $W_m = \frac{1}{2}L_o I^2$，因此同轴线单位长度的电感为

$$L_o = \frac{\mu_0}{8\pi} + \frac{\mu_0}{2\pi}\ln\frac{b}{a} + \frac{\mu_0}{2\pi}\left[\frac{c^4}{(c^2-b^2)^2}\ln\frac{c}{b} - \frac{3c^2-b^2}{4(c^2-b^2)}\right] \quad (\text{J/m})$$

第一项为内导体单位长度的内自感，第二项是内外导体间单位长度的电感，称为主电感，第三项是外导体单位长度的内自感。

2.8.3　磁场力

载流导线在磁场中受的力可以用安培定律 $\boldsymbol{F} = \int I\mathrm{d}\boldsymbol{l} \cdot \boldsymbol{B}$ 求得，也可以根据功能原理求出，方法与求静电力的虚位移法类似。

考虑一段载流导线在磁场中发生一虚位移 $\mathrm{d}\boldsymbol{l}$。在此过程中磁场力和电源都要作功，从而空间的总磁能将发生改变。根据功能原理，若电源作功为 $\mathrm{d}W_S$，总磁能的增量为 $\mathrm{d}W_m$，则有如下关系

$$\mathrm{d}\boldsymbol{W}_S = \mathrm{d}W_m + \boldsymbol{F} \cdot \mathrm{d}\boldsymbol{l} \tag{2.8.17}$$

式中，$\boldsymbol{F}$ 为该导线所受的磁场力。

载流导线的虚位移可以在维持导线中电流不变的情况下发生，也可以在维持回路的磁链不变的情况下发生。下面分两种情况加以讨论。

1. 假定各回路的磁链保持不变

根据法拉第电磁感应定律 $E = \frac{\mathrm{d}\Psi}{\mathrm{d}t}$，若位移中各回路的磁链 Ψ 保持不变，则意味着各回路都无感应电动势，故电源无须为对抗感应电动势而做功，$\mathrm{d}W_S = 0$，于是按式(2.8.17)，有

$$\boldsymbol{F} \cdot \mathrm{d}\boldsymbol{l} = -\mathrm{d}W_m \tag{2.8.18}$$

由此有矢量关系

$$\boldsymbol{F} = -\nabla W_m\big|_{\Psi} \tag{2.8.19}$$

此处下标 Ψ 表示各回路中的磁链不变。

2. 假定各回路中的电流保持不变

当载流导线的空间位置发生变化时，空间的磁场分布也将随之改变，这将引起各回路中的磁通发生变化，从而在各回路中引起感应电动势。感应电动势的出现将导致回路中的电流发生变化。因此，若在虚位移中保持各回路中的电流不变，电源就必须克服感应电动势做功。设回路 i 中的感应电动势为 E_i，则为了保持回路的电流不变，回路中电源在 $\mathrm{d}t$ 时间内为克服感应电动势而做的功就应为

$$\mathrm{d}A_i = -E_i I_i \mathrm{d}t = -\left(-\frac{\mathrm{d}\Psi_i}{\mathrm{d}t}\right) I_i \mathrm{d}t = I_i \mathrm{d}\Psi_i \tag{2.8.20}$$

因此各回路上电源所做的总功即为

$$\mathrm{d}W_S = \sum_i \mathrm{d}A_i = \sum_i I_i \mathrm{d}\Psi_i \tag{2.8.21}$$

另一方面，由式(2.8.11)知，在电流不变的过程中，磁能的增量为

$$dW_m = \frac{1}{2}\sum_i I_i d\Psi_i \tag{2.8.22}$$

从而有

$$dW_S = 2dW_m \tag{2.8.23}$$

代入式(2.8.17)则有

$$\boldsymbol{F}\cdot d\boldsymbol{l} = dW_m \tag{2.8.24}$$

由此有矢量关系

$$\boldsymbol{F} = \nabla W_m \big|_I \tag{2.8.25}$$

这里下标 I 表示各回路中的电流不变。

例 2.15 图 2.12 所示的长螺旋管，单位长度密绕 N 匝线圈，通过电流 I，铁芯的磁导率为 μ，截面积为 S，求作用在它上面的磁场力。

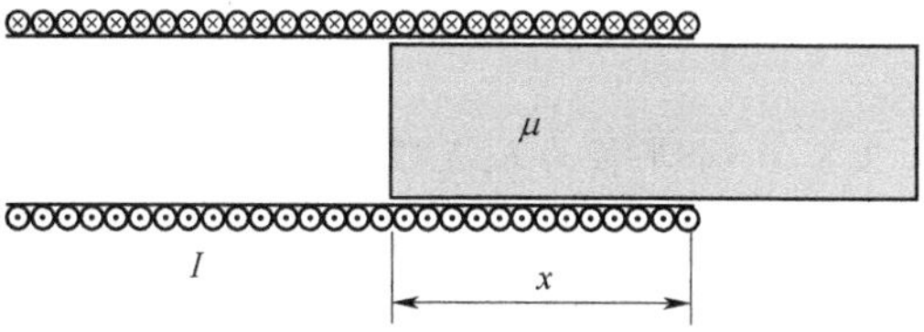

图 2.12　N 匝线圈中的铁芯受力示意图

解　由安培环路定律可得螺旋管内的磁场为 $H=NI$。设铁芯在磁场力的作用下有一位移 dx，则螺旋管内改变的磁场能量为

$$\begin{aligned} dW_m &= \frac{1}{2}\mu H^2 S dx - \frac{1}{2}\mu_0 H^2 S dx \\ &= \frac{1}{2}(\mu - \mu_0) N^2 I^2 S dx \end{aligned}$$

则作用在铁芯上的磁场力为

$$F_x = \frac{dW_m}{dx}\bigg|_I = \frac{1}{2}(\mu - \mu_0) N^2 I^2 S$$

磁场力有将铁芯拉进螺旋管的趋势。

习　　题

2.1　真空中的无限大平面均匀带电，面电荷密度为 ρ_S，求空间的电位分布。

2.2　一个电子和一个质子相距 10^{-11} m，沿 z 轴对称放置。求点 $P(3,4,12)$ 的电位。

2.3　两块无限大导体平板分别置于 $x=0$ 和 $x=d$ 处，板间充满电荷，其体电荷密度为 $\rho = \frac{\rho_0 x}{d}$，极板的电位分别设为 0 和 U_0，如图 2.13 所示。求两导体板之间的电位和电场强度。

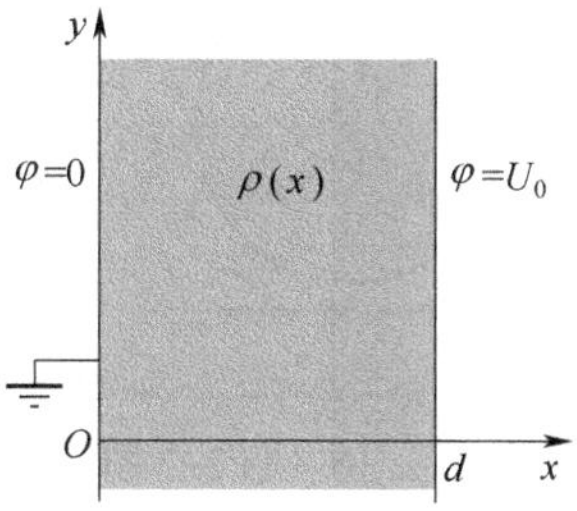

图 2.13　题 2.3 图

2.4　按照卢瑟福模型，一个原子可以看成是由一个带正电荷 q 的原子核被总量等于 $-q$ 且均匀分布于球形体积内的负电荷所包围，如图 2.14 所示，求原子的结合能。

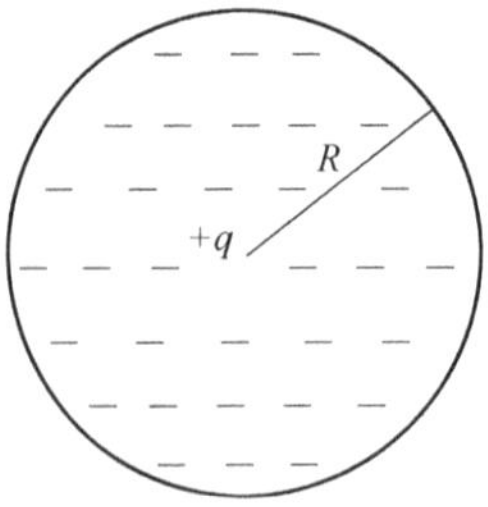

图 2.14　题 2.4 图

2.5　一个半径为 b，无限长的薄导体圆柱面被分割成 4 个 $\frac{1}{4}$ 圆柱面，彼此绝缘。其中，第二象限和第四象限 $\frac{1}{4}$ 圆柱面接地，第一象限和第三象限的 $\frac{1}{4}$ 圆柱面分别保持电位 U_0 和 $-U_0$，如图 2.15 所示。试求圆柱面内的电位函数。

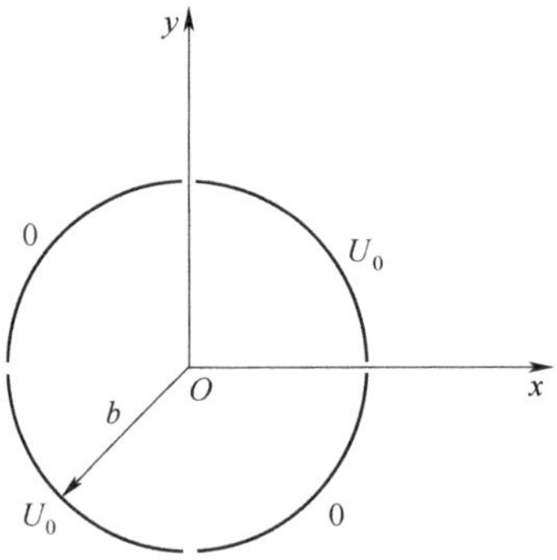

图 2.15　题 2.5 图

2.6　截面半径为 a 的无限长直导线载有强度为 I 的恒定电流。请采用矢量磁位的方法求导线内外的磁感应强度分布，导体的磁导率取为 μ_0。

2.7　如图 2.16 所示，无限大介质外加均匀电场 $\boldsymbol{E}_0=\boldsymbol{e}_zE_0$，在介质中有一个半径为 a 的球形空腔。求空腔内、外的电场强度和空腔表面的极化电荷密度。

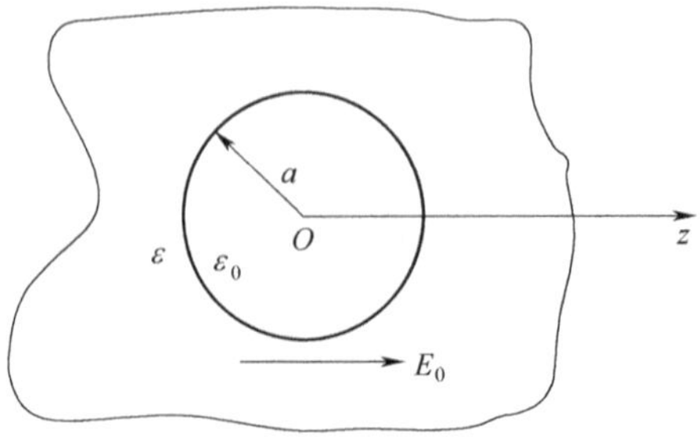

图 2.16　题 2.7 图

2.8　有一半径为 a，带电荷量为 q 的导体球，其球心位于介电常数分别为 ε_1 和 ε_2 的两种介质分界面上，设该分界面为无限大平面，试求：(1) 导体球的电容；(2) 总的静电能量。

2.9　两同心球壳间充满两种不同的电介质，如图 2.17 所示，求系统的电容。

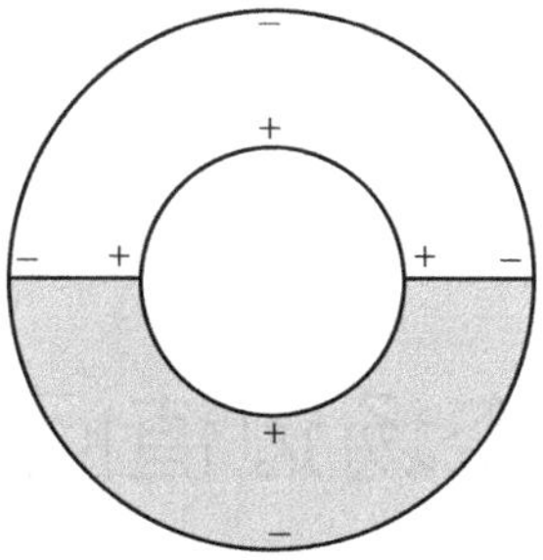

图 2.17　题 2.9 图

2.10　图 2.18 所示为一块电磁铁，线圈的匝数为 N，电流为 I，铁芯中的磁通为 Φ，铁芯的横截面面积为 S，求该电磁铁对衔铁的力。

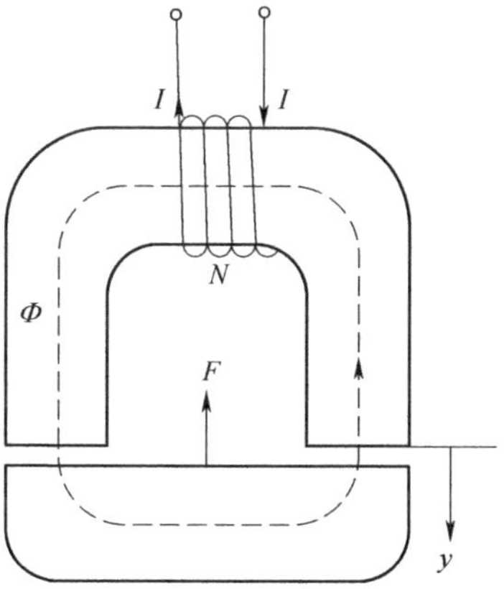

图 2.18　题 2.10 图

第 3 章　静态场边值问题及其解

第 2 章讨论了静电场、导电介质中的恒定电场和恒定磁场的基本规律和一些基本求解方法，分别引入了标量电位和磁矢位，推导出了位函数满足的泊松方程和拉普拉斯方程及其边界条件，并给出了无界均匀空间中标量和矢量泊松方程的解。但这些方法只能求解一些简单的电、磁场问题，包括理想无边界的电、磁场问题和一维边值问题。实际工程中将会遇到一些真实的、较为复杂的电、磁场问题，场往往被限制在一定形状的空间区域内。这种情况下，静态场的问题就是在给定边界条件下求解泊松方程或拉普拉斯方程。

在给定的边界条件下求解泊松方程或拉普拉斯方程称为边值问题。根据场域边界面上所给定的边界条件的不同，边值问题通常分为三类：

第一类边值问题，给定位函数在场域分界面上的值；

第二类边值问题，给定位函数在场域边界面上的法向导数值；

第三类边值问题，又称为混合边值问题，一部分边界面上给定的是位函数值，另一部分边界面上给定的是位函数的法向导数值。

静态场边值问题的解法可分为解析法和数值法。在问题的边界形状较为简单的情况下，可以求得方程的解析解，本章介绍镜像法和分离变量法。若边界形状较为复杂，难以解析求解，就需要借助于数值解法，本章介绍有限差分法。

3.1　唯一性定理

在一定边值条件下求解偏微分方程，应当考虑解的存在性、唯一性和稳定性。这里仅对静态场边值问题的唯一性加以讨论。

唯一性定理是边值问题的一个重要定理，表述为：在场域 V 的边界面 S 上给定 φ 或 $\frac{\partial\varphi}{\partial n}$ 的值，则泊松方程或拉普拉斯方程在场域 V 内具有唯一解。

下面采用反证法对唯一性定理做出证明。设在边界面 S 包围的场域 V 内有两个位函数 φ_1 和 φ_2 都满足泊松方程，即

$$\nabla^2\varphi_1 = -\frac{\rho}{\varepsilon} \quad 和 \quad \nabla^2\varphi_2 = -\frac{\rho}{\varepsilon}$$

令 $\varphi_0=\varphi_1-\varphi_2$，则在场域 V 内

$$\nabla^2\varphi_0 = 0 \tag{3.1.1}$$

由于

$$\nabla\cdot(\varphi_0\nabla\varphi_0)=\varphi_0\nabla^2\varphi_0+(\nabla\varphi_0)^2=(\nabla\varphi_0)^2 \tag{3.1.2}$$

将上式在整个场域 V 上积分并利用散度定理,有

$$\oint_S\varphi_0\nabla\varphi_0\cdot d\boldsymbol{S}=\int_V(\nabla\varphi_0)^2dV \tag{3.1.3}$$

对于第一类边值问题,在整个边界面 S 上 $\varphi_0|_S=\varphi_1|_S-\varphi_2|_S=0$;对于第二类边值问题,在整个边界面 S 上 $\left.\frac{\partial\varphi_0}{\partial n}\right|_S=\left.\frac{\partial\varphi_1}{\partial n}\right|_S-\left.\frac{\partial\varphi_2}{\partial n}\right|_S=0$;对于第三类边值问题,在边界面的 S_1 部分上 $\varphi_0|_{S_1}=\varphi_0|_{S_1}-\varphi_2|_{S_1}=0$,在边界面的 S_2 部分上 $\left.\frac{\partial\varphi_0}{\partial n}\right|_{S_2}=\left.\frac{\partial\varphi_1}{\partial n}\right|_{S_2}-\left.\frac{\partial\varphi_2}{\partial n}\right|_{S_2}=0$。因此,无论是哪一类边值问题,由式(3.1.3)都可以得到

$$\int_V(\nabla\varphi_0)^2dV=\oint_S\varphi_0\frac{\partial\varphi_0}{\partial n}dS=0 \tag{3.1.4}$$

由于$(\nabla\varphi_0)^2$ 非负,要使上式成立,必须在场域 V 内处处有$\nabla\varphi_0=0$。这表明在整个场域 V 内 φ_0 恒为常数,即

$$\varphi_0=\varphi_1-\varphi_2\equiv C \tag{3.1.5}$$

对于第一类边值问题,由于在边界面上$\varphi_0|_S=0$,因此 $C=0$,从而 $\varphi_0=0$。故在整个场域 V 内有

$$\varphi_1=\varphi_2$$

对于第二类边值问题,若 φ_1 与 φ_2 取同一个参考点,则在参考点处 $\varphi_1-\varphi_2=0$,所以 $C=0$,故在整个场域 V 内也有 $\varphi_1=\varphi_2$。

对于第三类边值问题,由于 $\varphi_0|_{S_1}=\varphi_1|_{S_1}-\varphi_2|_{S_1}=0$,因此因此 $C=0$,故在整个场域 V 内也有 $\varphi_1=\varphi_2$。

唯一性定理具有非常重要的意义。首先,它指出了静态场边值问题具有唯一解的条件,在边界面 S 上的任一点只需给定 φ 或$\frac{\partial\varphi}{\partial n}$的值,而不能同时给定两者的值。其次,唯一性定理也为静态场边值问题的各种求解方法提供了理论依据,为求解结果的正确性提供了判据。根据唯一性定理,在求解边值问题时,无论采用什么方法,甚至是猜测,只要所找到的位函数既满足相应的泊松方程(或拉普拉斯方程),又满足给定的边界条件,则此函数就是所求出的唯一正确解。

3.2 镜　像　法

镜像法是求解静态场边值问题的一种间接解法,其理论依据是唯一性定理。镜像法主要用于求解分布在理想导体附近的电荷产生的电场或铁磁质附近的电流产生的磁场。在这类问题中,场由区域内的电荷(电流)分布以及节目上的电荷(电流)分布共同激发。镜像法的思想是,在所求解的场区域以外的空间中某些适当位置上,设置适当的等效电荷(电流)来代替界面上的电荷(电流)的效果,使得这些等效电荷(电流)与场域内的电荷(电流)的共同作用结果能满足场域边界面上给定的边界条件,从而可以将界面移去,使所求解的边值问题转化为无界空间的问题。这些等效电荷(电流)也称为像电荷(像电流),由以上论述可知,运用镜像法时,必须遵循两条规则:

(1)像电荷(像电流)只能位于所求解的场域之外的空间,而所得的解只在场域内正确;

(2)像电荷(像电流)的个数、位置及其量值以使场域的边界条件得以满足为准则来确定。

下面分别对不同的镜像问题来阐述镜像法的求解过程。

3.2.1 点电荷对无限大导体平面的镜像

问题：如图 3.1 所示，一个点电荷 q，与一接地的无限大导体平板相距 h，求平板上方的电场。

分析：

（1）由于点电荷 q，导体板上出现分布不均匀的感应电荷，导体板上方任一点的电场是 q 和导体板上所有感应电荷产生的电场的叠加。该问题的难点在于需要计算导体板上分布着的非均匀的感应电荷，并计算所有感应电荷在该点产生的场。

（2）这是第一类边值问题，给定了边界面上的电位，导体板上方满足拉普拉斯方程 $\nabla^2\Phi=0$（除了 q 所在点之外）。根据唯一性定理，只要满足给定的边界条件，解就是唯一的。

（3）设想抽去导体板，感应电荷也就不存在了，空间充满同种介质 ε。在原导体板下方 h 处放一点电荷 $q'=-q$，如图 3.2 所示。

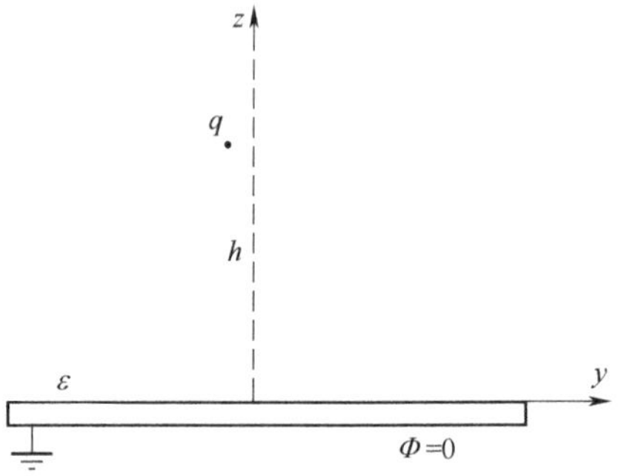

图 3.1　点电荷 q 与接地的无限大导体平板

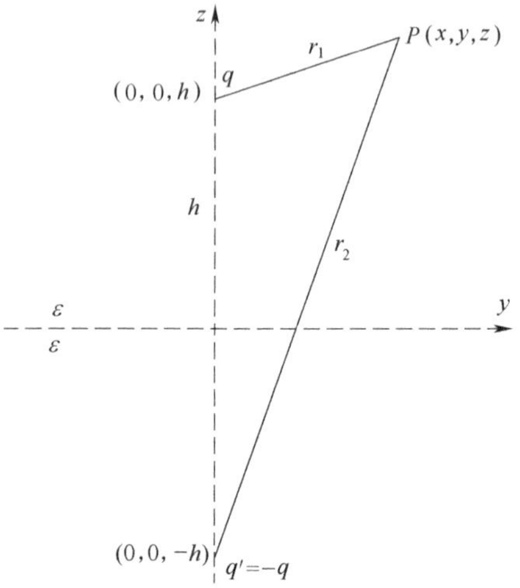

图 3.2　点电荷对无限大导体平面的镜像

此时导体板上方仍然满足拉普拉斯方程和原来的边界条件。根据唯一性定理，导体板上方区域中的电场分布是不变的，解是唯一的。这样就用一个点电荷 q' 代替了导体板表面所有感应电荷的影响。

导体板上方任一点的电位可以写为

$$\begin{aligned}\Phi(x,y,z)&=\frac{1}{4\pi\varepsilon}\left(\frac{q}{r_1}+\frac{q'}{r_2}\right)\\&=\frac{1}{4\pi\varepsilon}\left(\frac{q}{\sqrt{x^2+y^2+(z-h)^2}}-\frac{q}{\sqrt{x^2+y^2+(z+h)^2}}\right)\end{aligned}\tag{3.2.1}$$

这种方法把导体板上所有感应电荷的影响用一点电荷 q' 代替，q' 位于 q 的镜像位置，所以这种方法称为镜像法。一个点电荷相对于无限大导体平面，镜像电荷的大小为 $q'=-q$，镜像电荷的位置为 $h'=-h$。

点电荷与无限大导体平板之间的电力线和等位面的分布如图 3.3 所示，导体板下方的电场是假想的，导体板上方的电力线是 q 与感应电荷之间的电力线。

镜像法适用的区域不包括镜像电荷所在区域，例如在本题中，镜像法仅适用于对导体板上方电场的求解。

利用镜像法求出了导体板上方电位的分布后，进而还可以求出导体板上感应电荷的分布。导体板表面附近的场强为 $\boldsymbol{E}_1=\boldsymbol{e}_n\dfrac{\sigma}{\varepsilon_0}$，所以

$$\sigma=\varepsilon_0 E_n=-\varepsilon_0\frac{\partial\Phi}{\partial z}\bigg|_{z=0}=-\frac{qh}{2\pi(x^2+y^2+h^2)^{3/2}} \tag{3.2.2}$$

变换到平面极坐标系，$x^2+y^2=r^2$，可得

$$\sigma=-\frac{qh}{2\pi(r^2+h^2)^{3/2}} \tag{3.2.3}$$

导体板上总的感应电荷为

$$q_S=\iint\sigma\mathrm{d}s=-\frac{qh}{2\pi}\int_0^{\infty}\int_0^{2\pi}\frac{r\mathrm{d}r\mathrm{d}\varphi}{(r^2+h^2)^{3/2}}=-q \tag{3.2.4}$$

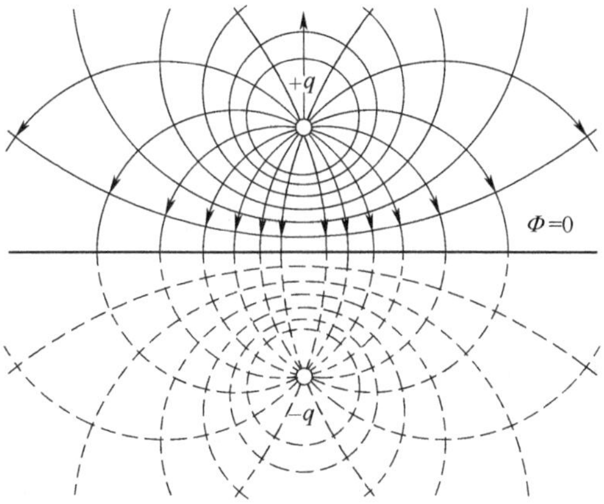

图 3.3　点电荷与无限大导体平板之间的电场

导体板上总的感应电荷等于镜像电荷，原来电力线是从$+q$发出，终止于感应电荷；引入镜像电荷后，电力线终止于镜像电荷。在拟求解问题的区域内，即导体板的上方，电力线和等位线的分布不变，所以可以用一个镜像电荷代替导体板上所有感应电荷的影响。

点电荷对无限大导体平面的镜像，可推广应用到点电荷与相交的两块半无限大导体平面的情况。此时需要用多个镜像电荷来满足边界条件。图 3.4 表示相互垂直的两块半无限大接地导体平面，点电荷 q 与两导体平面的距离分别为 d_1 和 d_2。

需要求解的是第一象限内的场分布。用镜像法来求解这类问题时，设想把两导体板抽去，在第二象限内的位置“1”（点电荷 q 关于导体平面 OA 的对称点）处放置一个镜像电荷 $q_1'=-q$，这将使导体平面 OA 的电位为零，但此时的导体平面 OB 的电位不为零，如图 3.5 所示。

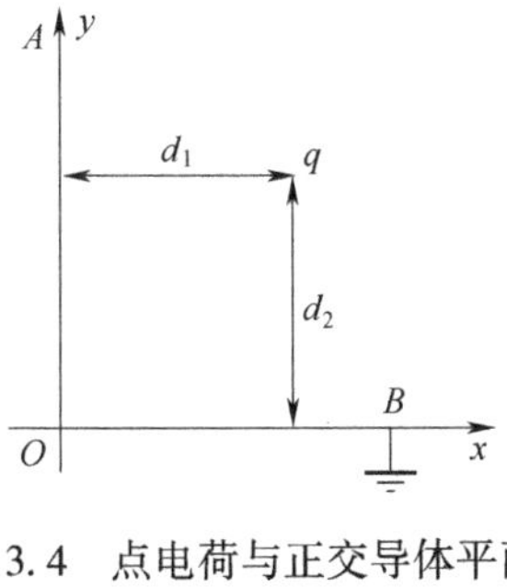

图 3.4　点电荷与正交导体平面

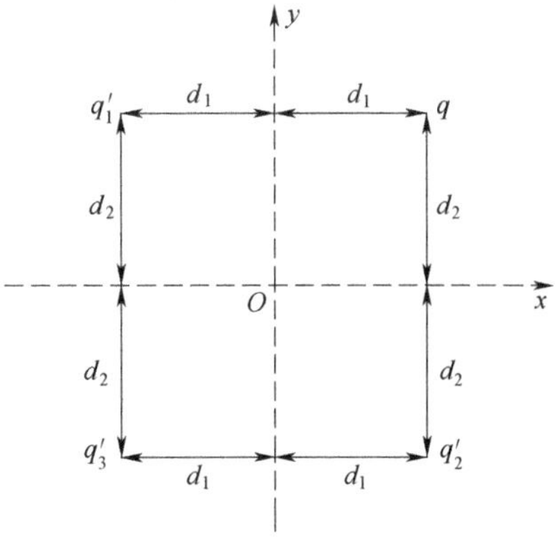

图 3.5　点电荷与正交导体平面的镜像

类似地，在第四象限的位置“2”（点电荷 q 关于导体平面 OB 的对称点）处放置一个镜像电荷 $q_2'=-q$，这将使导体平面 OB 的电位为零，但此时的导体平面 OA 的电位不为零。如果在第三象限的位置“3”（恰好是镜像电荷 q_1' 和 q_2' 分别关于导体平面 OA 和 OB 的对称点）处再放置一个镜像电荷 $q_3'=q$，根据对称性，这三个镜像电荷将与原电荷一起使得导体平面 OA 和 OB 的电位都为零，从而保证满足给定的初始边界条件。则第一象限内任一点 $P(x,y,z)$ 的电位可表示为

$$\Phi(x,y,z)=\frac{q}{4\pi\varepsilon}\left[\frac{1}{\sqrt{(x-d_1)^2+(y-d_2)^2+z^2}}-\frac{1}{\sqrt{(x+d_1)^2+(y-d_2)^2+z^2}}-\right.$$
$$\left.\frac{1}{\sqrt{(x-d_1)^2+(y+d_2)^2+z^2}}+\frac{1}{\sqrt{(x+d_1)^2+(y+d_2)^2+z^2}}\right]$$

如果两导体平面不是相互垂直,而是相交成 α 角,只要 $\alpha=\frac{\pi}{n}$,这里的 n 为整数,就能用镜像法求解,其镜像电荷数为有限的 $2n-1$ 个。

3.2.2　点电荷对介质平面的镜像

如图 3.6 所示,两种介质的分界面是一无限大平面,分界面两侧的介电常数分别为 ε_1 和 ε_2,在上半空间距界面 h 处有一点电荷 q,求上半空间电场的分布。

由于电荷 q 的存在,介质的分界面上出现分布不均匀的极化电荷,空间任一点的电场是 q 与介质板上所有极化电荷产生的电场的叠加。该问题的难点在于求解分界面上极化电荷的分布和所有极化电荷在空间某一点产生的电场。

设上半空间和下半空间的电位函数分别为 Φ_1 和 Φ_2,满足的微分方程分别为

$$\nabla^2\Phi_1=0\quad(\text{除 } q \text{ 所在点外})\qquad z>0$$
$$\nabla^2\Phi_2=0\qquad\qquad z<0$$

在 $z=0$ 界面上的边界条件为

$$\Phi_1=\Phi_2\tag{3.2.5}$$
$$\varepsilon_1\frac{\partial\Phi_1}{\partial z}=\varepsilon_2\frac{\partial\Phi_2}{\partial z}\tag{3.2.6}$$

依据镜像法的基本思想,在计算电介质 1 中的电位时,用置于介质 2 中的镜像电荷 q' 来代替分界面上的极化电荷,并把整个空间视为充满介电常数为 ε_1 的均匀介质。q' 的位置只能在下半空间,定在 $z=-h$ 处,大小待定,如图 3.7 所示。

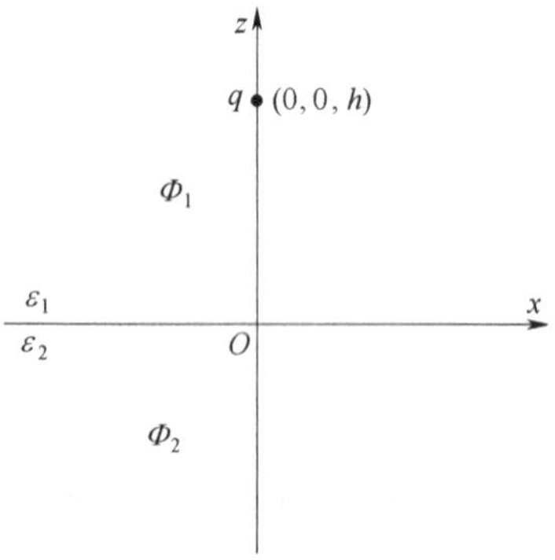

图 3.6　两种介质表面上方有一点电荷

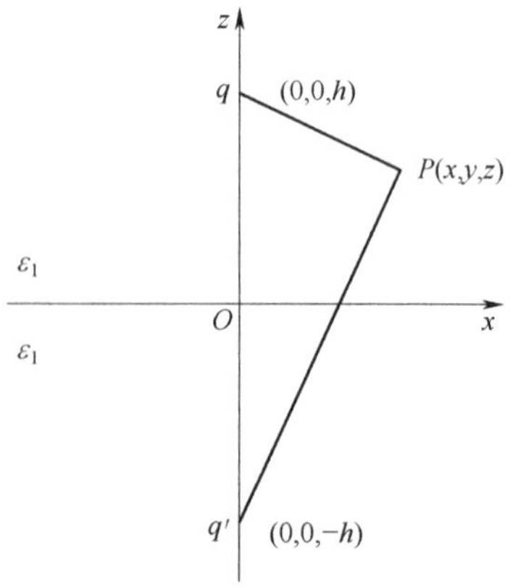

图 3.7　介质 1 的镜像电荷

则上半空间的电位可以写为

$$\Phi_1=\frac{q}{4\pi\varepsilon r}+\frac{q'}{4\pi\varepsilon_1 r'}\tag{3.2.7}$$

式中, $r=\sqrt{x^2+y^2+(z-h)^2}$, $r'=\sqrt{x^2+y^2+(z+h)^2}$。

在计算电介质2中的电位时,用置于介质1中的镜像电荷q''来代替分界面上的极化电荷,并把整个空间视为充满介电常数为ε_2的均匀介质。q''的位置只能在上半空间,定在$z=h$处和点电荷q重合,大小待定,如图3.8所示。

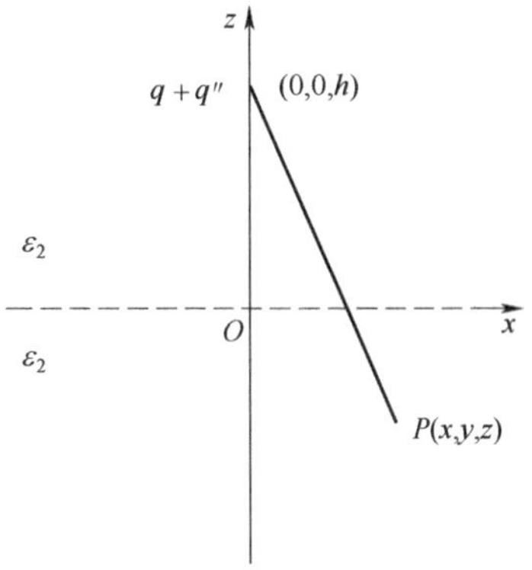

图3.8　介质2的镜像电荷

则下半空间的电位可以写为

$$\Phi_1=\frac{q+q''}{4\pi\varepsilon_1 r} \tag{3.2.8}$$

式中,$r=\sqrt{x^2+y^2+(z-h)^2}$。下面利用边界条件来确定q'和q''。在介质分界平面$z=0$处,电位应满足如下边界条件

$$\Phi_1\big|_{z=0}=\Phi_2\big|_{z=0} \tag{3.2.9}$$

$$\varepsilon_1\frac{\partial\Phi_1}{\partial z}\bigg|_{z=0}=\varepsilon_2\frac{\partial\Phi_2}{\partial z}\bigg|_{z=0} \tag{3.2.10}$$

将式(3.2.7)和(3.2.8)代入后,可得

$$\frac{q+q'}{\varepsilon_1}=\frac{q+q''}{\varepsilon_2} \tag{3.2.11}$$

$$q'=-q'' \tag{3.2.12}$$

可以解出

$$q'=\frac{\varepsilon_1-\varepsilon_2}{\varepsilon_1+\varepsilon_2}q \tag{3.2.13}$$

$$q''=\frac{\varepsilon_2-\varepsilon_1}{\varepsilon_1+\varepsilon_2}q \tag{3.2.14}$$

确定了镜像电荷的大小和空间位置,从而可以求得上半空间和下半空间的电位,进而利用电位梯度求出场强的分布。

3.2.3　电流对铁板平面的镜像

空气中一根通有电流I的直导线平行于铁板平面,与铁板表面距离为h,如图3.9所示。设铁的磁导率μ视为无穷大,求空气中的磁场。

首先讨论铁板表面的边界条件。由于铁的磁导率μ可视为无穷大,铁板内的磁场$\boldsymbol{H}_2=0$。否则的话,$\boldsymbol{B}_2\to\infty$。利用磁场的边界条件可得$H_{1t}=H_{2t}=0$,即铁板表面处空气一侧磁场的切向分量为0,磁场$\boldsymbol{H}_1$垂直于铁板的表面。

用镜像法求解这个问题时,设镜像电流$I'=I$,方向也与电流I的方向相同,位于原来电流I的镜像处,如图3.9所示。容易验证I和I'在铁板表面任一点处产生的合成磁场与铁板表面垂直,满足边界条件。因此可以用I'代替铁板表面上所有磁化电流的影响,计算上半空间的磁场。

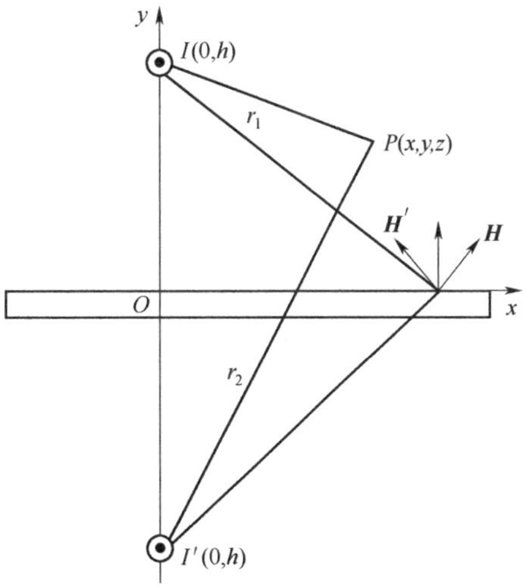

图3.9　直线电流的镜像

已知一无限长直线电流产生的磁矢位为

$$A = e_z \frac{\mu_0 I}{2\pi} \ln \frac{r_0}{r} \tag{3.2.15}$$

式中，r_0 是任意选取的参考点。因此本题中，上半空间中任一点的磁矢位为

$$A = e_z \frac{\mu_0 I}{2\pi}\left(\ln \frac{r_0}{r_1} + \ln \frac{r_0}{r_2}\right) \tag{3.2.16}$$

式中，$r_1 = \sqrt{x^2+(y-h)^2}$，$r_2 = \sqrt{x^2+(y+h)^2}$。上半空间中的磁感应强度为

$$\begin{aligned} B = \nabla \times A &= e_x \frac{\partial A_z}{\partial y} - e_y \frac{\partial A_z}{\partial x} \\ &= -e_x \frac{\mu_0 I}{2\pi}\left[\frac{y+h}{x^2+(y+h)^2} + \frac{y-h}{x^2+(y+h)^2}\right] + \\ &\quad e_y \frac{\mu_0 I}{2\pi}\left[\frac{x}{x^2+(y+h)^2} + \frac{x}{x^2+(y+h)^2}\right] \end{aligned} \tag{3.2.17}$$

3.2.4 点电荷对导体球的镜像

一个半径为 a 的接地导体球，在与球心相距 d_1 处有一个点电荷 q_1，如图 3.10 所示。试求导体球外的电位函数。

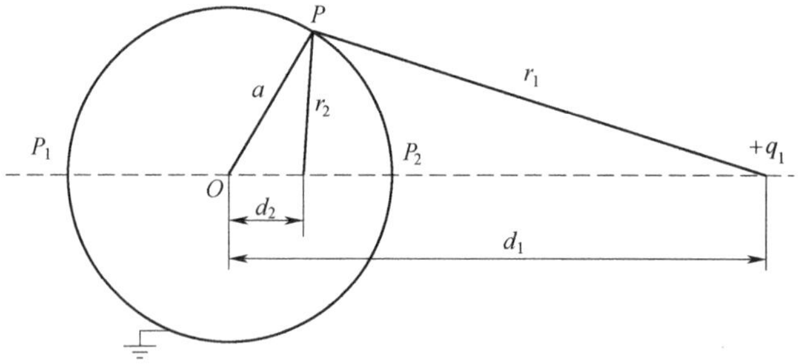

图 3.10　点电荷对导体球的镜像

由于点电荷 q_1 的存在，使得导体球表面出现感应电荷，导体球外任一点的电场是 q_1 和球面上所有感应电荷产生的电场的叠加。边界条件为：$r=a$ 处，$\Phi=0$。

根据球面上感应电荷分布的对称性，镜像电荷应在 q_1 与 O 点的连接线上，O 点的右侧，设在距离 O 点 d_2 处。则球面上任一点 P 处的电位为

$$\Phi_P = \frac{1}{4\pi\varepsilon_0}\left(\frac{q_1}{r_1} + \frac{q_2}{r_2}\right) = 0 \tag{3.2.18}$$

上式中有 q_2 和 d_2 两个未知量。考虑 P_1 和 P_2 两个特殊的点。在 P_1 点，有

$$\frac{1}{4\pi\varepsilon_0}\left(\frac{q_1}{a+d_1} + \frac{q_2}{a+d_2}\right) = 0 \tag{3.2.19}$$

在 P_2 点，有

$$\frac{1}{4\pi\varepsilon_0}\left(\frac{q_1}{d_1-a} + \frac{q_2}{a-d_2}\right) = 0 \tag{3.2.20}$$

联立以上面两式，可得

$$q_2 = -\frac{a}{d_1} q_1 \tag{3.2.21}$$

$$d_2 = \frac{a^2}{d_1} \tag{3.2.22}$$

即用镜像电荷代替了导体球面上所有的感应电荷，球外任一点 $P(r,\theta,\varphi)$ 的电位为

$$\Phi = \frac{1}{4\pi\varepsilon_0}\left(\frac{q_1}{r_1} - \frac{aq_1}{d_1 r_2}\right) \tag{3.2.23}$$

式中，$r_1 = \sqrt{r^2+d_1^2-2rd_1\cos\theta}$，$r_2 = \sqrt{r^2+d_2^2-2rd_2\cos\theta}$，$\theta$ 表示 P 点与 O 点的连线与水平线的夹角。从而可得场强的分布为

$$E_r = \frac{\partial\Phi}{\partial r} = \frac{q_1}{4\pi\varepsilon_0}\left(\frac{r-d_1\cos\theta}{r_1^3} - \frac{a}{d_1}\cdot\frac{r-d_2\cos\theta}{r_2^3}\right) \tag{3.2.24}$$

$$E_\theta = -\frac{1}{r}\cdot\frac{\partial\Phi}{\partial\theta} = \frac{q_1}{4\pi\varepsilon_0}\left(\frac{d_1\sin\theta}{r_1^3} - \frac{a}{d_1}\cdot\frac{d_2\sin\theta}{r_2^3}\right) \tag{3.2.25}$$

导体球面上感应电荷密度的分布为

$$\sigma = \varepsilon_0 E_r\big|_{r=a} = \frac{-q_1(d_1^2-a^2)}{4\pi a(a^2+d_1^2-2ad_1\cos\theta)^{3/2}} \tag{3.2.26}$$

球面上总的感应电荷为

$$q_t = \oint\!\!\!\oint_S \sigma\mathrm{d}S = \frac{-q_1(d_1^2-a^2)}{4\pi a}\cdot 2\pi\int_0^\pi \frac{a^2\sin\theta\mathrm{d}\theta}{(a^2+d_1^2-2ad_1\cos\theta)^{3/2}} = -\frac{a}{d_1}q_1 = q_2$$

球面上总的感应电荷等于镜像电荷。

如果导体球不接地，此时只要注意到：(1)导体球面是一个电位不为零的等位面；(2)由于导体球未接地，在点电荷的作用下，球上总的感应电荷为零。就可以用镜像法计算球外的电位函数。

先设想导体球是接地的，此时导体球面上只有总电荷量为 q' 的感应电荷分布，其镜像电荷大小和位置由式(3.2.21)和式(3.2.22)确定。在这种情况下，点电荷 q 和镜像电荷 q' 使得导体球的电位为零，不满足上述的电位条件，且球上的总感应电荷也不为零。再断开接地线，并将电荷 $-q'$ 加于导体球上，从而保证了球上的总感应电荷为零。为使导体球面为等位面，所加的电荷 $-q'$ 应均匀分布在导体球面上，这样可以用一个位于球心的镜像电荷 $q''=-q'$ 来替代，如图 3.11 所示。

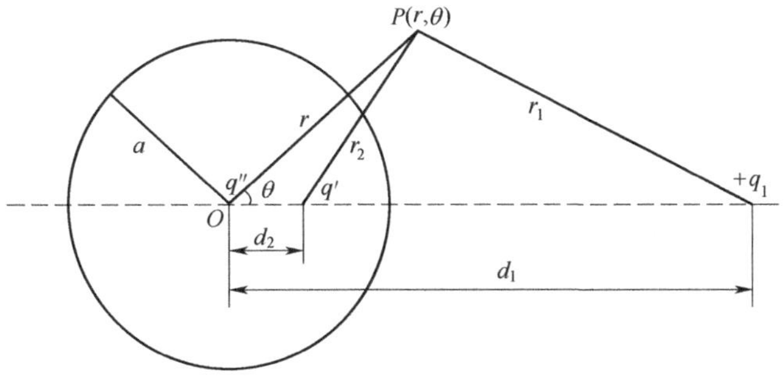

图 3.11　点电荷与不接地导体球迷的镜像

从而，球外任一点 P 的电位函数可表示为

$$\Phi = \frac{1}{4\pi\varepsilon_0}\left(\frac{q_1}{r_1} + \frac{q'}{r_2} + \frac{q''}{r}\right) \tag{3.2.27}$$

式中，$q' = -\frac{a}{d}q_1$，$d_2 = \frac{a^2}{d_1}$，$q'' = -q' = \frac{a}{d}q_1$。

3.2.5 导体圆柱面的镜像

设半径为 a 的无限长导体圆柱外有一根与之平行的无限长线电荷，距圆柱轴线为 d_1，如图 3.12 所示。若电荷的线密度为 ρ_l，求圆柱外的电位分布。

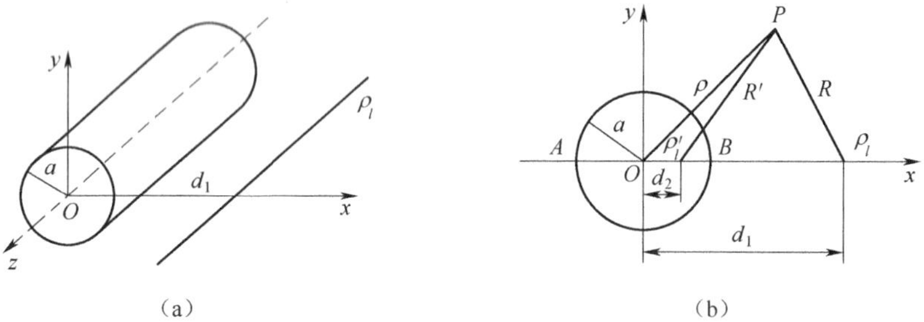

图 3.12 线电荷对导体柱面的镜像

由对称性，像电荷也是无限长线电荷。设像电荷的线密度为 ρ_l'，位于圆柱内，与轴线的距离为 d_2，如图 3.12(b)所示。这样，空间任一点 P 的电位函数应为 ρ_l 和 ρ_l' 在该点产生的电位之和，即

$$\Phi=\frac{\rho_l}{2\pi\varepsilon}\ln\frac{1}{R}+\frac{\rho_l'}{2\pi\varepsilon}\ln\frac{1}{R'}+C \tag{3.2.28}$$

式中，$R=\sqrt{\rho^2+d_1^2-2\rho d_1\cos\varphi}$，$R'=\sqrt{\rho^2+d_2^2-2\rho b\cos\varphi}$。

由于导体圆柱接地，所以当 $\rho=a$ 时，电位应该为零，即

$$\frac{\rho_l}{2\pi\varepsilon}\ln\frac{1}{\sqrt{a^2+d_1^2-2ad_1\cos\varphi}}+\frac{\rho_l'}{2\pi\varepsilon}\ln\frac{1}{\sqrt{a^2+d_2^2-2ab\cos\varphi}}+C=0 \tag{3.2.29}$$

上式对任意的角度 φ 都成立，因此将上式对 φ 求导，可得

$$\rho_l d_1(a^2+d_2^2)+\rho_l' b(a^2+d_1^2)-2ad_1d_2(\rho_l+\rho_l')\cos\varphi=0 \tag{3.2.30}$$

从而有

$$\rho_l d_1(a^2+d_2^2)+\rho_l' d_2(a^2+d_1^2)=0 \tag{3.2.31}$$

$$\rho_l+\rho_l'=0 \tag{3.2.32}$$

由此即可得到关于镜像电荷的两组解

$$\rho_l'=-\rho_l,\quad d_2=\frac{a^2}{d_1} \tag{3.2.33}$$

和 $\rho_l'=-\rho_l$，$d_2=d_1$（无意义，舍去）。

根据唯一性定理，导体圆柱面外的电位函数为

$$\Phi=\frac{\rho_l}{2\pi\varepsilon}\ln\frac{\sqrt{d_1^2\rho^2+a^4-2\rho d_1a^2\cos\varphi}}{d\sqrt{\rho^2+d_1^2-2\rho d_1\cos\varphi}}+C \tag{3.2.34}$$

由 $\rho=a$ 时 $\Phi=0$ 可得到常数 $C=\dfrac{\rho_l}{2\pi\varepsilon}\ln\dfrac{d_1}{a}$，从而

$$\Phi=\frac{\rho_l}{2\pi\varepsilon}\ln\frac{\sqrt{d_1^2\rho^2+a^4-2\rho d_1a^2\cos\varphi}}{\sqrt{a^2\rho^2+a^2d_1^2-2\rho d_1a^2\cos\varphi}} \tag{3.2.35}$$

导体圆柱面上的感应电荷面密度为

$$\rho_S=-\varepsilon\frac{\partial\Phi}{\partial\rho}\bigg|_{\rho=a}=-\frac{\rho_l(d_1^2-a^2)}{2\pi a(a^2+d_1^2-2ad_1\cos\varphi)} \tag{3.2.36}$$

导体圆柱面上单位长度的感应电荷为

$$q_t = \oiint_S \rho_S \mathrm{d}S = -\frac{\rho_l(d_1^2 - a^2)}{2\pi a}\int_0^{2\pi} \frac{ad_1\varphi}{a^2 + d_1^2 - 2ad_1\cos\varphi} = -\rho_l \tag{3.2.37}$$

可见,导体圆柱面上单位长度的感应电荷与所设置的镜像电荷相等。

以上讨论的线电荷对接地导体圆柱面的镜像法,可以用来分析两半径相同、带有等量异号电荷的平行无限长直导体圆柱周围的电场问题。这种情况在电力传输和通信工程中有着广泛的应用。

图 3.13(a)表示半径都为 a 的两个平行导体圆柱的横截面,它们的轴线间距为 $2h$,单位长度分别带电荷 ρ_l 和 $-\rho_l$。

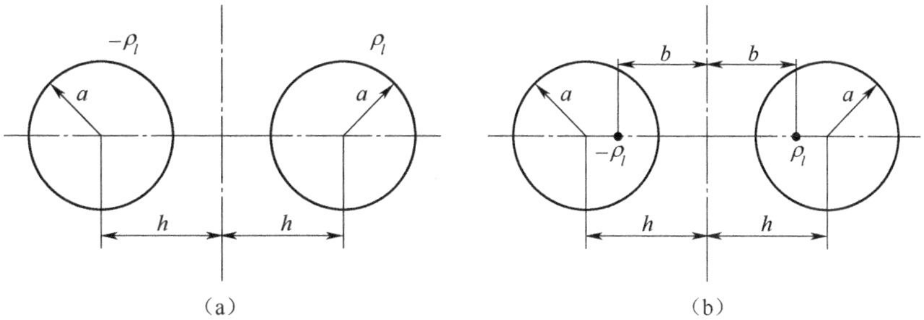

图 3.13　两平行圆柱导体

由于两圆柱带电导体的电场互相影响,使导体表面上的电荷分布不均匀,相对的一侧电荷密度较大,而相背的一侧电荷密度较小。根据线电荷对导体圆柱的镜像法,可以设想将两导体圆柱移除,其表面上的电荷用线密度分别为 ρ_l 和 $-\rho_l$、且相距为 $2b$ 的两根无限长带电细线来等效代替,如图 3.13(b)所示。实际上是将 ρ_l 和 $-\rho_l$ 看成是互为镜像。带电细导线所在的位置称为带电圆柱导体的电轴,因此这种方法又称为电轴法。

电轴的位置由式(3.2.33)确定。因 $d_2=h-b, d_1=h+b$,故有 $(h-b)(h+b)=a^2$,从而有

$$b = \sqrt{h^2 - a^2} \tag{3.2.38}$$

这样,导体圆柱外空间任一点的电位函数就等于线电荷密度分别为 ρ_l 和 $-\rho_l$ 的两平行双线产生的电位的叠加,即

$$\Phi = \frac{\rho_l}{2\pi\varepsilon}\ln\frac{R_-}{R_+} \tag{3.2.39}$$

电轴法的基本原理也可以应用到两个带有等量异号电荷但不同半径的平行无限长圆柱导体间的电位函数的求解问题。

例 3.1　半径为 a_1 和 a_2 的两平行长直导线的轴间距离为 $d(d>a_1+a_2)$,二者间电压为 U_0,求空间电位的分布 Φ 和单位长度的电容 C_0。

解　利用电轴法,两导体的表面为两个等位面,如图 3.14 所示。
关键问题是确定电轴的位置 b。圆柱 2 上的电荷用 ρ_l 表示,圆柱 1 上的电荷用 $-\rho_l$ 表示。ρ_l 相对于导线 1 的镜像是 $-\rho_l$,所以有

$$a_1^2 = d_1d_2 = (h_1 + b)(h_1 - b)$$

从而有

$$b^2 = h_1^2 - a_1^2$$

同理,由 $-\rho_l$ 相对于导线 2 的镜像是 ρ_l,可得

$$b^2 = h_2^2 - a_1^2$$

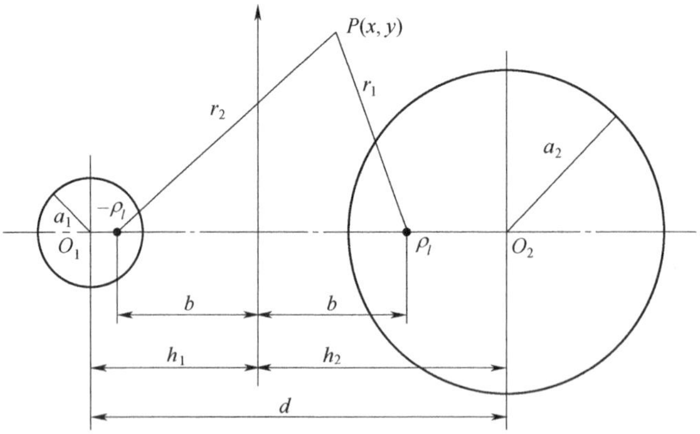

图 3.14 两个不同半径的平行长直导线示意图

又有 $h_1+h_2=d$,可求解得出

$$h_1=\frac{d^2+a_1^2-a_2^2}{2d}$$

$$h_2=\frac{d^2+a_2^2-a_1^2}{2d}$$

进而可得电轴的位置

$$b=\left[\left(\frac{d^2+a_1^2-a_2^2}{2d}\right)^2-a_1^2\right]^{1/2}=\left[\left(\frac{d^2+a_2^2-a_1^2}{2d}\right)^2-a_2^2\right]^{1/2}$$

两导线外任一点的电位为

$$\Phi=\frac{\rho_l}{2\pi\varepsilon}\ln\frac{r_2}{r_1}$$

进而可得两导线间的电位差为

$$U_0=\Phi_B-\Phi_A=\frac{\rho_l}{2\pi\varepsilon}\ln\frac{[b+(h_2-a_2)]\cdot[b+(h_1-a_1)]}{[b-(h_2-a_2)]\cdot[b-(h_1-a_1)]}$$

可以解出

$$\Phi=\frac{U_0}{\ln\dfrac{[b+(h_2-a_2)]\cdot[b+(h_1-a_1)]}{[b-(h_2-a_2)]\cdot[b-(h_1-a_1)]}}\ln\frac{r_2}{r_1}$$

单位长度的电容为

$$C_0=\frac{\rho_l}{U_0}=\frac{2\pi\varepsilon_0}{\ln\dfrac{[b+(h_2-a_2)]\cdot[b+(h_1-a_1)]}{[b-(h_2-a_2)]\cdot[b-(h_1-a_1)]}}$$

3.3 分离变量法

求解无源区的静态场问题就是在给定场域界面上的边界条件下求解标量或矢量拉普拉斯方程。分离变量法是求解此类问题最常用的方法。建立适当的坐标系,使场区域边界面与坐标面相合。在此坐标系中,三维的位函数可以表示为三个一元函数的乘积,每一个函数分别仅是一个坐

标的函数。这样,通过分离变量就将三维的偏微分方程转化为三个常微分方程来求解。唯一性定理保证了这种方法求出的解是唯一的。本节讨论分离变量法求解标量拉普拉斯方程。

3.3.1 直角坐标系中的分离变量

直角坐标系中,标量拉普拉斯方程为

$$\frac{\partial^2\varphi}{\partial x^2}+\frac{\partial^2\varphi}{\partial y^2}+\frac{\partial^2\varphi}{\partial z^2}=0 \tag{3.3.1}$$

设 $\varphi(x,y,z)=X(x)Y(y)Z(z)$,代入方程,整理可得

$$\frac{1}{X}\cdot\frac{\mathrm{d}^2X}{\mathrm{d}x^2}+\frac{1}{Y}\cdot\frac{\mathrm{d}^2Y}{\mathrm{d}y^2}+\frac{1}{Z}\cdot\frac{\mathrm{d}^2Z}{\mathrm{d}z^2}=0 \tag{3.3.2}$$

要使上式对任意 x、y、z 都成立,每一项必须等于常数。故可令

$$\frac{1}{X}\cdot\frac{\mathrm{d}^2X}{\mathrm{d}x^2}=-k_x^2,\quad \frac{1}{Y}\cdot\frac{\mathrm{d}^2Y}{\mathrm{d}y^2}=-k_y^2,\quad \frac{1}{Z}\cdot\frac{\mathrm{d}^2Z}{\mathrm{d}z^2}=-k_z^2 \tag{3.3.3}$$

这样,偏微分方程(3.3.1)分解为3个常微分方程。待定系数 k_x、k_y 和 k_z 称为分离常数,其值由场的边界条件确定,且它们并不完全独立,满足下面的约束关系

$$k_x^2+k_y^2+k_z^2=0 \tag{3.3.4}$$

方程的解的形式取决于分离常数的值,亦即取决于场的边界条件。以 X 的方程为例讨论其解。根据边界条件的不同,解的可能形式有以下三种。

若 $k_x^2=0$,则

$$X=A_0x+B_0 \tag{3.3.5}$$

若 $k_x^2>0$,则

$$X=A\cos k_xx+B\sin k_xx \quad 或 \quad X=A'\mathrm{e}^{-\mathrm{j}k_xx}+B'\mathrm{e}^{\mathrm{j}k_xx} \tag{3.3.6}$$

若 $k_x^2<0$,即 k_x 是虚数。令 $k_x=j\alpha_x$,则

$$X=A\cdot\mathrm{ch}\,\alpha_xx+B\cdot\mathrm{sh}\,\alpha_xx \quad 或 \quad X=A'\mathrm{e}^{-\alpha_xx}+B'\mathrm{e}^{\alpha_xx} \tag{3.3.7}$$

式中,A、B(A'、B')为待定系数。$Y(y)$和$Z(z)$的函数形式与$X(x)$的类似。

于是,在分离常数 k_x、k_y、k_z 的一种可能取值下,相应的 $X(x)$、$Y(y)$ 和 $Z(z)$ 乘积就给出一种可能解。在边值问题中,为满足给定边界条件,分离常数通常取一系列值 k_{xn}、k_{yn}、k_{zn},对应有一系列解 $\varphi_n=X_n(x)Y_n(y)Z_n(y)$,它们的线性组合就是方程的通解。只要根据问题的边界条件确定通解中的常数,便可得到问题的特解。

例3.2 如图3.15所示,导体长槽接地,上方的导体盖板与槽绝缘并保持恒定电位 U_0,求槽内的电位分布。

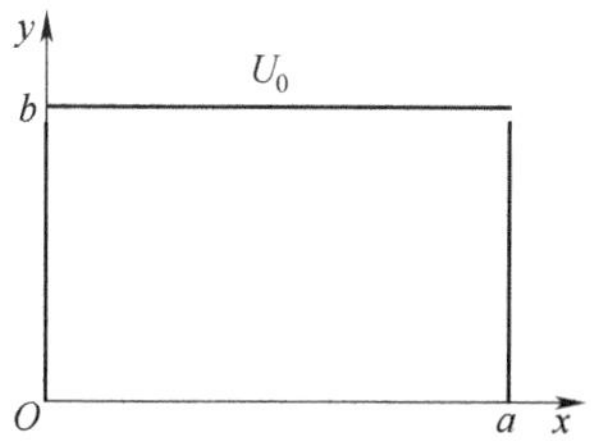

图3.15 矩形截面导体槽示意图

解 槽内的电场为平面场,即槽内电势仅是 x 和 y 的函数,即

$$\varphi(x,y)=X(x)Y(y)$$

在上图所建的直角坐标系中,给定问题的边界条件为

(1)$x=0,0\leqslant y\leqslant b,\varphi=0$;

(2)$x=a,0\leqslant y\leqslant b,\varphi=0$;

(3)$y=0,0\leqslant x\leqslant a,\varphi=0$;

(4)$y=b,0\leqslant x\leqslant a,\varphi=U_0$。

由(1)、(2)可知,电位沿 x 方向的分布具有周期性,故 $X(x)$ 应取周期性的解,即式(3.3.6),于是有 $k_x^2>0$。在二维问题中,式(3.3.4)简化为 $k_x^2+k_y^2=0$,故有 $k_y^2<0$,即 $k_y=jk_x$。所以 $Y(y)$ 应取式(3.3.7)的形式。因此,该问题的通解为

$$\varphi(x,y)=\sum_{n=1}^{\infty}[A_n\cos k_{xn}x+B_n\sin k_{xn}x][C_n\cdot\operatorname{ch}k_{xn}y+D_n\cdot\operatorname{sh}k_{xn}y]$$

上式中的待定常数由边界条件来确定。

将边界条件(1)和(3)代入通解中,可得

$$A_n=0,\quad C_n=0$$

再由边界条件(2)可得

$$\sin k_{xn}a=0$$

即 $k_{xn}=\dfrac{n\pi}{a}$。于是

$$\varphi(x,y)=\sum_{n=1}^{\infty}F_n\sin\left(\frac{n\pi}{a}x\right)\cdot\operatorname{sh}\left(\frac{n\pi}{a}y\right)$$

最后将边界条件(4)代入,有

$$U_0=\sum_{n=1}^{\infty}F_n\cdot\operatorname{sh}\frac{n\pi b}{a}\sin\left(\frac{n\pi}{a}x\right)=\sum_{n=1}^{\infty}F'_n\sin\left(\frac{n\pi}{a}x\right)$$

式中,$F'_n=F_n\cdot\operatorname{sh}\dfrac{n\pi b}{a}$。

上式两边同乘 $\sin\left(\dfrac{m\pi x}{a}\right)$,并在区间$(0,a)$积分,有

$$\int_0^a U_0\sin\left(\frac{m\pi x}{a}\right)\mathrm{d}x=\sum_{n=1}^{\infty}\int_0^a F'_n\sin\frac{n\pi x}{a}\sin\frac{m\pi x}{a}\mathrm{d}x$$

利用三角函数的正交性公式

$$\int_0^a\sin\frac{n\pi x}{a}\sin\frac{m\pi x}{a}\mathrm{d}x=\begin{cases}a/2 & 当\ n=m\\0 & 当\ n\neq m\end{cases}$$

可得

$$\frac{aU_0}{m\pi}[1-\cos(m\pi)]=\frac{aF'_m}{2}$$

由此

$$F'_n=\begin{cases}\dfrac{4U_0}{n\pi} & 当\ n=1,3,5,\cdots\\0 & 当\ n=2,4,6,\cdots\end{cases}$$

所以

$$\varphi(x,y)=\sum_{n=1,3,5,\cdots}^{\infty}\frac{4U_0}{n\pi\cdot\operatorname{sh}\left(\dfrac{n\pi b}{a}\right)}\sin\left(\frac{n\pi}{a}x\right)\cdot\operatorname{sh}\left(\frac{n\pi}{a}y\right)$$

3.3.2 圆柱坐标系中的分离变量

具有圆柱面边界的问题,适宜用圆柱坐标系中的分离变量法加以求解。设电位函数只是坐标变量ρ、θ的函数,而沿z坐标方向无变化。这种情况下,位函数满足的拉普拉斯方程为

$$\nabla^2\varphi(\rho,\theta)=\frac{1}{\rho}\cdot\frac{\partial}{\partial\rho}\cdot\left(\rho\frac{\partial\varphi}{\partial\rho}\right)+\frac{1}{\rho^2}\cdot\frac{\partial^2\varphi}{\partial\theta^2}=0\qquad(3.3.8)$$

令位函数 $\varphi(\rho,\theta)=R(\rho)\Phi(\theta)$,代入上式则有

$$\Phi(\theta)\frac{1}{\rho}\cdot\frac{\mathrm{d}}{\mathrm{d}\rho}\cdot\left[\rho\frac{\mathrm{d}R(\rho)}{\mathrm{d}\rho}\right]+R(\rho)\cdot\frac{1}{\rho^{2}}\cdot\frac{\mathrm{d}^{2}\Phi(\theta)}{\mathrm{d}\theta^{2}}=0 \tag{3.3.9}$$

将上式各项乘$\dfrac{\rho^{2}}{R(\rho)\Phi(\theta)}$,可得

$$\frac{\rho}{R(\rho)}\cdot\frac{\mathrm{d}}{\mathrm{d}\rho}\cdot\left[\rho\frac{\mathrm{d}R(\rho)}{\mathrm{d}\rho}\right]=-\frac{1}{\Phi(\theta)}\cdot\frac{\mathrm{d}^{2}\Phi(\theta)}{\mathrm{d}\theta^{2}} \tag{3.3.10}$$

上式对任意的ρ和θ的取值都成立,所以式中的每一项都等于常数,即

$$\frac{\rho}{R(\rho)}\cdot\frac{\mathrm{d}}{\mathrm{d}\rho}\cdot\left[\rho\frac{\mathrm{d}R(\rho)}{\mathrm{d}\rho}\right]=-\frac{1}{\Phi(\theta)}\frac{\mathrm{d}^{2}\Phi(\theta)}{\mathrm{d}\theta^{2}}=k^{2} \tag{3.3.11}$$

由此将拉普拉斯方程分离成两个常微分方程

$$\frac{\mathrm{d}^{2}\Phi(\theta)}{\mathrm{d}\theta^{2}}+k^{2}\Phi(\theta)=0 \tag{3.3.12}$$

$$\rho\frac{\mathrm{d}}{\mathrm{d}\rho}\left[\rho\frac{\mathrm{d}R(\rho)}{\mathrm{d}\rho}\right]-k^{2}R(\rho)=0 \tag{3.3.13}$$

式中,k为分离常数。

当$k=0$时,上述方程的通解为

$$\Phi(\theta)=A_0+B_0\theta \tag{3.3.14}$$

$$R(\rho)=C_0+D_0\ln\rho \tag{3.3.15}$$

于是

$$\varphi(\rho,\theta)=(A_0,B_0\theta)(C_0+D_0\ln\rho) \tag{3.3.16}$$

当$k\neq0$时,方程的通解为

$$\Phi(\theta)=A\cos k\theta+B\sin k\theta \tag{3.3.17}$$

$$R(\rho)=C\rho^{k}+D\rho^{-k} \tag{3.3.18}$$

于是

$$\varphi(\rho,\theta)=(A\cos k\theta+B\sin k\theta)(C\rho^{k}+D\rho^{-k}) \tag{3.3.19}$$

对于许多具有圆柱面边界的问题,位函数$\varphi(\rho,\theta)$是变量θ的周期函数,其周期为2π,即$\varphi(\rho,\theta+2\pi)=\varphi(p,\theta)$。此时,分离常数应取整数值,即$k=n(n=0,1,2,\cdots)$且$B_0=0$。由此得到,圆柱形区域中二维拉普拉斯方程的通解为

$$\varphi(\rho,\theta)=A_0(C_0+D_0\ln\rho)+\sum_{n=1}^{\infty}(A_n\cos n\theta+B_n\sin n\theta)(C_n\rho^{n}+D_n\rho^{-n}) \tag{3.3.20}$$

式中的待定常数由具体问题所给定的边界条件确定。

3.3.3 球坐标系中的分离变量

具有球面边界的边值问题,适宜采用球坐标系中的分离变量法求解。在球坐标系中,对于以极轴为对称轴的问题,拉普拉斯方程为

$$\nabla^{2}\varphi(r,\theta)=\frac{1}{r^{2}}\cdot\frac{\partial}{\partial r}\cdot\left(r^{2}\frac{\partial\varphi}{\partial r}\right)+\frac{1}{r^{2}\sin\theta}\cdot\frac{\partial}{\partial\theta}\cdot\left(\sin\theta\frac{\partial\varphi}{\partial\theta}\right)=0 \tag{3.3.21}$$

令位函数$\varphi(r,\theta)=R(r)F(\theta)$,代入上式可得

$$F(\theta)\frac{1}{r^{2}}\frac{\mathrm{d}}{\mathrm{d}r}\left(r^{2}\frac{\mathrm{d}R(r)}{\mathrm{d}r}\right)+R(r)\frac{1}{r^{2}\sin\theta}\frac{\mathrm{d}}{\mathrm{d}\theta}\left(\sin\theta\frac{\mathrm{d}F(\theta)}{\mathrm{d}\theta}\right)=0 \tag{3.3.22}$$

将上式各项乘$\dfrac{r^{2}}{R(r)F(\theta)}$可得

$$\frac{1}{R(r)}\cdot\frac{\mathrm{d}}{\mathrm{d}r}\cdot\left(r^2\frac{\mathrm{d}R(r)}{\mathrm{d}r}\right)=-\frac{1}{F(\theta)\sin\theta}\cdot\frac{\mathrm{d}}{\mathrm{d}\theta}\cdot\left(\sin\theta\frac{\mathrm{d}F(\theta)}{\mathrm{d}\theta}\right) \tag{3.3.23}$$

由于此式对 r 和 θ 取任意值时恒成立，所以式中的每一项都等于常数，即

$$\frac{1}{R(r)}\cdot\frac{\mathrm{d}}{\mathrm{d}r}\cdot\left(r^2\frac{\mathrm{d}R(r)}{\mathrm{d}r}\right)=-\frac{1}{F(\theta)\sin\theta}\cdot\frac{\mathrm{d}}{\mathrm{d}\theta}\cdot\left(\sin\theta\frac{\mathrm{d}F(\theta)}{\mathrm{d}\theta}\right)=k^2 \tag{3.3.24}$$

由此将拉普拉斯方程分离成为两个常微分方程

$$\frac{\mathrm{d}}{\mathrm{d}r}\left[r^2\frac{\mathrm{d}R(r)}{\mathrm{d}r}\right]-k^2R(r)=0 \tag{3.3.25}$$

$$\frac{1}{\sin\theta}\frac{\mathrm{d}}{\mathrm{d}\theta}\left[\sin\theta\frac{\mathrm{d}F(\theta)}{\mathrm{d}\theta}\right]+k^2F(\theta)=0 \tag{3.3.26}$$

方程(3.3.26)称为勒让德方程。若分离常数 k 的取值为 $k^2=n(n+1)(n=0,1,2,\cdots)$，则其解为

$$F(\theta)=A_nP_n(\cos\theta)+B_nQ_n(\cos\theta) \tag{3.3.27}$$

式中，$P_n(\cos\theta)$称为第一类勒让德函数，$Q_n(\cos\theta)$称为第二类勒让德函数。对球形区域问题，θ 在闭区间$[0,\pi]$上变化，而 $Q_n(\cos\theta)$在 $\theta=0$ 和 π 时是发散的。所以，当场域包含 $\theta=0$ 和 π 的点时，在式(3.3.27)中则应取 $B_n=0$。$P_n(\cos\theta)$又称为勒让德多项式，其一般表达式为

$$P_n(\cos\theta)=\frac{1}{2^nn!}\cdot\frac{\mathrm{d}^n}{\mathrm{d}(\cos\theta)^n}\cdot(\cos^2\theta-1)^n\quad(n=0,1,2,\cdots) \tag{3.3.28}$$

当 $k^2=n(n+1)$时，方程(3.3.25)的解为

$$R(r)=C_nr^n+D_nr^{-(n+1)} \tag{3.3.29}$$

于是得到方程(3.3.21)的一般解为

$$\varphi(r,\theta)=[C_nr^n+D_nr^{-(n+1)}]P_n(\cos\theta) \tag{3.3.30}$$

由 n 取所有可能数值时各解的线性组合，即得到球形区域中二维拉普拉斯方程的通解为

$$\varphi(r,\theta)=\sum_{n=0}^{\infty}[C_nr^n+D_nr^{-(n+1)}]P_n(\cos\theta) \tag{3.3.31}$$

式中的待定系数由具体问题的边界条件确定。

3.4 有限差分法

电磁场的分析、计算在工程技术和科学研究中都有广泛的应用。当场域边界的几何形状较为复杂时，应用解析法（包括直接积分法、分离变量法、镜像法、复变函数法等）分析计算会遇到很多困难。在这些情况下，可以采用数值计算的方法。数值计算方法不推导场的表达式，利用计算机技术在场方程和边界条件的约束下直接计算场域各点的场值。随着计算机技术的发展，数值计算方法发展很快，已经成为一门新的学科——计算电磁学，成为工程技术上分析计算电磁场问题的总要手段。目前已有许多种分析方法，如有限差分法、有限元法、矩量法、模拟电荷法、边界元法等。本节只简要介绍有限差分法。

该方法的基本思想是将场域划分成网格，把求解场域内连续的场分布用求解网格节点上的离散的数值解来代替，即用网格节点的差分方程近似代替场域内的偏微分方程来求解。显然，离散点取得越多，对场分布的描述就越精确，但是计算量也就越大。

时域有限差分法是从时域麦克斯韦方程的微分形式直接计算的方法，它把空间微分变量和时间微分变量 ∂x、∂y、∂z、∂t 化为有限小量 Δx、Δy、Δz、Δt，微分方程转化为差分方程，就可以在有限的

空间、时间范围内迭代求解,一般来说,计算的空间域一维域是线段,二维域是矩形,三维域是长方体。域的大小取决于计算要求。

为了便于迭代计算,现广泛采用 Yee 提出的差分格式,它包括空间格式和时间格式,以最广泛应用的三维空间为例,空间格式如图 3.16 所示。

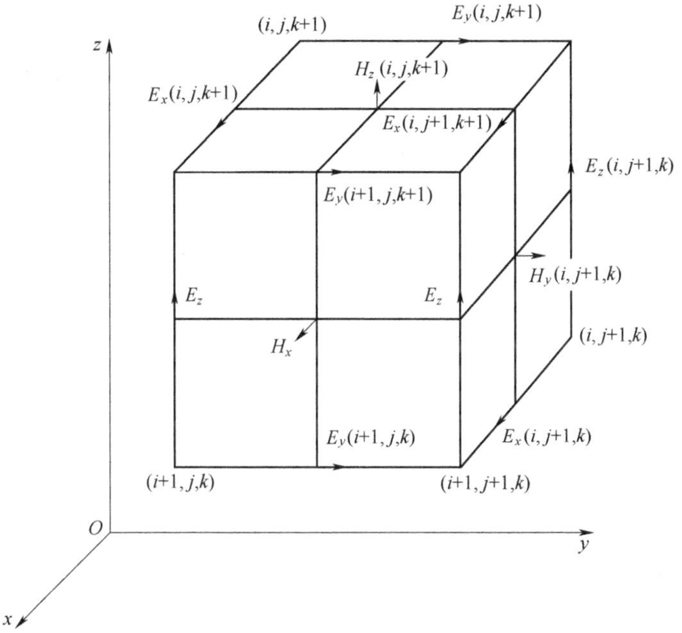

图 3.16　Yee 网格单元

在直角坐标中,空间域按 $\Delta x,\Delta y,\Delta z$ 划分为若干小立方体,立方体的顶点按三维坐标依次排序 $0,1,2,\cdots,N$。各个顶点都有三维序号(i,j,k)。规定电场各分量离散在立方体各边的中心,并且此处只有与边缘相切的电场分量。规定磁场各分量位于立方体各面的中心,并且只有与面垂直的分量。这样的空间格式使电磁场各分量都有自己特定的位置,有序而不重合。并且电场的围线正好包围着应有的磁场分量,例如在图中立方体的上表面 E_x、E_y 的围线正好包围着 H_z,这比运用麦克斯韦方程的积分形式进行电磁计算要直观简单的多。习惯上把空间的这种划分叫作网格。每个 Δx、Δy、Δz 是一个格子,可以看到 Yee 提出的差分格式同一面上的电场分量和磁场分量位置差半个格子。同时时间格式上也让电场分量和磁场分量相差半步。即如果电场的时间采样是 $n\Delta t$,那么磁场采样就是$\left(n+\dfrac{1}{2}\right)\Delta t$,这样就完成了空间时间的双层差分格式,可写出麦克斯韦方程的差分形式。为了方便起见,麦克斯韦方程改写为:

$$\begin{cases}\nabla\times\boldsymbol{E}=-\mu\dfrac{\partial\boldsymbol{H}}{\partial t}-\sigma_{\mathrm{m}}\boldsymbol{H}\\[2ex]\nabla\times\boldsymbol{H}=\varepsilon\dfrac{\partial\boldsymbol{E}}{\partial t}+\sigma_{e}\boldsymbol{E}\end{cases}\tag{3.4.1}$$

此处去掉了源 $\boldsymbol{J}$,在计算中,源直接用外加场 $\boldsymbol{E}^{\text{inc}}$ 或 $\boldsymbol{H}^{\text{inc}}$ 表示,而将空间中介质损耗计入,包括了电导率 σ_e(单位 S/m)和等效磁阻率 σ_{m}(单位:Ω/m)。空间差分采用中心差分形式,取两侧各半格的量:

$$\frac{\partial A(i,j,k)}{\partial x} \approx \frac{A\left(i+\frac{1}{2},j,k\right)-A\left(i-\frac{1}{2},j,k\right)}{\Delta x} \tag{3.4.2}$$

时间差分也是中心差分取前后半个时间步长的量：

$$\frac{\partial^n A(i,j,k)}{\partial t} \approx \frac{A^{n+\frac{1}{2}}(i,j,k)-A^{n-\frac{1}{2}}(i,j,k)}{\Delta t} \tag{3.4.3}$$

把这种形式的差分用到式(3.4.1)中，就可得到各分量的差分方程。如令 $\Delta x=\Delta y=\Delta z=\Delta s$，经过一些简单运算，可得场的迭代公式如下：

$$\begin{cases}
E_x^{n+1}(i,j,k)=A(i,j,k)E_x^n(i,j,k)+B(i,j,k)\left[H_z^{n+\frac{1}{2}}(i,j,k)-H_z^{n+\frac{1}{2}}(i,j-1,k)+\right.\\
\qquad\left.H_y^{n+\frac{1}{2}}(i,j,k-1)-H_y^n(i,j,k)\right]\\
E_y^{n+1}(i,j,k)=A(i,j,k)E_y^n(i,j,k)+B(i,j,k)\left[H_z^{n+\frac{1}{2}}(i,j,k)-H_x^{n+\frac{1}{2}}(i,j,k-1)+\right.\\
\qquad\left.H_z^{n+\frac{1}{2}}(i,j,k)-H_z^{n+}(i,j,k)\right]\\
E_z^{n+1}(i,j,k)=A(i,j,k)E_z^n(i,j,k)+B(i,j,k)\left[H_x^{n+\frac{1}{2}}(i,j,k)-H_x^{n+\frac{1}{2}}(i,j-1,k)+\right.\\
\qquad\left.H_y^{n+\frac{1}{2}}(i,j,k-1)-H_y^n(i,j,k)\right]\\
H_x^{n+\frac{1}{2}}(i,j,k)=C(i,j,k)H_x^{n-\frac{1}{2}}(i,j,k)+D(i,j,k)\left[E_z^n(i,j,k)-E_z^n(i,j+1,k)+\right.\\
\qquad\left.E_y^n(i,j,k+1)-E_y^n(i,j,k)\right]\\
H_y^{n+\frac{1}{2}}(i,j,k)=C(i,j,k)H_y^{n-\frac{1}{2}}(i,j,k)+D(i,j,k)\left[E_x^n(i,j,k+1)-E_x^n(i,j,k)+\right.\\
\qquad\left.E_z^n(i,j,k)-E_z^n(i+1,j,k)\right]\\
H_z^{n+\frac{1}{2}}(i,j,k)=C(i,j,k)H_z^{n-\frac{1}{2}}(i,j,k)+D(i,j,k)\left[E_y^n(i+1,j,k)-E_y^n(i,j,k)+\right.\\
\qquad\left.E_x^n(i,j,k)-E_x^n(i,j+1,k)\right]
\end{cases} \tag{3.4.4}$$

式中，各系数的表达式为 $A=\dfrac{1-\dfrac{\sigma_e\Delta t}{2\varepsilon}}{1+\dfrac{\sigma_e\Delta t}{2\varepsilon}}$，$B=\dfrac{\dfrac{\Delta t}{\varepsilon\Delta s}}{1+\dfrac{\sigma_e\Delta t}{2\varepsilon}}$，$C=\dfrac{1-\dfrac{\sigma_m\Delta t}{2\mu}}{1+\dfrac{\sigma_m\Delta t}{2\mu}}$，$D=\dfrac{\dfrac{\Delta t}{\mu\Delta s}}{1+\dfrac{\sigma_m\Delta t}{2\mu}}$。式中场分量的位置序号参考，而系数 A、B、C、D 的位置序号对应着等式左端场的位置。所有参数 $\varepsilon,\mu,\sigma_e,\sigma_m$ 都取该点的值。例如 $A(i,j,k)$ 所在位置的实际坐标为 $\left(i+\frac{1}{2}\right)\Delta x, j\Delta y, k\Delta z$。对应的 $\varepsilon,\mu,\sigma_e,\sigma_m$ 也是该坐标点的值。

式(3.4.4)的迭代过程是时间步从 $n=1$ 开始，空间位置从序号 $(i,j,k)=(0,0,0)$ 开始，在 $n=1$ 时刻先依空间位置顺序计算各点电场分量，全部电场计算完毕，再计算全部磁场分量，此时刻规定为 $n+\frac{1}{2}$，这是一个计算周期，待全部磁场计算完后再返回算电场分量，此时刻为 $n+1$，依次类推。计算开始时所有场点全部清零，只有外加激励场所在点上对应的场分量才有值。如果是激励电场，那么一个迭代周期中相邻位置的磁场分量开始有值，而其余点仍无值，随着周期的重复，有值点逐步扩散到其他点的电场、磁场分量，这是个时序过程，和电磁波传播的概念正好吻合。

在迭代计算中，为了保证数值的稳定性，空间格子(步长)和时间步长必须满足一定的关系，经推导其关系式为

$$\Delta t \leqslant \frac{1}{v\sqrt{\left(\frac{1}{\Delta x}\right)^2+\left(\frac{1}{\Delta y}\right)^2+\left(\frac{1}{\Delta z}\right)^2}} \tag{3.4.5}$$

式中,v 为波的传播速度,此式的物理意义是时间步长不大于电磁波在立方体内任意方向的传播时间。

以上就是时域有限差分算法的基本轮廓。还有一个重要问题就是计算域,主要是空间域,计算只能在有限的空间区域内进行,要对空间进行截断。通常用导体腔将感兴趣的立方区域封闭,但是波传播到腔壁时遇到的就不是自由空间,而是导体,得到的数值就不正确,因此在空间截断处要加吸收边界,使波在此处被吸收而不反射到内部,不会破坏内部的正确解。这称为吸收边界条件。最准确的一种吸收边界条件是理想匹配层(PML)吸收边界条件,它的反射波可以低于入射波 10^{-8}量级,因此是当前最广泛应用的吸收边界条件。应用 PML 后,时域有限差分法的求解区域如图 3.17(a)所示。

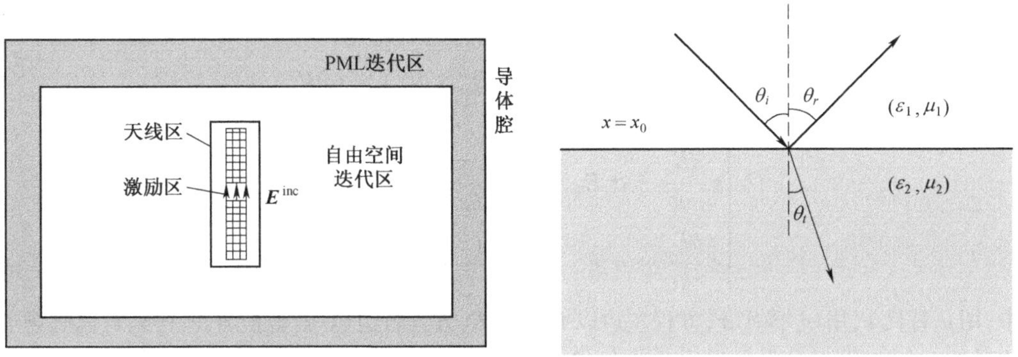

(a) FDTD求解区域　　(b) 电磁波入射在两种媒质分界面示意图

图 3.17　时域有限差分法求解区域及电磁波入射在两种介质分界面示意图

PML 边界是从导体腔向内加几层特殊的吸收介质,含有 $\sigma(\sigma_x,\sigma_y,\sigma_z)$ 和 $\sigma_{\rm m}(\sigma_{\rm mx},\sigma_{\rm my},\sigma_{\rm mz})$。从平面电磁波入射两种介质分界面的基本理论知道,如果两种介质分别有 ε_1,μ_1; ε_2, μ_2。它们可以是复数,即有损耗,但只要有

$$\sqrt{\frac{\mu_1}{\varepsilon_1}}=\sqrt{\frac{\mu_2}{\varepsilon_2}} \tag{3.4.6}$$

或者两种介质的参数都为 ε_0、μ_0,但第二种介质有 σ 和 $\sigma_{\rm m}$,只要

$$\frac{\sigma}{\varepsilon_0}=\frac{\sigma_{\rm m}}{\mu_0} \tag{3.4.7}$$

那么当波垂直投射于分界面时,波将无反射。这是分界面一侧的入射波和另一侧的透射波等幅面和等相面都完全匹配的情况,但是如果波是斜投射的,如图 3.17(b)所示,那么等幅面或等相面一致的条件将遭到破坏,必须生成反射波以保持匹配,即一侧的入射波加反射波等于另一侧的透射波。

由于天线的辐射波要向各个方向传播,因此用通常的吸收介质不能保证任意方向的入射都没有反射。PML 的特殊之处是它设定了一种各向异性材料,即 σ,$\sigma_{\rm m}$ 各有三种坐标分量,并且每个斜入射波分解为垂直于分界面的波和平行于分界面的波。垂直入射场分量部分,例如其传播方向是

$\hat{x}$，在 $x=x_0$ 处是分界面，就规定 $x>x_0$ 处第二介质中 σ_x,σ_{mx} 有值，并且满足 $\dfrac{\sigma_x}{\varepsilon_0}=\dfrac{\sigma_{mx}}{\mu_0}$ 的条件，使之无反射；而平行入射的方向若是 $\hat{y}$，则令 σ_y,σ_{my} 在 y 方向 $y=y_0$ 的边界上满足无反射条件，即 $\dfrac{\sigma_y}{\varepsilon_0}=\dfrac{\sigma_{my}}{\mu_0}$，在 $\hat{x}$ 的边界上 $\sigma_y,\sigma_{my}=0$。因此，在 $x=x_0$ 边界面的两侧对平行极化波来说是同一介质，自然无反射，这是 PML 的基本概念。要这样做，必须把场分解成垂直于边界的传播场和平行于边界的传播场，由此而来的是 PML 区域内场分量要分裂，一个场分量分解成两个，即 $E_x=E_{xy}+E_{xz}$，$E_y=E_{yx}+E_{yz}$，$E_z=E_{zx}+E_{zy}$。磁场分量做同样分解，分解后的麦克斯韦方程形式为：

$$\begin{cases}\varepsilon\dfrac{\partial E_{xy}}{\partial t}+\sigma_y E_{xy}=\dfrac{\partial(H_{zx}+H_{zy})}{\partial y}=\dfrac{\partial H_z}{\partial y}\\ \varepsilon\dfrac{\partial E_{xz}}{\partial t}+\sigma_z E_{xz}=-\dfrac{\partial(H_{yz}+H_{yx})}{\partial z}=-\dfrac{\partial H_y}{\partial z}\\ \varepsilon\dfrac{\partial E_{yz}}{\partial t}+\sigma_z E_{yz}=\dfrac{\partial(H_{xy}+H_{xz})}{\partial z}=\dfrac{\partial H_x}{\partial z}\\ \varepsilon\dfrac{\partial E_{yx}}{\partial t}+\sigma_x E_{yx}=-\dfrac{\partial(H_{zx}+H_{zy})}{\partial x}=-\dfrac{\partial H_z}{\partial x}\\ \varepsilon\dfrac{\partial E_{zx}}{\partial t}+\sigma_x E_{zx}=\dfrac{\partial(H_{yz}+H_{yx})}{\partial x}=\dfrac{\partial H_y}{\partial x}\\ \varepsilon\dfrac{\partial E_{zy}}{\partial t}+\sigma_y E_{zy}=-\dfrac{\partial(H_{xy}+H_{xz})}{\partial y}=-\dfrac{\partial H_x}{\partial y}\end{cases}\tag{3.4.8}$$

式中，用 μ 替代 ε，用 σ_m 替代 σ，方程左边以 H 替换 E，方程右边以 $-E$ 替换 H，就得到对偶磁场子分量的另外 6 个方程，场分量分裂后总共有 12 个分量，即在 PML 层中迭代方程的个数多了一倍。为了说明这种场分量的分裂符合前面概念的说明，可参考图 3.18 给出的电磁波传播链。

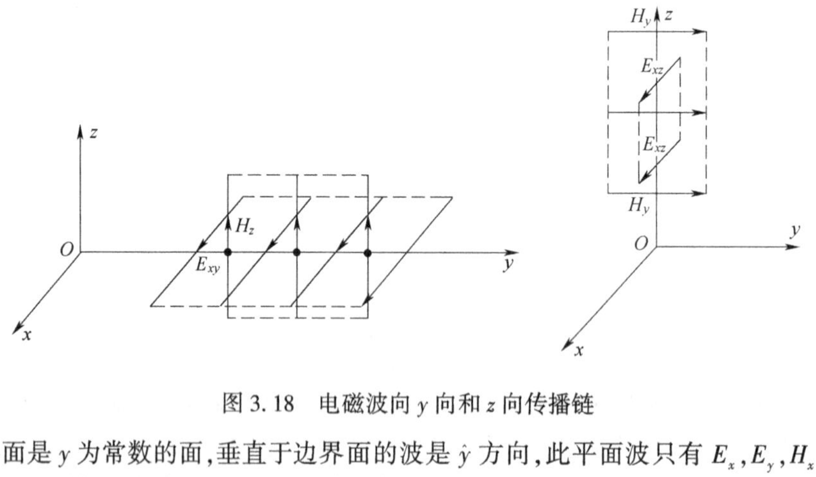

图 3.18　电磁波向 y 向和 z 向传播链

设边界面是 y 为常数的面，垂直于边界面的波是 $\hat{y}$ 方向，此平面波只有 E_x,E_y,H_x,H_z 分量，由麦克斯韦方程电磁场互相产生的概念，在传播方向 H_z 的围线围起了 E_{xy}，而 E_{xy} 的围线围起了 H_z，推动了波向 y 向传播，但是 E_{xy} 并不是 E_z 的全部，E_x 的另一部分 E_{xz} 和 H_y 一起构成了向 z 方向传播的平面波。这两个波合成为斜入射波。对于边界来说，前者是垂直入射波，后者是平行入射波。因此该边界上 σ_x 应有值，而 σ_z 应为 0。对于方程左端是磁场分量的情况也以同样方式说明。一般情况内部空间介质是均匀的 $\varepsilon=\varepsilon_0$，$\mu=\mu_0$，PML 介质的 σ、σ_m 均取为

$$\frac{\sigma_i}{\varepsilon_0}=\frac{\sigma_{mi}}{\mu_0} \quad i=\{x,y,z\} \tag{3.4.9}$$

σ_i、σ_{mi}在 PML 内不是常数，它是多项式或者指数函数形式，内层小，越接近导体腔越大，以利于波的良好吸收，反射最小。

至此已概要地介绍了时域有限差分法方法，国内外都有不少专著和大量文献研讨这种方法，读者可以参考相关文献。

习　题

3.1　半径为 a 的无限长金属圆柱与地面平行放置，其轴线距地面的高度为 h。求单位长度的金属圆柱与地面之间的电容。

3.2　如图 3.19 所示，一根无限长介质圆柱的半径为 a，介电常数为 ε，在距离该介质圆柱的轴线 $r_0(r_0>a)$ 处，有一与圆柱平行的线电荷 q_l，计算空间各部分的电位。

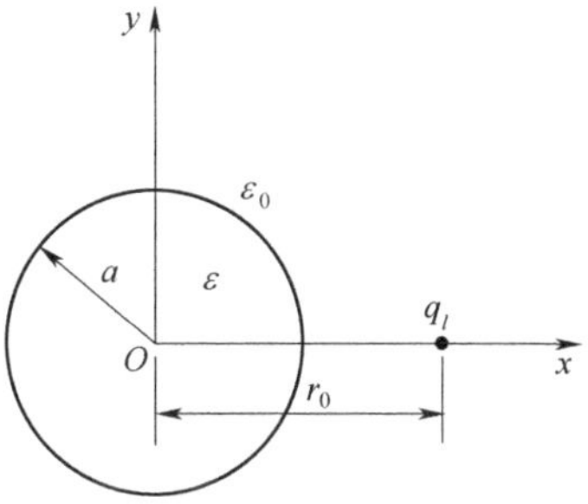

图 3.19　题 3.2 图

3.3　半径为 R 的导体半球，置于一无限大接地导体平面上，点电荷 q 位于导体平面上方，与导体平面的距离是 $d(d>R)$，如图 3.20 所示，求电荷 q 所受的力。

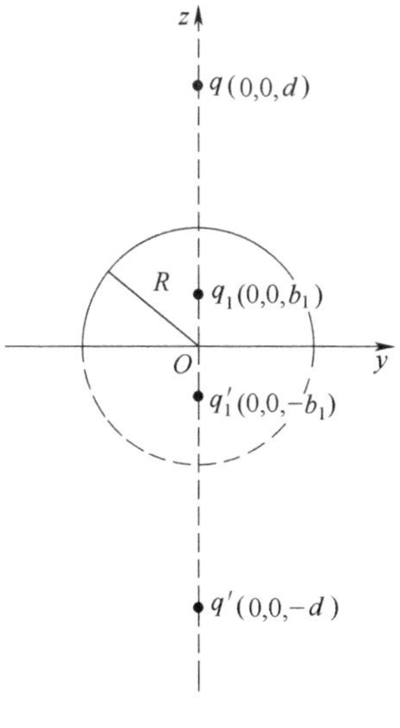

图 3.20　题 3.3 图

3.4　求磁化强度为 M_0 的均匀磁化铁球产生的磁场。设铁球的半径为 R_0，球外为真空。

3.5　如图 3.21 所示，在均匀电场 $\boldsymbol{E}_0=\boldsymbol{e}_x E_0$ 中垂直于电场方向放置一根半径为 a 的无限长导体圆柱。求导体圆柱外的电位和电场强度，并求导体圆柱表面的感应电荷密度。

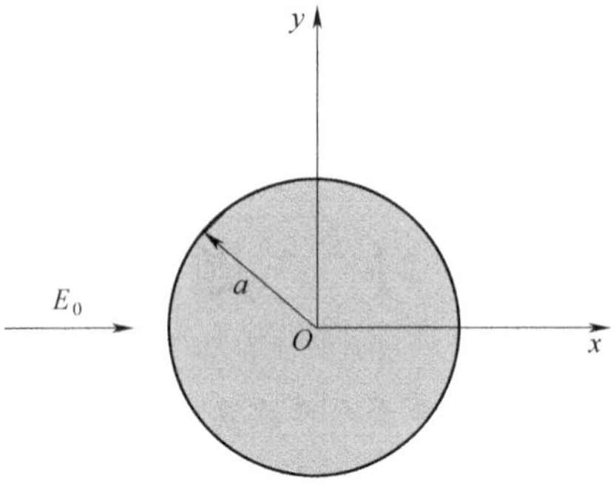

图 3.21　题 3.5 图

第4章 正弦平面电磁波

麦克斯韦方程组表明,时变条件下,电场和磁场相互激励,在空间形成电磁波,电磁波按一定规律在空间传播,并伴随着电磁能量的转化和流动。

均匀平面波是电磁波的一种理想模式,平面波是指等相位面(波阵面)为无限大平面的电磁波,如果在等相位面上各点场强的大小和方向也相同,则称该平面波为均匀平面波。事实上并不存在这种理想的波,但因为这种波的分析方法简单,实际中存在的许多复杂的电磁波都可看作是若干均匀平面波的叠加,因此研究它还是具有实际意义。

本章将从麦克斯韦方程组出发推导出无源空间中电磁场满足的波动方程,这些方程的解给出了在给定初始条件和边界条件下,电磁场在空间的分布特性和随时间的变化规律;讨论电磁场的能量守恒关系和正弦平面波的计算方法;研究正弦稳态下波动方程在无界均匀介质中的平面波解,并讨论这些波在不同介质中的传播特性。

4.1 电磁场的波动方程

前面在讨论麦克斯韦方程组时已指出,一旦场源在空间激发了电磁波,即使场源不再存在,电磁场也可以脱离场源以波动的形式向远处传播。电磁场的波动方程就描述了这种波动性,它可由麦克斯韦方程推导建立。

设无源空间中,介质是均匀、线性、各向同性且无损耗的,即 $\rho=0,\sigma=0,\boldsymbol{J}=0$。此时,麦克斯韦方程可写为

$$\nabla\times\boldsymbol{H}=\varepsilon\frac{\partial\boldsymbol{E}}{\partial t}\tag{4.1.1}$$

$$\nabla\times\boldsymbol{E}=-\mu\frac{\partial\boldsymbol{H}}{\partial t}\tag{4.1.2}$$

$$\nabla\cdot\boldsymbol{H}=0\tag{4.1.3}$$

$$\nabla\cdot\boldsymbol{E}=0\tag{4.1.4}$$

对式(4.1.2)两边取旋度,并代入式(4.1.1),可得

$$\nabla\times\nabla\times\boldsymbol{E}=-\mu\frac{\partial}{\partial t}(\nabla\times\boldsymbol{H})=-\mu\varepsilon\frac{\partial^2\boldsymbol{E}}{\partial t^2}$$

将矢量恒等式 $\nabla\times\nabla\times\boldsymbol{E}=\nabla(\nabla\cdot\boldsymbol{E})-\nabla^2\boldsymbol{E}$ 代入上式,并利用式(4.1.4),可得到

$$\nabla^2\boldsymbol{E}-\mu\varepsilon\frac{\partial^2\boldsymbol{E}}{\partial t^2}=0\tag{4.1.5}$$

同理,可推导出

$$\nabla^2 \boldsymbol{H} - \mu\varepsilon \frac{\partial^2 \boldsymbol{H}}{\partial t^2} = 0 \tag{4.1.6}$$

式(4.1.5)和式(4.1.6)分别称为无源区域中场矢量 $\boldsymbol{E}$ 和 $\boldsymbol{H}$ 的波动方程。它表明场矢量 $\boldsymbol{E}$ 和 $\boldsymbol{H}$ 在随时间变化的同时,也随空间位置变化,时变电磁场是以波动的形式存在。

直角坐标系中,$\boldsymbol{E}$ 和 $\boldsymbol{H}$ 都可分解为三个坐标分量的标量函数,$\boldsymbol{E}$ 和 $\boldsymbol{H}$ 的每一分量 u 均满足标量波动方程,即

$$\nabla^2 u - \mu\varepsilon \frac{\partial^2 u}{\partial t^2} = 0 \quad 或 \quad \frac{\partial^2 u}{\partial x^2} + \frac{\partial^2 u}{\partial y^2} + \frac{\partial^2 u}{\partial z^2} - \mu\varepsilon \frac{\partial^2 u}{\partial t^2} = 0 \tag{4.1.7}$$

通常将矢量波动方程分解为标量波动方程进行求解,波动方程的解给出了电磁波在空间的分布状态和表达形式。因此,研究电磁波的传播问题可转化为在给定边界条件和初始条件下求解波动方程的问题。当然,除了最简单的情形,波动方程的求解往往是很复杂的,很难得到解析解。

4.2 电磁能量和能量守恒定律

电磁场具有能量,电磁能量按一定规律分布在空间中。静态场中,电场能量密度为 $w_e = \frac{1}{2}\boldsymbol{E} \cdot \boldsymbol{D}$,磁场能量密度为 $w_m = \frac{1}{2}\boldsymbol{H} \cdot \boldsymbol{B}$。时变场中,电场和磁场相互激励,它们形成统一的整体,因此,电磁能量密度为

$$w = w_e + w_m = \frac{1}{2}\boldsymbol{E} \cdot \boldsymbol{D} + \frac{1}{2}\boldsymbol{H} \cdot \boldsymbol{B} \tag{4.2.1}$$

时变场中,随着时间的变化,电磁场发生变化,空间中各点的电磁能量密度也在不断改变,从而引起空间电磁能量的流动。电磁能量如同其他能量遵循能量守恒定律,下面将从麦克斯韦方程出发,推导出空间中电磁能量守恒关系,即坡印亭定理的表达式。

由麦克斯韦第一、二方程

$$\nabla \times \boldsymbol{H} = \boldsymbol{J} + \frac{\partial \boldsymbol{D}}{\partial t}, \quad \nabla \times \boldsymbol{E} = -\frac{\partial \boldsymbol{B}}{\partial t}$$

可得

$$\boldsymbol{H} \cdot (\nabla \times \boldsymbol{E}) - \boldsymbol{E} \cdot (\nabla \times \boldsymbol{H}) = -\boldsymbol{H} \cdot \frac{\partial \boldsymbol{B}}{\partial t} - \boldsymbol{E} \cdot \boldsymbol{J} - \boldsymbol{E} \cdot \frac{\partial \boldsymbol{D}}{\partial t} \tag{4.2.2}$$

利用矢量恒等式 $\nabla \cdot (\boldsymbol{E} \times \boldsymbol{H}) = \boldsymbol{H} \cdot (\nabla \times \boldsymbol{E}) - \boldsymbol{E} \cdot (\nabla \times \boldsymbol{H})$,式(4.2.2)可写为

$$-\nabla \cdot (\boldsymbol{E} \times \boldsymbol{H}) = \boldsymbol{H} \cdot \frac{\partial \boldsymbol{B}}{\partial t} + \boldsymbol{E} \cdot \boldsymbol{J} + \boldsymbol{E} \cdot \frac{\partial \boldsymbol{D}}{\partial t} \tag{4.2.3}$$

在均匀、线性、各项同性介质中,介质参数不随时间变化,有

$$\boldsymbol{H} \cdot \frac{\partial \boldsymbol{B}}{\partial t} = \boldsymbol{H} \cdot \frac{\partial (\mu \boldsymbol{H})}{\partial t} = \frac{\partial}{\partial t}\left(\frac{1}{2}\mu \boldsymbol{H} \cdot \boldsymbol{H}\right) = \frac{\partial}{\partial t}\left(\frac{1}{2}\boldsymbol{B} \cdot \boldsymbol{H}\right)$$

$$\boldsymbol{E} \cdot \frac{\partial \boldsymbol{D}}{\partial t} = \boldsymbol{E} \cdot \frac{\partial (\varepsilon \boldsymbol{E})}{\partial t} = \frac{\partial}{\partial t}\left(\frac{1}{2}\varepsilon \boldsymbol{E} \cdot \boldsymbol{E}\right) = \frac{\partial}{\partial t}\left(\frac{1}{2}\boldsymbol{D} \cdot \boldsymbol{E}\right)$$

将它们代入到式(4.2.3)中,可得

$$-\nabla\cdot(\boldsymbol{E}\times\boldsymbol{H})=\frac{\partial}{\partial t}\left(\frac{1}{2}\boldsymbol{B}\cdot\boldsymbol{H}+\frac{1}{2}\boldsymbol{D}\cdot\boldsymbol{E}\right)+\boldsymbol{E}\cdot\boldsymbol{J} \tag{4.2.4}$$

对上式两边在体积 V 上作体积分,并应用散度定理,可得

$$-\oint_S(\boldsymbol{E}\times\boldsymbol{H})\cdot\mathrm{d}\boldsymbol{S}=\frac{\mathrm{d}}{\mathrm{d}t}\int_V\left(\frac{1}{2}\boldsymbol{B}\cdot\boldsymbol{H}+\frac{1}{2}\boldsymbol{D}\cdot\boldsymbol{E}\right)\mathrm{d}V+\int_V\boldsymbol{E}\cdot\boldsymbol{J}\mathrm{d}V \tag{4.2.5}$$

式(4.2.5)称为坡印亭定理。式中,S 为包含体积 V 的闭合曲面,体积 V 内无外加源。为了说明坡印亭定理的物理意义,我们来考察式(4.2.5)中各项的物理含义。式(4.2.5)中右边第一项表示单位时间内体积 V 内电磁能量的增加量;右边第二项表示单位时间内体积 V 内的热能损耗。根据能量守恒定律,等式左边的面积分表示单位时间内通过闭合面 S 流入体积 V 内的电磁能量。因此,坡印亭定理表征的物理意义是:流入体积 V 内的电磁功率等于体积 V 内电磁功率的增加量和损耗的电磁功率之和。

因为 $-\oint_S(\boldsymbol{E}\times\boldsymbol{H})\cdot\mathrm{d}\boldsymbol{S}$ 表示单位时间内流入闭合面 S 的电磁能量,因此 $\boldsymbol{E}\times\boldsymbol{H}$ 可理解为通过 S 面单位面积上的电磁功率。定义

$$\boldsymbol{S}=\boldsymbol{E}\times\boldsymbol{H} \tag{4.2.6}$$

为能流密度矢量,也称为坡印亭矢量,单位为瓦/米^2(W/m^2)。它的方向表示了电磁能量流动方向,大小表示单位时间内通过垂直于能量流动方向的单位面积上的电磁能量。

坡印亭矢量是时变电磁场中一个重要的物理量,它表明电磁能量的传播依赖于电场和磁场两个方面,缺一不可。已知空间任一点的 $\boldsymbol{E}$ 和 $\boldsymbol{H}$,就可以知道该点电磁能量流的大小和方向。

例 4.1 已知无源的自由空间中,时变电磁场的电场强度为 $\boldsymbol{E}=\boldsymbol{e}_yE_0\cos(\omega t-k_0z)$,单位:V/m,式中,$E_0$、$k_0$ 为常数。试求:(1)空间内的磁场强度;(2)坡印亭矢量;(3)坡印亭矢量在一个周期内的平均值。

解 (1)利用麦克斯韦第二方程,确定空间内的 $\boldsymbol{B}$ 为

$$\frac{\partial\boldsymbol{B}}{\partial t}=-\nabla\times\boldsymbol{E}=-\begin{vmatrix}\boldsymbol{e}_x & \boldsymbol{e}_y & \boldsymbol{e}_z\\ \frac{\partial}{\partial x} & \frac{\partial}{\partial y} & \frac{\partial}{\partial z}\\ 0 & E_y & 0\end{vmatrix}=\boldsymbol{e}_xk_0E_0\sin(\omega t-kz)$$

由此可求得磁场强度为

$$\boldsymbol{H}=\frac{1}{\mu_0}\int\frac{\partial\boldsymbol{B}}{\partial t}\mathrm{d}t=-\boldsymbol{e}_x\frac{k_0E_0}{\omega\mu_0}\cos(\omega t-kz)\quad(\mathrm{A/m})$$

(2)坡印亭矢量为

$$\begin{aligned}\boldsymbol{S}=\boldsymbol{E}\times\boldsymbol{H}&=-\boldsymbol{e}_yE_0\cos(\omega t-kz)\times\boldsymbol{e}_x\frac{k_0E_0}{\omega\mu_0}\cos(\omega t-kz)\\&=\boldsymbol{e}_z\frac{k_0E_0^2}{\omega\mu_0}\cos^2(\omega t-kz)\quad(\mathrm{W/m^2})\end{aligned}$$

(3)此题中坡印亭矢量为周期函数,所以可以求出其在一个周期内的平均值,即平均坡印亭矢量,为

$$\begin{aligned}\boldsymbol{S}_{av}&=\frac{1}{T}\int_0^T\boldsymbol{E}(t)\times\boldsymbol{H}(t)\mathrm{d}t=\boldsymbol{e}_z\frac{k_0E_0^2}{\omega\mu_0T}\int_0^T\cos^2(\omega t-kz)\mathrm{d}t\\&=\boldsymbol{e}_z\frac{k_0E_0^2}{2\omega\mu_0}\quad(\mathrm{W/m^2})\end{aligned}$$

例 4.2 无限长直导体圆柱,半径为 a,电导率为 σ,其上通有电流 I,求导体内任一点的电磁能流密度矢量,并证明通过导体表面进入导体内的功率等于导体的损耗功率。

解 采用圆柱坐标系,令圆柱中心轴线与 z 轴重合,电流沿 $\boldsymbol{e}_z$ 方向流动。导体内部,电流均匀分布

$$\boldsymbol{J}=\boldsymbol{e}_z\frac{I}{\pi a^2}$$

于是导体内存在沿电流方向的电场为

$$\boldsymbol{E}=\frac{\boldsymbol{J}}{\sigma}=\boldsymbol{e}_z\frac{I}{\pi a^2\sigma}$$

由安培环路定律,可知导体内半径为 r 处的磁场强度为

$$\boldsymbol{H}=\boldsymbol{e}_\varphi\frac{I'}{2\pi r}=\boldsymbol{e}_\varphi\frac{J\pi r^2}{2\pi r}=\boldsymbol{e}_\varphi\frac{Ir}{2\pi a^2}$$

因此,导体内任一点的能流密度矢量为

$$\boldsymbol{S}=\boldsymbol{E}\times\boldsymbol{H}=\boldsymbol{e}_z\frac{I}{\pi a^2\sigma}\times\boldsymbol{e}_\varphi\frac{Ir}{2\pi a^2}=-\boldsymbol{e}_r\frac{I^2r}{2\pi^2a^4\sigma}$$

$r=a$ 时,穿过导体表面进入单位长度导体内的功率为

$$P=\int_S\boldsymbol{S}\cdot\mathrm{d}\boldsymbol{s}=-\boldsymbol{e}_r\frac{I^2a}{2\pi^2a^4\sigma}\cdot(-\boldsymbol{e}_r)2\pi a=\frac{I^2}{\pi a^2\sigma}=RI^2$$

式中,$R=\dfrac{1}{\pi a^2\sigma}$为导体单位长度的电阻;$RI^2$ 为单位长度导体内的焦耳热损耗功率。由此可见,进入导体内的功率等于这段导体的焦耳热损耗功率。

以上分析说明,电磁能量是通过电磁场传输的,导体在电磁能的传输过程中仅起着定向引导的作用。当导体的电导率为有限值时,导体要消耗能量,它将进入导体中的功率全部转化成焦耳热损耗功率。如果导体是理想导体,则导体内部 $\boldsymbol{E}=\boldsymbol{0}$,从而 $\boldsymbol{S}=\boldsymbol{0}$,故理想导体不消耗能量。

4.3 时谐电磁场的复数表示

前面讨论了一般形式的时变场,并没有考虑场随时间变化的方式。时变场中,如果场源随时间作简谐(正弦或余弦)变化,则其产生的电磁场也以相同频率随时间作简谐变化,称这种电磁场为时谐场或正弦电磁场。时谐场易于激励,同时根据信号变换理论,任何时变信号在一定条件下都可以通过傅里叶变换分解为不同频率的时谐正弦信号的叠加。因此,时变场中研究时谐电磁场具有重要的意义。

4.3.1 时谐场的复数表示

时谐场用复数形式表示,可使得大多数场问题的分析简化。设时谐场中,场矢量 $\boldsymbol{E}$ 和 $\boldsymbol{H}$ 的各分量均随时间作余弦变化。以 $\boldsymbol{E}$ 为例,在直角坐标下,其可表示为

$$\begin{aligned}\boldsymbol{E}&=\boldsymbol{e}_xE_x+\boldsymbol{e}_yE_y+\boldsymbol{e}_zE_z\\&=\boldsymbol{e}_xE_{xm}(\boldsymbol{r})\cos[\omega t+\varphi_x(\boldsymbol{r})]+\boldsymbol{e}_yE_{ym}(\boldsymbol{r})\cos[\omega t+\varphi_y(\boldsymbol{r})]+\boldsymbol{e}_zE_{zm}(\boldsymbol{r})\cos[\omega t+\varphi_z(\boldsymbol{r})]\end{aligned}\tag{4.3.1}$$

式中,$E_{xm}(\boldsymbol{r})$,$E_{ym}(\boldsymbol{r})$,$E_{zm}(\boldsymbol{r})$分别为电场 $\boldsymbol{E}$ 各方向分量的振幅,$\varphi_x(\boldsymbol{r})$,$\varphi_y(\boldsymbol{r})$,$\varphi_z(\boldsymbol{r})$分别为各方向

分量的初始相位，它们仅是位置 $\boldsymbol{r}=(x,y,z)$ 的函数。式(4.3.1)称为电场 $\boldsymbol{E}$ 的瞬时表达式。

引入复数振幅概念，令 $\dot{E}_{xm}=E_{xm}e^{j\varphi_x}$，$\dot{E}_{ym}=E_{ym}e^{j\varphi_y}$，$\dot{E}_{zm}=E_{zm}e^{j\varphi_z}$ 分别表示各方向分量的复数振幅。利用复数取实部的方法表示各分量，如 $E_{xm}\cos(\omega t+\varphi_x)=\mathrm{Re}[\dot{E}_{xm}e^{j\omega t}]$，可得

$$\begin{aligned}\boldsymbol{E}&=\boldsymbol{e}_x\mathrm{Re}[\dot{E}_{xm}e^{j\omega t}]+\boldsymbol{e}_y\mathrm{Re}[\dot{E}_{ym}e^{j\omega t}]+\boldsymbol{e}_z\mathrm{Re}[\dot{E}_{zm}e^{j\omega t}]\\&=\mathrm{Re}[(\boldsymbol{e}_x\dot{E}_{xm}+\boldsymbol{e}_y\dot{E}_{ym}+\boldsymbol{e}_z\dot{E}_{zm})e^{j\omega t}]\end{aligned}\tag{4.3.2}$$

令

$$\boldsymbol{E}=\mathrm{Re}[\dot{\boldsymbol{E}}e^{j\omega t}]\tag{4.3.3}$$

式中，$\dot{\boldsymbol{E}}=\boldsymbol{e}_x\dot{E}_{xm}+\boldsymbol{e}_y\dot{E}_{ym}+\boldsymbol{e}_z\dot{E}_{zm}$，称为电场强度复矢量，它仅与空间坐标$(x,y,z)$有关，而与时间无关。

式(4.3.3)是矢量瞬时表达式 $\boldsymbol{E}$ 和复矢量 $\dot{\boldsymbol{E}}$ 之间的关系式，利用这个关系式可实现 $\boldsymbol{E}$ 和 $\dot{\boldsymbol{E}}$ 之间的相互转换。需要说明的是，复矢量并不是真实的场矢量，它是为了简化场问题的分析计算而引入的一种数学表达形式，真实的场矢量是其瞬时表达形式。

类似地，其他场矢量和标量也可用相似的复矢量和复标量方法表示。

例 4.3 将下列场矢量的瞬时值形式写为复数形式

(1) $\boldsymbol{H}=\boldsymbol{e}_xH_m\cos 2x\sin(\omega t-kz)$

(2) $\boldsymbol{E}=\boldsymbol{e}_xE_m\sin\left(\dfrac{\pi x}{a}\right)\cos(kz-\omega t+\varphi_x)+\boldsymbol{e}_yE_m\cos\left(\dfrac{\pi x}{a}\right)\sin(kz-\omega t+\varphi_y)$

解 (1)由于

$$\begin{aligned}\boldsymbol{H}&=\boldsymbol{e}_xH_m\cos 2x\sin(\omega t-kz)=\boldsymbol{e}_xH_m\cos 2x\cos\left(\omega t-kz-\frac{\pi}{2}\right)\\&=\mathrm{Re}[\boldsymbol{e}_xH_m\cos 2xe^{j\left(\omega t-kz-\frac{\pi}{2}\right)}]\end{aligned}$$

根据式(4.2.9)，可得磁场强度复矢量为

$$\dot{\boldsymbol{H}}=-\boldsymbol{e}_xjH_m\cos 2xe^{-jkz}$$

(2)因为

$$\sin(kz-\omega t+\varphi_y)=\cos\left(kz-\omega t+\varphi_y-\frac{\pi}{2}\right)=\cos\left(\omega t-kz-\varphi_y+\frac{\pi}{2}\right)$$

所以

$$\begin{aligned}\boldsymbol{E}&=\boldsymbol{e}_xE_m\sin\left(\frac{\pi x}{a}\right)\cos(\omega t-kz-\varphi_x)+\boldsymbol{e}_yE_m\cos\left(\frac{\pi x}{a}\right)\cos\left(\omega t-kz-\varphi_y+\frac{\pi}{2}\right)\\&=\mathrm{Re}\left[\boldsymbol{e}_xE_m\sin\left(\frac{\pi x}{a}\right)e^{j(\omega t-kz-\varphi_x)}+\boldsymbol{e}_yE_m\cos\left(\frac{\pi x}{a}\right)e^{j\left(\omega t-kz-\varphi_y+\frac{\pi}{2}\right)}\right]\end{aligned}$$

可得电场强度复矢量为

$$\dot{\boldsymbol{E}}=\boldsymbol{e}_xE_m\sin\left(\frac{\pi x}{a}\right)e^{-j(kz+\varphi_x)}+\boldsymbol{e}_yjE_m\cos\left(\frac{\pi x}{a}\right)e^{-j(kz+\varphi_y)}$$

例 4.4 将下列场矢量的复数形式写为瞬时值形式。

(1) $\dot{\boldsymbol{E}}=\boldsymbol{e}_xE_m\sin\left(\dfrac{\pi y}{a}\right)e^{-(\alpha+j\beta)z}$；

(2) $\dot{\boldsymbol{H}}=\boldsymbol{e}_xjH_m\cos\beta y$。

解 由式(4.3.3)，可得场矢量的瞬时值形式为

(1) $$\boldsymbol{E}=\mathrm{Re}\left[\boldsymbol{e}_xE_m\sin\left(\frac{\pi y}{a}\right)e^{-(\alpha+j\beta)z}e^{j\omega t}\right]=\boldsymbol{e}_xE_m\sin\left(\frac{\pi y}{a}\right)e^{-\alpha z}\cos(\omega t-\beta z)$$

(2) $$\boldsymbol{H} = \mathrm{Re}[\boldsymbol{e}_x \mathrm{j} H_m \cos(\beta y) \mathrm{e}^{\mathrm{j}\omega t}] = \mathrm{Re}[\boldsymbol{e}_x H_m \cos(\beta y) \mathrm{e}^{\mathrm{j}(\omega t + \frac{\pi}{2})}]$$
$$= \boldsymbol{e}_x H_m \cos \beta y \cos\left(\omega t + \frac{\pi}{2}\right)$$

4.3.2 复数形式的麦克斯韦方程

时谐场中,麦克斯韦方程组可以用复矢量形式表示。已知一般形式的麦克斯韦方程组为

$$\nabla \times \boldsymbol{H} = \boldsymbol{J} + \frac{\partial \boldsymbol{D}}{\partial t} \tag{4.3.4}$$

$$\nabla \times \boldsymbol{E} = -\frac{\partial \boldsymbol{B}}{\partial t} \tag{4.3.5}$$

$$\nabla \cdot \boldsymbol{B} = 0 \tag{4.3.6}$$

$$\nabla \cdot \boldsymbol{D} = \rho \tag{4.3.7}$$

代入复矢量表示,因复矢量仅是空间坐标的函数,因此,上述方程中,时谐场量对时间的一阶、二阶导数可用复数形式表示为

$$\frac{\partial \boldsymbol{E}}{\partial t} = \frac{\partial}{\partial t}\mathrm{Re}[\dot{\boldsymbol{E}}\mathrm{e}^{\mathrm{j}\omega t}] = \mathrm{Re}[\mathrm{j}\omega\dot{\boldsymbol{E}}\mathrm{e}^{\mathrm{j}\omega t}],\ \frac{\partial^2 \boldsymbol{E}}{\partial t^2} = \mathrm{Re}[-\omega^2\dot{\boldsymbol{E}}\mathrm{e}^{\mathrm{j}\omega t}] \tag{4.3.8}$$

于是,可得到

$$\nabla \times [\mathrm{Re}(\dot{\boldsymbol{H}}\mathrm{e}^{\mathrm{j}\omega t})] = \mathrm{Re}[\dot{\boldsymbol{J}}\mathrm{e}^{\mathrm{j}\omega t}] + \mathrm{Re}[\mathrm{j}\omega\dot{\boldsymbol{D}}\mathrm{e}^{\mathrm{j}\omega t}]$$
$$\nabla \times [\mathrm{Re}(\dot{\boldsymbol{E}}\mathrm{e}^{\mathrm{j}\omega t})] = -\mathrm{Re}[\mathrm{j}\omega\dot{\boldsymbol{B}}\mathrm{e}^{\mathrm{j}\omega t}]$$
$$\nabla \cdot \mathrm{Re}(\dot{\boldsymbol{B}}\mathrm{e}^{\mathrm{j}\omega t}) = 0$$
$$\nabla \cdot [\mathrm{Re}(\dot{\boldsymbol{D}}\mathrm{e}^{\mathrm{j}\omega t})] = \mathrm{Re}[\dot{\rho}\mathrm{e}^{\mathrm{j}\omega t}]$$

将微分算子"∇"与取实部运算"Re"交换顺序,不会影响计算结果,因此有

$$\mathrm{Re}[\nabla \times (\dot{\boldsymbol{H}}\mathrm{e}^{\mathrm{j}\omega t})] = \mathrm{Re}[\dot{\boldsymbol{J}}\mathrm{e}^{\mathrm{j}\omega t}] + \mathrm{Re}[\mathrm{j}\omega\dot{\boldsymbol{D}}\mathrm{e}^{\mathrm{j}\omega t}]$$
$$\mathrm{Re}[\nabla \times (\dot{\boldsymbol{E}}\mathrm{e}^{\mathrm{j}\omega t})] = -\mathrm{Re}[\mathrm{j}\omega\dot{\boldsymbol{B}}\mathrm{e}^{\mathrm{j}\omega t}]$$
$$\mathrm{Re}[\nabla \cdot (\dot{\boldsymbol{B}}\mathrm{e}^{\mathrm{j}\omega t})] = 0$$
$$\mathrm{Re}[\nabla \cdot (\dot{\boldsymbol{D}}\mathrm{e}^{\mathrm{j}\omega t})] = \mathrm{Re}[\dot{\rho}\mathrm{e}^{\mathrm{j}\omega t}]$$

由于以上表达式对任意时刻 t 都成立,意味着相应的复数相等,故取实部运算"Re"可去掉。同时,为了书写简便,略去时间因子 $\mathrm{e}^{\mathrm{j}\omega t}$。又由于复数形式的表达式与实数形式的表达式有明显的区别,将复矢量上的点"."去掉,并不会引起混淆。于是,复数形式的麦克斯韦方程可写为

$$\nabla \times \boldsymbol{H} = \boldsymbol{J} + \mathrm{j}\omega\boldsymbol{D} \tag{4.3.9}$$

$$\nabla \times \boldsymbol{E} = -\mathrm{j}\omega\boldsymbol{B} \tag{4.3.10}$$

$$\nabla \cdot \boldsymbol{B} = 0 \tag{4.3.11}$$

$$\nabla \cdot \boldsymbol{D} = \rho \tag{4.3.12}$$

可看出,复数形式的麦克斯韦方程与一般形式的麦克斯韦方程的主要区别在于用 $\mathrm{j}\omega$ 代替了偏微分运算$\frac{\partial}{\partial t}$。值得注意的是,上述各方程中各场量形式上是实数,实际上均应为复数形式;麦克斯韦方程组复数形式只能用于时谐场。

4.3.3 复数形式的波动方程

时谐电磁场中,用 $\mathrm{j}\omega$ 代替$\frac{\partial}{\partial t}$,$-\omega^2$ 代替$\frac{\partial^2}{\partial t^2}$,由式(4.1.5)和式(4.1.6)可得到复数形式的波动

方程为

$$\nabla^2 \boldsymbol{E} + k^2 \boldsymbol{E} = 0 \qquad (4.3.13)$$

$$\nabla^2 \boldsymbol{H} + k^2 \boldsymbol{H} = 0 \qquad (4.3.14)$$

式中,$k=\omega\sqrt{\mu\varepsilon}$。式(4.3.13)和式(4.3.14)也称为亥姆霍兹方程,它描述了时谐场中电磁场复矢量在无源空间满足的波动方程。

4.3.4 平均坡印亭矢量

4.2 节中讨论的坡印亭矢量 $\boldsymbol{S}(\boldsymbol{r},t)$ 是瞬时值形式,它是时间的函数。时谐场中,人们更关心的是一个周期内平均的功率流密度矢量,即平均坡印亭矢量 $\boldsymbol{S}_{av}$,其计算式为

$$\boldsymbol{S}_{av} = \frac{1}{T}\int_0^T \boldsymbol{S}\mathrm{d}t = \frac{1}{T}\int_0^T (\boldsymbol{E}\times\boldsymbol{H})\mathrm{d}t \qquad (4.3.15)$$

式中,T 为时谐场的时间周期。

$\boldsymbol{S}_{av}$也可以由场矢量的复数形式直接计算。当场矢量用复数形式表示时,$\boldsymbol{S}(\boldsymbol{r},t)$可表示为

$$\begin{aligned}\boldsymbol{S} = \boldsymbol{E}\times\boldsymbol{H} &= \mathrm{Re}(\boldsymbol{E}\mathrm{e}^{\mathrm{j}\omega t})\times\mathrm{Re}(\boldsymbol{H}\mathrm{e}^{\mathrm{j}\omega t}) \\ &= \frac{1}{2}(\boldsymbol{E}\mathrm{e}^{\mathrm{j}\omega t} + \boldsymbol{E}^*\mathrm{e}^{-\mathrm{j}\omega t})\times\frac{1}{2}(\boldsymbol{H}\mathrm{e}^{\mathrm{j}\omega t} + \boldsymbol{H}^*\mathrm{e}^{-\mathrm{j}\omega t}) \\ &= \frac{1}{4}(\boldsymbol{E}\times\boldsymbol{H}\mathrm{e}^{\mathrm{j}2\omega t} + \boldsymbol{E}^*\times\boldsymbol{H}^*\mathrm{e}^{-\mathrm{j}2\omega t}) + \frac{1}{4}(\boldsymbol{E}^*\times\boldsymbol{H} + \boldsymbol{E}\times\boldsymbol{H}^*) \\ &= \frac{1}{2}\mathrm{Re}(\boldsymbol{E}\times\boldsymbol{H}\mathrm{e}^{\mathrm{j}2\omega t}) + \frac{1}{2}\mathrm{Re}(\boldsymbol{E}\times\boldsymbol{H})\end{aligned}$$

式中,“ * ”表示取共轭运算。将 $\boldsymbol{S}$ 在一个时间周期内取平均值,由于上式右边第一项是角频率为 2ω 的周期函数,故其积分为 0,而第二项与时间无关。因此,有

$$\boldsymbol{S}_{av} = \frac{1}{2}\mathrm{Re}(\boldsymbol{E}\times\boldsymbol{H}^*) \qquad (4.3.16)$$

类似地,可以得到电场能量密度和磁场能量密度的时间平均值为

$$w_{\mathrm{eav}} = \frac{1}{T}\int_0^T w_{\mathrm{e}}\mathrm{d}t = \frac{1}{T}\int_0^T \frac{1}{2}\boldsymbol{E}\cdot\boldsymbol{D}\mathrm{d}t = \frac{1}{4}\mathrm{Re}(\boldsymbol{E}\cdot\boldsymbol{D}^*) \qquad (4.3.17)$$

$$w_{\mathrm{mav}} = \frac{1}{T}\int_0^T w_{\mathrm{m}}\mathrm{d}t = \frac{1}{T}\int_0^T \frac{1}{2}\boldsymbol{H}\cdot\boldsymbol{B}\mathrm{d}t = \frac{1}{4}\mathrm{Re}(\boldsymbol{H}\cdot\boldsymbol{B}^*) \qquad (4.3.18)$$

例 4.5 在无源的自由空间中,已知电场强度的表达式为

$$\boldsymbol{E} = \boldsymbol{e}_x E_{xm}\cos(\omega t - k_0 z) + \boldsymbol{e}_y E_{ym}\cos(\omega t - k_0 z) \quad (\mathrm{V/m})$$

试求:(1)空间中的磁场强度;(2)瞬时坡印亭矢量;(3)平均坡印亭矢量。

解 (1)采用场的复数形式计算。则电场强度复矢量为

$$\boldsymbol{E} = \boldsymbol{e}_x E_{xm}\mathrm{e}^{-\mathrm{j}k_0 z} + \boldsymbol{e}_y E_{ym}\mathrm{e}^{-\mathrm{j}k_0 z}$$

由 $\nabla\times\boldsymbol{E} = -\mathrm{j}\omega\mu_0\boldsymbol{H}$, 得到

$$\boldsymbol{H} = -\frac{1}{\mathrm{j}\omega\mu_0}\nabla\times\boldsymbol{E} = -\frac{1}{\mathrm{j}\omega\mu}\begin{vmatrix}\boldsymbol{e}_x & \boldsymbol{e}_y & \boldsymbol{e}_z \\ \dfrac{\partial}{\partial x} & \dfrac{\partial}{\partial y} & \dfrac{\partial}{\partial z} \\ E_x & 0 & 0\end{vmatrix}$$

$$= -\frac{1}{\mathrm{j}\omega\mu}\left(-\boldsymbol{e}_x\frac{\partial E_y}{\partial z} + \boldsymbol{e}_y\frac{\partial E_x}{\partial z}\right) = (-\boldsymbol{e}_x E_{ym} + \boldsymbol{e}_y E_{xm})\frac{k_0}{\omega\mu_0}\mathrm{e}^{-\mathrm{j}k_0 z} \quad (\mathrm{A/m})$$

第4章 正弦平面电磁波

磁场的瞬时值表达式为

$$\boldsymbol{H} = (-\boldsymbol{e}_x E_{ym} + \boldsymbol{e}_y E_{xm}) \frac{k_0}{\omega\mu_0}\cos(\omega t - k_0 z) \quad (\text{A/m})$$

(2)瞬时坡印亭矢量为

$$\begin{aligned}\boldsymbol{S} &= \boldsymbol{E}\times\boldsymbol{H}\\ &= (\boldsymbol{e}_x E_{xm} + \boldsymbol{e}_y E_{ym})\cos(\omega t - k_0 z)\times(-\boldsymbol{e}_x E_{ym} + \boldsymbol{e}_y E_{xm})\frac{k_0}{\omega\mu_0}\cos(\omega t - k_0 z)\\ &= \boldsymbol{e}_z(E_{xm}^2 + E_{ym}^2)\frac{k_0}{\omega\mu_0}\cos^2(\omega t - k_0 z) \quad (\text{W/m}^2)\end{aligned}$$

(3)平均坡印亭矢量为

$$\begin{aligned}\boldsymbol{S}_{av} &= \frac{1}{2}\text{Re}(\boldsymbol{E}\times\boldsymbol{H}^*) = \frac{1}{2}\text{Re}\left[(\boldsymbol{e}_x E_{xm} + \boldsymbol{e}_y E_{ym})\text{e}^{-\text{j}k_0 z}\times(-\boldsymbol{e}_x E_{ym} + \boldsymbol{e}_y E_{xm})\frac{k_0}{\omega\mu_0}\text{e}^{\text{j}k_0 z}\right]\\ &= \boldsymbol{e}_z(E_{xm}^2 + E_{ym}^2)\frac{k_0}{2\omega\mu_0} \quad (\text{W/m}^2)\end{aligned}$$

4.4 无界理想介质中的均匀平面波

平面波是指等相位面(波阵面)为无限大平面的电磁波,如果在等相位面上各点场强的大小和方向也相同,则称该平面波为均匀平面波。也即是说,沿某方向传播的均匀平面波,其场矢量 $\boldsymbol{E}$ 和 $\boldsymbol{H}$ 除随时间变化外,只与传播方向的坐标有关,而与其他方向坐标无关。均匀平面波是波动方程最简单的一种解的形式。

4.4.1 亥姆霍兹方程的平面波解

设在无界的无源($\rho=0, J=0$)区域中充满均匀线性、各向同性的理想介质,正弦稳态下,电场 $\boldsymbol{E}$ 和磁场 $\boldsymbol{H}$ 满足式(4.3.13)和式(4.3.14)表示的亥姆霍兹方程。为简化分析,先讨论一种简单情形,设均匀平面波沿 $\boldsymbol{e}_z$ 方向传播,由均匀平面波的性质可知,$\boldsymbol{E}$ 和 $\boldsymbol{H}$ 仅是坐标 z 的函数,与 x、y 无关。因此有

$$\frac{\partial \boldsymbol{E}}{\partial x} = \frac{\partial \boldsymbol{E}}{\partial y} = 0, \quad \frac{\partial \boldsymbol{H}}{\partial x} = \frac{\partial \boldsymbol{H}}{\partial y} = 0$$

于是,式(4.3.13)和式(4.3.14)的亥姆霍兹方程可简化为

$$\frac{\text{d}^2\boldsymbol{E}}{\text{d}z^2} + k^2\boldsymbol{E} = 0, \quad \frac{\text{d}^2\boldsymbol{H}}{\text{d}z^2} + k^2\boldsymbol{H} = 0 \tag{4.4.1}$$

如前面4.1节所述,场矢量的波动方程在直角坐标系下可分解为三个坐标分量的标量波动方程,设 u 表示 E_x、E_y、E_z、H_x、H_y 或 H_z 中任意一个标量分量,则有

$$\frac{\text{d}^2 u}{\text{d}z^2} + k^2 u = 0 \tag{4.4.2}$$

由于无源,故$\nabla\cdot\boldsymbol{E} = \frac{\partial E_x}{\partial x} + \frac{\partial E_y}{\partial y} + \frac{\partial E_z}{\partial z} = 0$,有$\frac{\partial E_z}{\partial z} = 0$。

又由$\nabla\cdot\boldsymbol{H} = 0$,可得$\frac{\partial H_z}{\partial z} = 0$。

将上面两个结果代入由式(4.3.2)得出的 E_z 和 H_z 的波动方程,可得出

$$E_z = 0, \quad H_z = 0 \tag{4.4.3}$$

这表明,沿 z 方向传播的均匀平面波,其电场和磁场均没有传播方向上的分量,即电场和磁场都垂直于波的传播方向,这种波称为横电磁波,也叫作 TEM 波。

电、磁场的其余分量 E_x、E_y、H_x 和 H_y 均满足式(4.4.2)形式的标量亥姆霍兹方程,这是一个二阶常系数微分方程,仅是坐标 z 的函数,其通解为

$$u = A_1 e^{-jkz} + A_2 e^{jkz} \tag{4.4.4}$$

式中,$A_1 = A_{m1}e^{j\varphi_1}$,$A_2 = A_{m2}e^{j\varphi_2}$分别表示两分量项的复数振幅,$\varphi_1$、$\varphi_2$ 为它们的初始相位,它们是由边界条件确定的常数。式(4.4.4)右边第一项表示沿+z 方向传播的均匀平面波,第二项表示沿−z 方向传播的均匀平面波。

4.4.2 理想介质中均匀平面波的传播

无界空间中,设均匀平面波沿 $\boldsymbol{e}_z$ 方向传播,且电场只有 x 分量,则由式(4.4.4)可写出其电场表达式为

$$\boldsymbol{E} = \boldsymbol{e}_x E_x = \boldsymbol{e}_x E_{xm} e^{-jkz} \tag{4.4.5}$$

为简化表达,上式中已令 $\varphi_x = 0$,并不失其一般性。

由$\nabla \times \boldsymbol{E} = -j\omega\mu\boldsymbol{H}$,可求得

$$\boldsymbol{H} = -\frac{1}{j\omega\mu}\nabla \times \boldsymbol{E} = -\frac{1}{j\omega t}\begin{vmatrix} \boldsymbol{e}_x & \boldsymbol{e}_y & \boldsymbol{e}_z \\ \frac{\partial}{\partial x} & \frac{\partial}{\partial y} & \frac{\partial}{\partial z} \\ E_x & 0 & 0 \end{vmatrix} = -\boldsymbol{e}_y \frac{1}{j\omega\mu}\frac{\partial E_x}{\partial z}$$

将 $E_x = E_{xm}e^{-jkz}$代入,得

$$\boldsymbol{H} = \boldsymbol{e}_y \frac{k}{\omega\mu} E_{xm} e^{-jkz} = \boldsymbol{e}_y \sqrt{\frac{\varepsilon}{\mu}} E_{xm} e^{-jkz} = \boldsymbol{e}_y \frac{1}{\eta} E_x \tag{4.4.6}$$

式中,$\eta = \sqrt{\dfrac{\mu}{\varepsilon}}$是电场与磁场的振幅之比,称为介质的本征阻抗,也叫作波阻抗,单位为欧(Ω)。理想介质中,η 为实数,真空中 $\mu_0 = 4\pi \times 10^{-7}$ H/m,$\varepsilon_0 = \dfrac{1}{36\pi} \times 10^{-9}$ F/m,则

$$\eta_0 = \sqrt{\frac{\mu_0}{\varepsilon_0}} = 120\pi\ \Omega \approx 377\ \Omega \tag{4.4.7}$$

由式(4.4.5)和式(4.4.6),写出 $\boldsymbol{E}$、$\boldsymbol{H}$ 的瞬时表达式为

$$\boldsymbol{E}(z,t) = \boldsymbol{e}_x E_{xm} \cos(\omega t - kz) \tag{4.4.8}$$

$$\boldsymbol{H}(z,t) = \boldsymbol{e}_y \frac{1}{\eta} E_{xm} \cos(\omega t - kz) \tag{4.4.9}$$

可看出,$\boldsymbol{E}$、$\boldsymbol{H}$ 随时间、空间变化关系相同,且电场幅度与磁场幅度的比为一定值 η。

由式(4.4.6)可写出 $\boldsymbol{E}$、$\boldsymbol{H}$ 与传播方向 $\boldsymbol{e}_z$ 间关系的矢量表达式,为

$$\boldsymbol{H} = \frac{1}{\eta}\boldsymbol{e}_z \times \boldsymbol{E} \tag{4.4.10}$$

或写为

$$\boldsymbol{E} = \eta \boldsymbol{H} \times \boldsymbol{e}_z \tag{4.4.11}$$

这表明,电场 $\boldsymbol{E}$、磁场 $\boldsymbol{H}$ 和波的传播方向三者间相互垂直,且满足右手螺旋关系,如图 4.1 所示。

因为 $\boldsymbol{E}$、$\boldsymbol{H}$ 的时空变化关系相同，故下面仅分析讨论 $E_x(z,t)=E_{xm}\cos(\omega t-kz)$ 随 z,t 变化的特性及均匀平面波的传播参数。

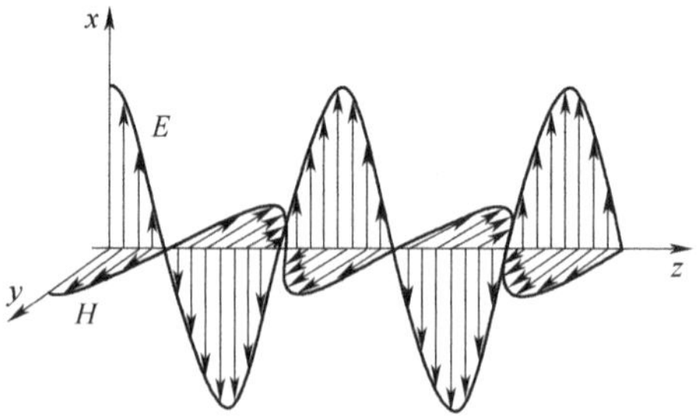

图 4.1　电场、磁场和波的方向

(1) 波的频率和周期

在 z 为常数的平面上，E_x 随时间 t 做正弦变化，设时间周期为 T，由 $\omega T=2\pi$，可得

$$T=\frac{2\pi}{\omega} \tag{4.4.12}$$

相应的频率为

$$f=\frac{1}{T}=\frac{\omega}{2\pi} \tag{4.4.13}$$

$\omega=2\pi f$ 称为波的角频率。

(2) 相位常数、波长和波矢量

时间 t 为常数时，E_x 随空间坐标 z 作周期变化。因此对于某一固定时刻 t，在 $z=$常数的平面上，E_x 的相位处处相等，所以波的等相位面（波阵面）是 $z=$常数的平面，故称为平面波。k 表示在波的传播方向上每单位长度上相位的变化量，称为相位常数，单位是弧度/米（rad /m）。

设空间周期为 λ，则 $k\lambda=2\pi$。$\lambda=\frac{2\pi}{k}$表示空间相位差为 2π 的两个等相位面之间的距离，称为波长，单位为米（m）。

由 $k=\omega\sqrt{\mu\varepsilon}=2\pi f\sqrt{\mu\varepsilon}$，可求得

$$\lambda=\frac{1}{f\sqrt{\mu\varepsilon}} \tag{4.4.14}$$

或

$$k=\frac{2\pi}{\lambda} \tag{4.4.15}$$

可见，k 的大小等于空间相位差为 2π 时所包含的波长个数，因此也称为波数。设波传播方向上的单位矢量为 $\boldsymbol{e}_k$，可定义波矢量 $\boldsymbol{k}=k\boldsymbol{e}_k$，表征波的传播特性。

(3) 相位速度

相位速度为电磁波的等相位面在空间中的行进速度，简称相速或波速，单位为米/秒（m/s）。图 4.2 给出了 E_x 在两个不同时刻随空间坐标 z 变化的波形，观察波形上的某个点 Q，随着时间的变化，Q 点在传播方向（$+z$ 方向）上行进，其相位值保持不变。因此有

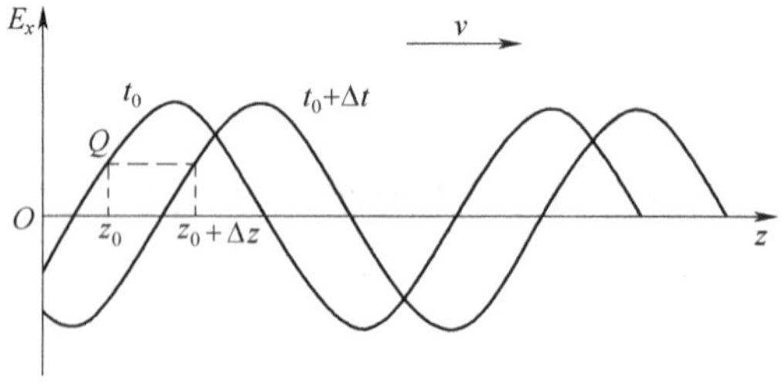

图 4.2　不同时刻 E_x 随 z 变化波形

$$\omega t-kz=\text{常数}$$

上式中对时间 t 求导，可求得均匀平面波的相速为

$$v=\frac{\mathrm{d}z}{\mathrm{d}t}=\frac{\omega}{k}=\frac{1}{\sqrt{\mu\varepsilon}}=\lambda f \tag{4.4.16}$$

可看出,理想介质中,均匀平面波传播的相位速度仅与介质参数有关,而与波的频率无关。真空中

$$v_0=\frac{1}{\sqrt{\mu_0\varepsilon_0}}=\frac{1}{\sqrt{4\pi\times10^{-7}\times\frac{1}{36\pi}\times10^{-9}}}\ \mathrm{m/s}=3\times10^8\ \mathrm{m/s}$$

因此,真空中平面电磁波的相位速度为光速。

(4)能量密度与能流密度

理想介质中,$E=\eta H$,其中,E、H 分别是 $\boldsymbol{E}$、$\boldsymbol{H}$ 瞬时值形式的模值。

电场能量密度为

$$w_{\mathrm{e}}=\frac{1}{2}\varepsilon E^2=\frac{1}{2}\varepsilon\eta^2H^2=\frac{1}{2}\mu H^2=w_{\mathrm{m}} \tag{4.4.17}$$

式(4.4.17)表明,理想介质中均匀平面波的电场能量密度等于磁场能量密度。

电磁能量密度可表示为

$$w=w_{\mathrm{e}}+w_{\mathrm{m}}=\varepsilon E^2=\mu H^2 \tag{4.4.18}$$

电磁波的能流密度矢量为

$$\boldsymbol{S}=\boldsymbol{E}\times\boldsymbol{H}=\boldsymbol{E}\times\frac{1}{\eta}\boldsymbol{e}_z\times\boldsymbol{E}=\boldsymbol{e}_z\frac{1}{\eta}E^2 \tag{4.4.19}$$

可见,$\boldsymbol{S}$ 的方向与波的传播方向相同

平均坡印亭矢量为

$$\boldsymbol{S}_{\mathrm{av}}=\frac{1}{2}\mathrm{Re}(\boldsymbol{E}\times\boldsymbol{H}^*)=\boldsymbol{e}_z\frac{1}{2\eta}E_{\mathrm{m}}^2 \tag{4.4.20}$$

式中,E_{m} 是 $\boldsymbol{E}$ 振幅的模值。

(5)沿任意方向传播的均匀平面波

前面讨论了均匀平面波沿 z 轴方向传播时的传播特性。以此为基础,现在分析更一般的情形,即沿任意方向传播的均匀平面波的情形。

对于沿 $\boldsymbol{e}_z$ 方向传播的均匀平面波,其等相位面垂直于 z 轴,设 $Q(x,y,z)$ 是等相位面上的任一点,如图 4.3 所示,其矢径 $\boldsymbol{r}=\boldsymbol{e}_xx+\boldsymbol{e}_yy+\boldsymbol{e}_zz$,则 $\boldsymbol{r}\cdot\boldsymbol{e}_z=(\boldsymbol{e}_xx+\boldsymbol{e}_yy+\boldsymbol{e}_zz)\cdot\boldsymbol{e}_z=z$,说明等相位面上所有点的矢径在传播方向上的投影值相同,即为常数。因此,等相位面可用"$\boldsymbol{r}\cdot\boldsymbol{e}_z$=常数"来表示。

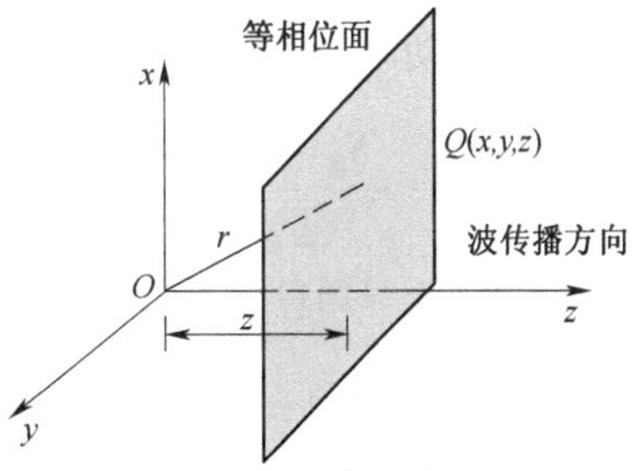

图 4.3　沿 z 方向传播的均匀平面波的等相位面

因此,对于沿 $\boldsymbol{e}_z$ 方向传播的均匀平面波,其电、磁场可一般化地表示为

$$\boldsymbol{E}=\boldsymbol{E}_{\mathrm{m}}\mathrm{e}^{-\mathrm{j}kz+\mathrm{j}\varphi}=\boldsymbol{E}_{\mathrm{m}}\mathrm{e}^{-\mathrm{j}k\boldsymbol{e}_z\cdot\boldsymbol{r}+\mathrm{j}\varphi}=\boldsymbol{E}_{\mathrm{m}}\mathrm{e}^{-\mathrm{j}\boldsymbol{k}\cdot\boldsymbol{r}+\mathrm{j}\varphi} \tag{4.4.21}$$

$$\boldsymbol{H}=\frac{1}{\eta}\boldsymbol{e}_z\times\boldsymbol{E} \tag{4.4.22}$$

式中,$\boldsymbol{E}_{\mathrm{m}}$ 为垂直于传播方向的振幅矢量。

推广至沿任意方向 $\boldsymbol{e}_k$ 传播的均匀平面波,其等相位面垂直于 $\boldsymbol{e}_k$ 方向,也可用 $\boldsymbol{r}\cdot\boldsymbol{e}_k$=常数表示,如图 4.4 所示。因此,其电、磁场可表示为

$$\boldsymbol{E}=\boldsymbol{E}_{\mathrm{m}}\mathrm{e}^{-\mathrm{j}\boldsymbol{k}\cdot\boldsymbol{r}+\mathrm{j}\varphi} \tag{4.4.23}$$

$$\boldsymbol{H}=\frac{1}{\eta}\boldsymbol{e}_k\times\boldsymbol{E} \tag{4.4.24}$$

综上所述,均匀平面电磁波在无界理想介质中的传播特性可归纳为:

电场和磁场在空间相互垂直且都垂直于传播方向,**E**、**H** 和波的传播方向满足右手螺旋关系,是一种横电磁波(TEM 波);理想介质中,η 为实数,电场幅值与磁场幅值之比为定值 η,空间任一点上的 **E** 和 **H** 是同相位的;电场与磁场的振幅皆不随传播距离变化,即波无衰减传播;电磁波的相速与频率无关。

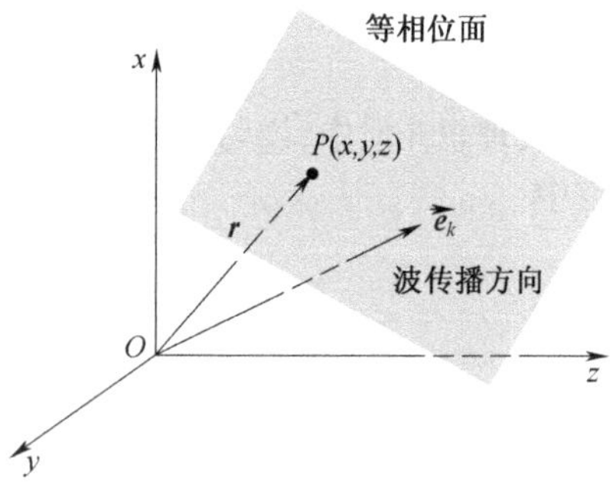

图 4.4 沿任意方向传播的均匀平面波的等相位面

例 4.6 真空中传播的均匀平面波,其电场为

$$\boldsymbol{E}=\boldsymbol{e}_x 10^{-4}\mathrm{e}^{-\mathrm{j}10\pi z}\ \mathrm{V/m}$$

求:(1)平面波的频率、波长;(2)相应的磁场;(3)电场和磁场的瞬时表达式;(4)平均功率流密度。

解 (1)由电场表达式可知,波沿+z 方向传播,有

$$k=10\pi=\omega\sqrt{\mu_0\varepsilon_0}$$

故

$$\omega=\frac{10\pi}{\sqrt{\mu_0\varepsilon_0}}=3\pi\times10^9\,\mathrm{rad/s}$$

$$f=\frac{\omega}{2\pi}=1.5\times10^9\,\mathrm{Hz}$$

$$\lambda=\frac{2\pi}{k}=0.2\ \mathrm{m}$$

(2)相应的磁场为

$$\boldsymbol{H}=\frac{1}{\eta_0}\boldsymbol{e}_z\times\boldsymbol{E}=\boldsymbol{e}_y\frac{10^{-4}}{120\pi}\mathrm{e}^{-\mathrm{j}10\pi z}=\boldsymbol{e}_y 2.65\times10^{-7}\mathrm{e}^{-\mathrm{j}10\pi z}\ \mathrm{A/m}$$

(3)**E** 和 **H** 的瞬时表达式为

$$\boldsymbol{E}(z,t)=\boldsymbol{e}_x 10^{-4}\cos(3\pi\times10^9 t-10\pi z)\ \mathrm{V/m}$$

$$\boldsymbol{H}(z,t)=\boldsymbol{e}_y 2.65\times10^{-7}\cos(3\pi\times10^9 t-10\pi z)\ \mathrm{A/m}$$

(4)平均功率流密度为

$$\boldsymbol{S}_{av}=\frac{1}{2}\mathrm{Re}(\boldsymbol{E}\times\boldsymbol{H}^*)=\frac{1}{2}\mathrm{Re}(\boldsymbol{e}_x 10^{-4}\mathrm{e}^{-\mathrm{j}10\pi z}\times\boldsymbol{e}_y 2.65\times10^{-7}\mathrm{e}^{\mathrm{j}10\pi z})$$
$$=\boldsymbol{e}_z 1.325\times10^{-11}\,\mathrm{W/m^2}$$

例 4.7 无界理想介质($\varepsilon_r=4,\mu_r=1,\sigma=0$)中有一均匀平面电磁波,其频率为 150 MHz,沿+x 方向传播。当 $x=0.4$ m 时,$t=2$ ns,电场幅值为 2 V/m,单位矢量方向为 $\boldsymbol{e}_y\frac{1}{2}-\boldsymbol{e}_z\frac{\sqrt{3}}{2}$。

求:(1)电场 **E** 的瞬时表达式;(2)磁场 **H** 的瞬时表达式。

解 由条件可知,电场幅值为 2 V/m,单位矢量方向为 $\boldsymbol{e}_y\frac{1}{2}-\boldsymbol{e}_z\frac{\sqrt{3}}{2}$,角频率 $\omega=2\pi f=3\pi\times10^8$ rad/s ,故相位常数

$$k=\omega\sqrt{\mu\varepsilon}=\omega\sqrt{\mu_0\varepsilon_0\varepsilon_r}=2\pi\ \mathrm{rad/m}$$

可写出电场表达式为

$$\boldsymbol{E}=\left(\boldsymbol{e}_y\frac{1}{2}-\boldsymbol{e}_z\frac{\sqrt{3}}{2}\right)2\cos(\omega t-kx+\varphi)=(\boldsymbol{e}_y-\boldsymbol{e}_z\sqrt{3})\cos(3\pi\times10^8 t-2\pi x+\varphi)$$

当 $x=0.4$ m, $t=2$ ns 时，电场达到幅值，故有

$$3\pi\times10^8 t-2\pi x+\varphi=0$$

可得

$$\varphi=0.2\pi$$

因而

$$\boldsymbol{E}(x,t)=(\boldsymbol{e}_y-\boldsymbol{e}_z\sqrt{3})\cos(3\pi\times10^8 t-2\pi x+0.2\pi)\ \text{V/m}$$

(2)波阻抗为

$$\eta=\sqrt{\frac{\mu}{\varepsilon}}=\sqrt{\frac{\mu_0}{\varepsilon_0\varepsilon_r}}=60\pi\ \Omega$$

故 $\boldsymbol{H}$ 的瞬时表达式为

$$\boldsymbol{H}=\frac{1}{\eta}\boldsymbol{e}_x\times\boldsymbol{E}=(\boldsymbol{e}_z+\boldsymbol{e}_y\sqrt{3})\frac{1}{60\pi}\cos(3\pi\times10^8 t-2\pi x+0.2\pi)\ \text{A/m}$$

例 4.8 真空中传播的均匀平面波的磁场强度为

$$\boldsymbol{H}(r,t)=(\boldsymbol{e}_x3-\boldsymbol{e}_y2+\boldsymbol{e}_zH_z)\cos[\omega t-\pi(3y-4z)]\ \text{A/m}$$

式中 H_z 为常数。求：(1)波的传播方向；(2)波长和频率；(3) H_z 的值；(4)电场的瞬时表达式。

解 (1)因为

$$\boldsymbol{k}\cdot\boldsymbol{r}=k_xx+k_yy+k_zz=\pi(3y-4z)$$

故

$$k_x=0, k_y=3\pi, k_z=-4\pi, \boldsymbol{k}=\boldsymbol{e}_y3\pi-\boldsymbol{e}_z4\pi$$

$$k=\sqrt{(3\pi)^2+(4\pi)^2}=5\pi$$

传播方向单位矢量

$$\boldsymbol{e}_k=\frac{\boldsymbol{k}}{k}=\boldsymbol{e}_y0.6-\boldsymbol{e}_z0.8$$

(2)波长和频率为

$$\lambda=\frac{2\pi}{k}=0.4\ \text{m}$$

$$f=c/\lambda=7.5\times10^8\ \text{Hz}$$

(3)因为传播方向与 $\boldsymbol{H}$ 垂直，故

$$\boldsymbol{e}_k\cdot\boldsymbol{H}=0$$

得

$$0.6\times(-2)-0.8\times H_z=0\quad,\quad H_z=-1.5$$

$\boldsymbol{H}$ 的瞬时表达式为

$$\boldsymbol{H}(r,t)=(\boldsymbol{e}_x3-\boldsymbol{e}_y2-\boldsymbol{e}_z1.5)\cos[\omega t-\pi(3y-4z)]\ \text{A/m}$$

(4)电场的瞬时表达式为

$$\begin{aligned}\boldsymbol{E}(\boldsymbol{r},t)&=\eta_0\boldsymbol{H}(\boldsymbol{r},t)\times\boldsymbol{e}_k\\&=120\pi(\boldsymbol{e}_x3-\boldsymbol{e}_y2-\boldsymbol{e}_z1.5)\cos[\omega t-\pi(3y-4z)]\times(\boldsymbol{e}_y0.6-\boldsymbol{e}_z0.8)\\&=120\pi(\boldsymbol{e}_x2.5+\boldsymbol{e}_y2.4+\boldsymbol{e}_z1.8)\ \text{V/m}\end{aligned}$$

4.5 导电媒质中的均匀平面波

导电媒质的典型特征是电导率 $\sigma\neq0$。当电磁波在其中传播时，将由电场引起传导电流

$\boldsymbol{J}=\sigma\boldsymbol{E}$,同时伴随着电磁能量的损耗。电磁波的传播特性与在理想介质中的传播特性有所不同。

4.5.1 导电媒质中的波动方程

在无源($\rho=0$)的导电媒质中,麦克斯韦第一方程可表示为

$$\nabla\times\boldsymbol{H}=\sigma\boldsymbol{E}+\mathrm{j}\omega\varepsilon\boldsymbol{E}=\mathrm{j}\omega\left(\varepsilon-\mathrm{j}\frac{\sigma}{\omega}\right)\boldsymbol{E}=\mathrm{j}\omega\varepsilon_{\mathrm{c}}\boldsymbol{E} \tag{4.5.1}$$

式中,$\varepsilon_{\mathrm{c}}=\varepsilon-\mathrm{j}\dfrac{\sigma}{\omega}$,称为复介电常数或等效介电常数。

引入复介电常数后,无源导电媒质中的麦克斯韦方程组可写为

$$\nabla\times\boldsymbol{H}=\mathrm{j}\omega\varepsilon_{\mathrm{c}}\boldsymbol{E} \tag{4.5.2}$$

$$\nabla\times\boldsymbol{E}=-\mathrm{j}\omega\mu\boldsymbol{H} \tag{4.5.3}$$

$$\nabla\cdot\boldsymbol{H}=0 \tag{4.5.4}$$

$$\nabla\cdot\boldsymbol{E}=0 \tag{4.5.5}$$

可以看出,它们与理想介质中的麦克斯韦方程组,即式(4.1.1)~式(4.1.4)具有完全相同的形式,区别仅在于用 ε_{c} 代替了 ε。因此,可把导电媒质等同看作是介电常数为复数的介质,于是,导电媒质中的亥姆霍兹方程与理想介质中的亥姆霍兹方程也具有完全相同的形式,只是用 k_{c} 代替了 k,为

$$\nabla^2\boldsymbol{E}+k_{\mathrm{c}}^2\boldsymbol{E}=\mathbf{0} \tag{4.5.6}$$

$$\nabla^2\boldsymbol{H}+k_{\mathrm{c}}^2\boldsymbol{H}=\mathbf{0} \tag{4.5.7}$$

式中,$k_{\mathrm{c}}^2=\omega^2\mu\varepsilon_{\mathrm{c}}$,即 $k_{\mathrm{c}}=\omega\sqrt{\mu\varepsilon_{\mathrm{c}}}$ 称为复波数,它为复数。

4.5.2 导电媒质中均匀平面波的传播特性

对于在导电媒质中沿正 z 方向传播的均匀平面波,仍假设电场只有 E_x 分量,则波动方程(4.5.6)的解可类似于式(4.3.13)理想介质中的解,直接写出为

$$\boldsymbol{E}=\boldsymbol{e}_x E_{x\mathrm{m}}\mathrm{e}^{-\mathrm{j}k_{\mathrm{c}}z} \tag{4.5.8}$$

这里,用复波数 k_{c} 代替了 k,因 k_{c} 为复数,故令

$$\gamma=\mathrm{j}k_{\mathrm{c}}=\alpha+\mathrm{j}\beta \tag{4.5.9}$$

因为 $k_{\mathrm{c}}^2=\omega^2\mu\varepsilon_{\mathrm{c}}=\omega^2\mu\varepsilon-\mathrm{j}\omega\mu\sigma$,可将式(4.5.9)两边平方,根据实部和虚部应分别相等,可得到

$$\beta^2-\alpha^2=\omega^2\mu\varepsilon \tag{4.5.10}$$

$$2\alpha\beta=\omega\mu\sigma \tag{4.5.11}$$

解方程,得

$$\alpha=\omega\sqrt{\frac{\mu\varepsilon}{2}}\left[\sqrt{1+\left(\frac{\sigma}{\omega\varepsilon}\right)^2}-1\right]^{1/2} \tag{4.5.12}$$

$$\beta=\omega\sqrt{\frac{\mu\varepsilon}{2}}\left[\sqrt{1+\left(\frac{\sigma}{\omega\varepsilon}\right)^2}+1\right]^{1/2} \tag{4.5.13}$$

所以导电媒质中波动方程的解为

$$\boldsymbol{E}=\boldsymbol{e}_x E_{x\mathrm{m}}\mathrm{e}^{-(\alpha+\mathrm{j}\beta)z}=\boldsymbol{e}_x E_{x\mathrm{m}}\mathrm{e}^{-\alpha z}\mathrm{e}^{-\mathrm{j}\beta z} \tag{4.5.14}$$

由式(4.5.14)和式(4.4.6)可求出相应的磁场为

$$\boldsymbol{H}=\boldsymbol{e}_y\frac{1}{\eta_{\mathrm{c}}}E_x=\boldsymbol{e}_y\frac{1}{\eta_{\mathrm{c}}}E_{x\mathrm{m}}\mathrm{e}^{-\alpha z}\mathrm{e}^{-\mathrm{j}\beta z} \tag{4.5.15}$$

式中

$$\eta_c = \sqrt{\frac{\mu}{\varepsilon_c}} = \sqrt{\frac{\mu}{\varepsilon - j\frac{\sigma}{\omega}}} = |\eta_c| e^{j\psi} \tag{4.5.16}$$

其中

$$|\eta_c| = \sqrt{\frac{\mu}{\varepsilon}}\left[1 + \left(\frac{\sigma}{\omega\varepsilon}\right)^2\right]^{-1/4} \tag{4.5.17}$$

$$\psi = \frac{1}{2}\arctan\frac{\sigma}{\omega\varepsilon} \tag{4.5.18}$$

η_c 称为导电媒质的本征阻抗,是复数。

因此,式(4.5.15)也可写为

$$\boldsymbol{H} = \boldsymbol{e}_y \frac{1}{|\eta_c|} E_{xm} e^{-\alpha z} e^{-j\beta z} e^{-j\psi} \tag{4.5.19}$$

由式(4.5.14)和式(4.5.19),可写出电场和磁场的瞬时值形式为

$$\boldsymbol{E}(z,t) = \boldsymbol{e}_x E_{xm} e^{-\alpha z}\cos(\omega t - \beta z) \tag{4.5.20}$$

$$\boldsymbol{H}(z,t) = \boldsymbol{e}_y \frac{1}{|\eta_c|} E_{xm} e^{-\alpha z}\cos(\omega t - \beta z - \psi) \tag{4.5.21}$$

由式(4.5.20)和式(4.5.21)可看出,导电媒质中传播的均匀平面波,其电磁场的幅度沿传播 z 方向按因子 $e^{-\alpha z}$ 衰减,衰减速率取决于 α,故称 α 为衰减系数,它表示单位距离衰减的程度;β 为电磁波的相位常数,它表示在波的传播方向上每单位距离的相位变化量,其意义与理想介质中的 k 相似;导电媒质中电场和磁场不再同相位,电场相位超前磁场相位$\frac{1}{2}\arctan\frac{\sigma}{\omega\varepsilon}$。

导电媒质中,相位速度

$$v = \frac{\omega}{\beta} = \sqrt{\frac{2}{\mu\varepsilon}}\left[\sqrt{1 + \left(\frac{\sigma}{\omega\varepsilon}\right)^2} + 1\right]^{-\frac{1}{2}} \tag{4.5.22}$$

式(4.5.22)表明,β 与 ω 之间不再是线性关系,波的相速是频率的函数。不同频率的波相速不同,这种现象称为色散效应,具有色散效应的波称为色散波。因此,导电媒质中的电磁波为色散波。由式(4.5.15)可得出电场、磁场与传播方向 $\boldsymbol{e}_k$ 间的一般化的矢量关系式,为

$$\boldsymbol{H} = \frac{1}{\eta_c}\boldsymbol{e}_k \times \boldsymbol{E} \tag{4.5.23}$$

或

$$\boldsymbol{E} = \eta_c \boldsymbol{H} \times \boldsymbol{e}_k \tag{4.5.24}$$

式(4.5.23)和式(4.5.24)表明,在导电媒质中,均匀平面波的电场、磁场和传播方向三者之间相互垂直,且满足右手螺旋关系,仍是横电磁波(TEM 波)。

导电媒质中的平均坡印亭矢量为

$$\boldsymbol{S}_{av} = \frac{1}{2}\mathrm{Re}(\boldsymbol{E} \times \boldsymbol{H}^*) = \boldsymbol{e}_z \frac{1}{2|\eta_c|} E_m^2 e^{-2\alpha z}\cos\psi \tag{4.5.25}$$

这表明,由于热损耗,$\boldsymbol{S}_{av}$ 沿传播方向按指数衰减。

综上所述,导电媒质中传播的均匀平面波仍是 TEM 波,电场、磁场与传播方向间相互垂直;电磁场振幅按指数衰减;电场与磁场不再同相位,电场相位超前磁场相位;波的相速与频率相关,是色散波。

4.5.3 媒质导电性能对电磁波的影响

导电媒质中,相位常数和波阻抗的表达式较为复杂,但其中都包含 $\dfrac{\sigma}{\omega\varepsilon}$ 项,它是传导电流密度($\sigma\boldsymbol{E}$)与位移电流密度($\mathrm{j}\omega\varepsilon\boldsymbol{E}$)的幅值之比。若媒质中传导电流远大于位移电流,即 $\dfrac{\sigma}{\omega\varepsilon}\gg 1$,则媒质呈现强导电性能,称为强导电媒质或良导体。若媒质中传导电流远小于位移电流,即 $\dfrac{\sigma}{\omega\varepsilon}\ll 1$,则媒质呈现弱导电性能,称为弱导体。

1. 强导电媒质中的均匀平面波

当 $\dfrac{\sigma}{\omega\varepsilon}\gg 1$ 时,介质为强导电媒质,有

$$\gamma = \mathrm{j}k_{\mathrm{c}} = \mathrm{j}\omega\sqrt{u\varepsilon\left(1+\frac{\sigma}{\mathrm{j}\omega\varepsilon}\right)} \approx \mathrm{j}\omega\sqrt{\frac{\mu\sigma}{\mathrm{j}\omega}} = \frac{1+\mathrm{j}}{\sqrt{2}}\sqrt{\omega\mu\sigma} \tag{4.5.26}$$

由式(4.5.9),有

$$\alpha \approx \beta \approx \sqrt{\pi f\mu\sigma} \tag{4.5.27}$$

同时

$$\eta_{\mathrm{c}} = \sqrt{\frac{\mu}{\varepsilon_{\mathrm{c}}}} = \sqrt{\frac{\mu}{\varepsilon\left(1+\dfrac{\sigma}{\mathrm{j}\omega\varepsilon}\right)}} \approx \sqrt{\frac{\mathrm{j}\omega\mu}{\sigma}} = \sqrt{\frac{\pi f\mu}{\sigma}}(1+\mathrm{j}) = \sqrt{\frac{\omega\mu}{\sigma}}\mathrm{e}^{\mathrm{j}\frac{\pi}{4}} \tag{4.5.28}$$

表明良导体中,电场相位超前磁场相位$\dfrac{\pi}{4}$。

良导体中,电导率 σ 往往较大,衰减因子 $\alpha\approx\sqrt{\pi f\mu\sigma}$ 也随之较大,故电磁波在其中传播很短的距离后就会被衰减掉。因此,电磁波只能存在于良导体表层,其在良导体内激励的电流也只存在于导体表层,这种现象称为趋肤效应。常用趋肤深度 δ (或穿透深度)来表征良导体中趋肤效应的强弱。其定义为当电磁波穿入良导体时,波的幅值下降为导体表面幅值的 1/e 时,波在良导体中传播的距离。即

$$\mathrm{e}^{-\alpha\delta} = 1/\mathrm{e}$$

得

$$\delta = \frac{1}{\alpha} = \frac{1}{\sqrt{\pi f\mu\sigma}} \tag{4.5.29}$$

由式(4.5.29)可知,良导体中,电磁波的趋肤深度随着波的频率、媒质的导电率的增大而减小。对于理想导体,其电导率 $\sigma\to\infty$,故 $\delta\to 0$,即电磁波不能进入理想导体。

2. 弱导电媒质中的均匀平面波

弱导电媒质中,$\dfrac{\sigma}{\omega\varepsilon}\ll 1$,则

$$\gamma = \mathrm{j}k_{\mathrm{c}} = \mathrm{j}\omega\sqrt{\mu\varepsilon\left(1-\mathrm{j}\frac{\sigma}{\omega\varepsilon}\right)} \approx \mathrm{j}\omega\sqrt{\mu\varepsilon}\left(1-\mathrm{j}\frac{\sigma}{2\omega\varepsilon}\right) \tag{4.5.30}$$

α、β 及 η_{c} 可近似为

$$\alpha \approx \frac{\sigma}{2}\sqrt{\frac{\mu}{\varepsilon}}\quad,\quad \beta\approx\omega\sqrt{\mu\varepsilon} \tag{4.5.31}$$

$$\eta_c \approx \sqrt{\frac{\mu}{\varepsilon}}\left(1 + j\frac{\sigma}{2\omega\varepsilon}\right) \tag{4.5.32}$$

从式(4.5.31)和式(4.5.32)可看出,在弱导电媒质中,仍存在能量损耗,但波的相位常数近似等于理想介质中波的相位常数,即除有一定的衰减外,其传播特性与理想介质中波的传播特性基本相同。

例 4.9 频率为 1 MHz 的均匀平面波沿+z 方向在海水中传播,已知海水的介质参数为 $\mu_r = 1$, $\varepsilon_r = 81$, $\sigma = 4$ S/m。$z=0$ 时,电场 $\boldsymbol{E} = \boldsymbol{e}_x 2\cos\omega t$ V/m,试求:海水中的(1)衰减系数、相位常数;(2)波的相速、波长、本征阻抗及趋肤深度;(3)电场和磁场的瞬时表达式。

解 (1)由 $f = 10^6$ Hz,有

$$\frac{\sigma}{\omega\varepsilon} = \frac{\sigma}{\omega\varepsilon_r\varepsilon_0} = \frac{4}{2\pi \times 10^6 \times 81 \times \left(\frac{1}{36\pi} \times 10^{-9}\right)} = 8.9 \times 10^2 \gg 1$$

故当 $f = 10^6$ Hz 时,海水可视为良导体,则

$$\alpha = \sqrt{\pi f\mu\sigma} = \sqrt{\pi \times 10^6 \times 4\pi \times 10^{-7} \times 4} = 3.97 \text{ Np/m}$$

$$\beta = \alpha = 3.97 \text{ rad/m}$$

(2) $v = \dfrac{\omega}{\beta} = 1.58 \times 10^6$ m/s

$$\lambda = \frac{2\pi}{\beta} = 1.58 \text{ m}$$

$$\eta_c = \sqrt{\frac{\omega\mu}{\sigma}}e^{j\frac{\pi}{4}} = \sqrt{\frac{2\pi \times 10^6 \times 4\pi \times 10^{-7}}{4}}e^{j\frac{\pi}{4}}\ \Omega = 1.41e^{j\frac{\pi}{4}}\ \Omega$$

$$\delta = \frac{1}{\alpha} = 0.252 \text{ m}$$

(3)由 $z=0$ 时,电场 $\boldsymbol{E} = \boldsymbol{e}_x 2\cos(\omega t)$,可知电场的初始相位 $\varphi = 0$,则电场 $\boldsymbol{E}$ 的瞬时表达式为

$$\begin{aligned}\boldsymbol{E}(z,t) &= \boldsymbol{e}_x 2e^{-\alpha z}\cos(\omega t - \beta z)\\ &= \boldsymbol{e}_x 2e^{-3.97z}\cos(2\pi \times 10^6 t - 3.97z)\ \text{V/m}\end{aligned}$$

由式(4.5.21),可得磁场 $\boldsymbol{H}$ 的瞬时表达式为

$$\boldsymbol{H}(z,t) = \boldsymbol{e}_y 1.41e^{-3.97z}\cos\left(2\pi \times 10^6 t - 3.97z - \frac{\pi}{4}\right)\ \text{A/m}$$

例 4.10 频率为 1 GHz 的 $\boldsymbol{e}_y$ 方向极化的均匀平面波,在 $\mu_r = 1$, $\varepsilon_r = 2.5$, $\sigma = 1.4 \times 10^{-4}$ S/m 的介质中沿+x 方向传播,设在 $x=0$ 处,电场的振幅为 E_m。试求:

(1)波的衰减系数、相位常数、波长;(2)波的振幅衰减至原来的一半时,传播的距离;(3)电场和磁场的瞬时表达式。

解 (1)由 $f = 10^9$ Hz,有

$$\frac{\sigma}{\omega\varepsilon} = \frac{\sigma}{\omega\varepsilon_r\varepsilon_0} = \frac{1.4 \times 10^{-4}}{2\pi \times 10^9 \times 2.5 \times \left(\frac{1}{36\pi} \times 10^{-9}\right)} = 10^{-3} \ll 1$$

故为弱导电媒质,有

$$\alpha = \frac{\sigma}{2}\sqrt{\frac{\mu}{\varepsilon}} = \frac{\sigma}{2}\sqrt{\frac{\mu_0}{\varepsilon_0\varepsilon_r}} = \frac{1.4 \times 10^{-4}}{2} \times 377 \times \frac{1}{\sqrt{2.5}} = 1.67 \times 10^{-2}\ \text{Np/m}$$

$$\beta = \omega\sqrt{\mu\varepsilon} = \omega\sqrt{\mu_0\varepsilon_0\varepsilon_r} = \frac{2\pi\times10^9}{3\times10^8}\times\sqrt{2.5} = 33.12\ \text{rad/m}$$

$$\lambda = \frac{2\pi}{\beta} = 0.19\ \text{m}$$

(2)波的振幅为 $E_{\text{m}}\text{e}^{-\alpha x}$，衰减为原来值的一半时有

$$\frac{\text{e}^{-\alpha(x+\Delta x)}}{\text{e}^{-\alpha x}} = \frac{1}{2},\text{即 } \text{e}^{-\alpha\Delta x} = \frac{1}{2}$$

$$\Delta x = \frac{\ln 2}{\alpha} = 41.5\ \text{m}$$

所以传播距离为 41.5 m 时，波的振幅衰减至原来的一半。

(3)因在 $x=0$ 处，电场的振幅为 E_{m}，故电场的初始相位为 0，有

$$\begin{aligned}\boldsymbol{E}(x,t) &= \boldsymbol{e}_y E_{\text{m}}\text{e}^{-\alpha x}\cos(\omega t - \beta x)\\ &= \boldsymbol{e}_y E_{\text{m}}\text{e}^{-1.67\times10^{-2}z}\cos(2\pi\times10^9 t - 33.12x)\ \text{V/m}\end{aligned}$$

$$\eta_{\text{c}} \approx \sqrt{\frac{\mu}{\varepsilon}}\left(1+\text{j}\frac{\sigma}{2\omega\varepsilon}\right) \approx \sqrt{\frac{\mu}{\varepsilon}} = 238.44\ \Omega$$

$$\begin{aligned}\boldsymbol{H}(x,t) &= \frac{1}{\eta_{\text{c}}}\boldsymbol{e}_x\times\boldsymbol{E} = \boldsymbol{e}_z\frac{E(x,t)}{\eta_{\text{c}}} = \boldsymbol{e}_z\frac{E_{\text{m}}}{\eta_{\text{c}}}\text{e}^{-\alpha x}\cos(\omega t - \beta x)\\ &= \boldsymbol{e}_y\frac{E_{\text{m}}}{238.44}\text{e}^{-1.67\times10^{-2}z}\cos(2\pi\times10^9 t - 33.12x)\ \text{A/m}\end{aligned}$$

可看出，当电磁波在弱导电媒质中传播时，其相位常数 β 和波阻抗 η_{c} 与理想介质中的相应值近似相等。不同的只是在弱导电媒质中，电磁波振幅有衰减。

4.6 电磁波的极化特性

电磁波的极化是电磁理论中的一个重要概念，它是指在空间某一点处电场矢量的方向随时间变化的方式，可用电场矢量的端点轨迹来描述。如果电场矢量始终在一条直线上移动，即 $\boldsymbol{E}$ 的端点轨迹为一条直线，则此波称为线极化波；若电场矢量端点在一个圆上移动，即 $\boldsymbol{E}$ 的端点轨迹为圆，则称为圆极化波；当 $\boldsymbol{E}$ 的端点轨迹是椭圆时，称为椭圆极化波。线极化和圆极化都是椭圆极化的特例。

设均匀平面波沿 $\boldsymbol{e}_z$ 方向传播，则 $\boldsymbol{E}$ 和 $\boldsymbol{H}$ 均位于垂直于 z 轴的 xOy 平面，即"z=常数"的平面上。在这个平面上，$\boldsymbol{E}$ 的取向可以是任意的。设 $\boldsymbol{E}$ 可表示为

$$\boldsymbol{E} = \boldsymbol{e}_x E_x + \boldsymbol{e}_y E_y = \boldsymbol{e}_x E_{x\text{m}}\cos(\omega t - kz + \varphi_x) + \boldsymbol{e}_y E_{y\text{m}}\cos(\omega t - kz + \varphi_y) \tag{4.6.1}$$

由于空间任意点处电场随时间变化的规律相同。因此为简化讨论，选取 $z=0$ 的平面，则 $\boldsymbol{E}$ 的两个分量的瞬时值为

$$E_x = E_{x\text{m}}\cos(\omega t + \varphi_x) \tag{4.6.2}$$

$$E_y = E_{y\text{m}}\cos(\omega t + \varphi_y) \tag{4.6.3}$$

场量表达式中，$E_{x\text{m}}, E_{y\text{m}}, \varphi_x, \varphi_y$ 的取值决定合成电场矢量终端轨迹，从而确定波的极化方式。

1. 直线极化

当 E_x、E_y 分量的相位相同或相差 π，即 $\varphi_y - \varphi_x = 0$ 或 $\varphi_y - \varphi_x = \pm\pi$ 时，此时的波称为线极

化波。

如当 $\varphi_y-\varphi_x=0$，即 $\varphi_y=\varphi_x=\varphi$ 时，由式(4.6.2)和式(4.6.3)可得

$$E_x=E_{xm}\cos(\omega t+\varphi)\quad,\quad E_y=E_{ym}\cos(\omega t+\varphi)$$

两式相除，可得

$$\frac{E_y}{E_x}=\frac{E_{ym}}{E_{xm}}\tag{4.6.4}$$

这是一条直线方程，它与 x 轴的夹角为

$$\alpha=\arctan\frac{E_y}{E_x}=\arctan\frac{E_{ym}}{E_{xm}}=\text{常数}\tag{4.6.5}$$

这表明，$\boldsymbol{E}$ 与 x 轴的夹角保持不变，其矢量端点始终在一条直线上，如图 4.5 所示，故称其为线极化波。

当 E_x、E_y 分量的相位相差π，即 $\varphi_y-\varphi_x=\pm\pi$ 时，类似可得 α 也为常数，故也是线极化波。

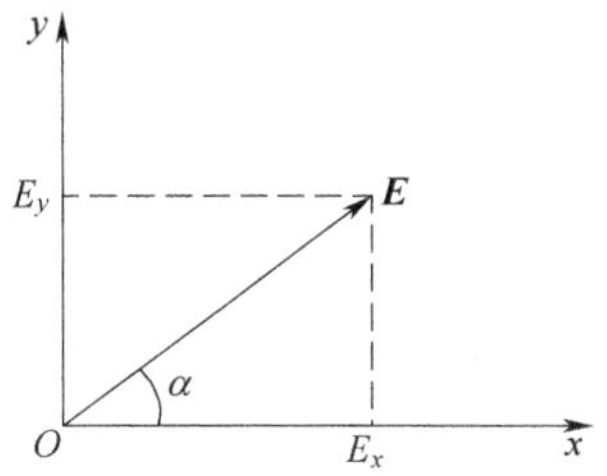

图 4.5　直线极化

2. 圆极化波

当 E_x、E_y 分量的振幅相等，相位相差$\frac{\pi}{2}$，即 $E_{xm}=E_{ym}=E_m$，$\varphi_y-\varphi_x=\pm\frac{\pi}{2}$ 时，此时的波称为圆极化波。

由式(4.6.2)和式(4.6.3)，有

$$E_x=E_m\cos(\omega t+\varphi_x)\tag{4.6.6}$$

$$E_y=E_{ym}\cos\left(\omega t+\varphi_x\pm\frac{\pi}{2}\right)=\mp E_m\sin(\omega t+\varphi_x)\tag{4.6.7}$$

因此，有

$$E_x^2+E_y^2=E_m^2\tag{4.6.8}$$

这是一个圆的方程，说明电场矢量终端轨迹为圆。

合成波电场与 x 轴的夹角为

$$\alpha=\arctan\frac{E_y}{E_x}=\begin{cases}-(\omega t+\varphi_x) & \text{当 } \varphi_y-\varphi_x=\frac{\pi}{2}\\ \omega t+\varphi_x & \text{当 } \varphi_y-\varphi_x=-\frac{\pi}{2}\end{cases}\tag{4.6.9}$$

由式(4.6.9)可以看出，随着时间 t 的变化，合成电场大小始终不变，而矢量终端却以角频率 ω 作圆周运动，即矢量终端轨迹为圆，故称为圆极化波。当 $\varphi_y-\varphi_x=-\pi/2$ 时，$\alpha=\omega t+\varphi_x$，面向传播方向观察，随着 t 的增大，电场矢量端点沿逆时针方向旋转，旋转方向与波传播方向满足右手螺旋关系，故称为右旋圆极化波，如图 4.6 所示。反之，当 $\varphi_y-\varphi_x=\pi/2$ 时，$\alpha=-(\omega t+\varphi_x)$，随着 t 的增大，电场矢量端点沿顺时针方向旋转，旋转方向与电磁波传播方向满足左手螺旋关系，则称为左旋圆极化波。

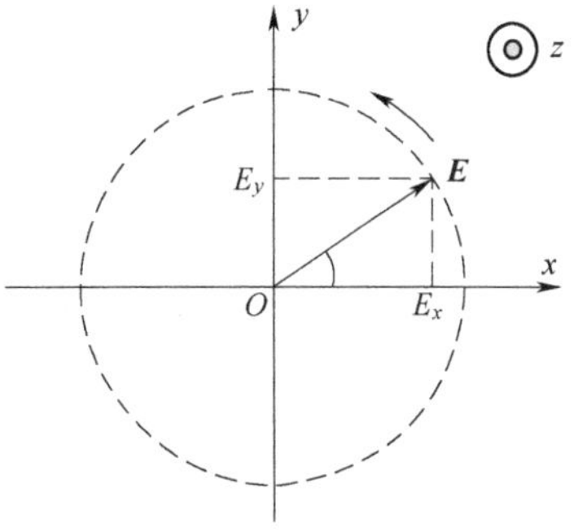

图 4.6　右旋圆极化波示意图

3. 椭圆极化波

一般情形下，电场两个分量的大小和相位间为任意关

系，这时对应的波为椭圆极化波。由式(4.6.2)和式(4.6.3)，消去时间 t 可推导出

$$\left(\frac{E_y}{E_{ym}}\right)^2+\left(\frac{E_x}{E_{xm}}\right)^2-2\frac{E_x}{E_{xm}}\cdot\frac{E_y}{E_{ym}}\cos\varphi=\sin^2\varphi \tag{4.6.10}$$

式中，$\varphi=\varphi_y-\varphi_x$。这是一个椭圆方程，椭圆中心在坐标系原点，电场矢量终端在椭圆上旋转，如图 4.7 所示，故称为椭圆极化波。当 $0<\varphi<\pi$ 时，电场端点在椭圆上按顺时针方向旋转，得到左旋椭圆极化波，当 $-\pi<\varphi<0$ 时，电场端点沿逆时针方向旋转，得到右旋椭圆极化波。特殊地，当 $\varphi=\pm\frac{\pi}{2}$ 时，椭圆的长短轴与坐标轴一致。

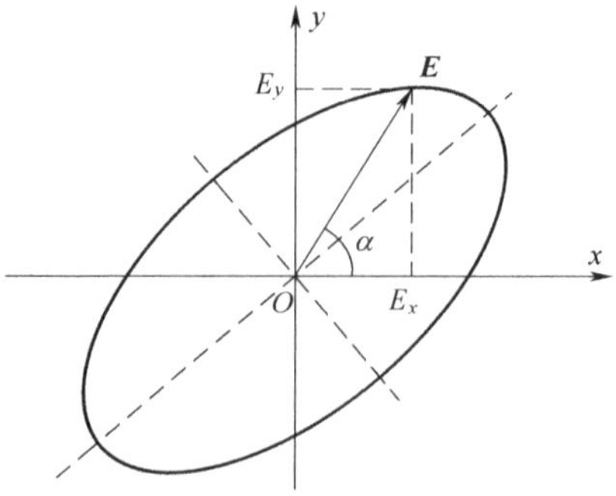

图 4.7　椭圆极化波

圆极化波和线极化波都可看作椭圆极化波的特例。

极化是电磁波的一个重要特性，电场的每一坐标分量可看作是沿坐标方向的线极化波，故上面讨论了两个正交的线极化波的合成波的极化情况。由以上讨论可知，无论何种极化波都可以分解为两个极化方向相互垂直的线极化波。

例 4.11　根据电场表达式判断下列平面波的极化形式

(1) $\boldsymbol{E}(z)=\boldsymbol{e}_xE_m\mathrm{e}^{-\mathrm{j}\beta z}+\boldsymbol{e}_y\mathrm{j}E_m\mathrm{e}^{-\mathrm{j}\beta z}$；

(2) $\boldsymbol{E}(z)=-\boldsymbol{e}_x\mathrm{j}E_m e^{-\mathrm{j}\beta z}+\boldsymbol{e}_y\mathrm{j}2E_m\mathrm{e}^{-\mathrm{j}\beta z}$；

(3) $\boldsymbol{E}(z,t)=\boldsymbol{e}_xE_m\sin(\omega t+kz)+\boldsymbol{e}_yE_m\cos(\omega t+kz)$；

(4) $\boldsymbol{E}(z,t)=\boldsymbol{e}_xE_m\cos(\omega t-kz)+\boldsymbol{e}_yE_m\sin\left(\omega t-kz+\frac{\pi}{3}\right)$。

解　(1)写出电场的瞬时表达式为

$$\boldsymbol{E}(z,t)=\boldsymbol{e}_xE_m\cos(\omega t-\beta z)+\boldsymbol{e}_yE_m\cos\left(\omega t-\beta z+\frac{\pi}{2}\right)$$

因而

$$\varphi_y-\varphi_x=\frac{\pi}{2},\ \text{且}\ E_{xm}=E_{ym}=E_m$$

波沿 $+z$ 方向传播，故此波是左旋圆极化波

(2) $\boldsymbol{E}(z,t)=\boldsymbol{e}_xE_m\cos\left(\omega t-\beta z-\frac{\pi}{2}\right)+\boldsymbol{e}_y2E_m\cos\left(\omega t-\beta z+\frac{\pi}{2}\right)$

因而

$$\varphi_y-\varphi_x=\frac{\pi}{2}+\frac{\pi}{2}=\pi$$

故为线极化波

(3) $\boldsymbol{E}(z,t)=\boldsymbol{e}_xE_m\cos\left(\omega t+kz-\frac{\pi}{2}\right)+\boldsymbol{e}_yE_m\cos(\omega t+kz)$

有

$$\varphi_y-\varphi_x=\frac{\pi}{2},\text{且}\ E_{xm}=E_{ym}=E_m$$

而波沿 $-z$ 方向传播，与图 4.6 所示传播方向相反，故此波为右旋圆极化波。

(4) $\boldsymbol{E}(z,t)=\boldsymbol{e}_x E_{\rm m}\cos(\omega t-kz)+\boldsymbol{e}E_{\rm m}\cos\left(\omega t-kz-\dfrac{\pi}{6}\right)$

故

$$\varphi=\varphi_y-\varphi_x=-\frac{\pi}{6},\ -\pi<\varphi<0$$

此波沿+z 方向传播,故为右旋椭圆极化波。

4.7 波的相速和群速

前面讨论的都是单一频率的正弦电磁波,它们的传播速度为相速,表示的是波的恒定相位点行进的速度,记为

$$v_{\rm p}=\frac{\omega}{\beta} \tag{4.7.1}$$

式中,β 称为相位常数。

理想介质中,$\beta=\omega\sqrt{\mu\varepsilon}$,相速 $v_{\rm p}=\dfrac{1}{\sqrt{\mu\varepsilon}}$ 是一个与频率无关的常数,不同频率的波在其中的传播速度是相同的。导电介质中,$\gamma=\alpha+{\rm j}\beta$,由式(4.5.13)看出,这时的相位常数 β 与 ω 不再是线性关系,相速 $v_{\rm p}$ 与频率有关,不同频率的波在其中传播时具有不同的相位速度,产生色散现象。

由于单一频率的正弦电磁波不能携带任何信息,因此,实际中的信号通常不是单一频率的,而是频率分布在一定的范围内。因而导电介质中很难用一个相速来描述信号在其中的传播速度,于是引入“群速”的概念,它代表信号能量传播的速度。

设有两个振幅均为 $E_{\rm m}$,角频率分别为 $\omega+\Delta\omega$ 和 $\omega-\Delta\omega$ 的同向传输正弦波,其中 $\Delta\omega\ll\omega$,它们在介质中传播的相位常数分别为 $\beta_1=\beta+\Delta\beta$ 和 $\beta_2=\beta-\Delta\beta$,则正弦波表达式为

$$E_1=E_{\rm m}{\rm e}^{{\rm j}(\omega+\Delta\omega)t}{\rm e}^{-{\rm j}(\beta+\Delta\beta)z}=E_{\rm m}{\rm e}^{{\rm j}(\omega-\beta z)}{\rm e}^{{\rm j}(\Delta\omega t-\Delta\beta z)} \tag{4.7.2}$$

$$E_2=E_{\rm m}{\rm e}^{{\rm j}(\omega-\Delta\omega)t}{\rm e}^{-{\rm j}(\beta-\Delta\beta)z}=E_{\rm m}{\rm e}^{{\rm j}(wt-\beta z)}{\rm e}^{-{\rm j}(\Delta\omega t-\Delta\beta z)} \tag{4.7.3}$$

合成波为

$$\begin{aligned}E&=E_1+E_2=E_{\rm m}{\rm e}^{{\rm j}(\omega t-\beta z)}\left[{\rm e}^{{\rm j}(\Delta\omega t-\Delta\beta z)}+{\rm e}^{-{\rm j}(\Delta\omega t-\Delta\beta z)}\right]\\&=2E_{\rm m}\cos(\Delta\omega t-\Delta\beta z){\rm e}^{{\rm j}(\omega t-\beta z)}\end{aligned} \tag{4.7.4}$$

可见,合成波的振幅是一个以频率 $\Delta\omega$ 传播的低频行波,它是一个包络波,如图 4.8 中的虚线所示。

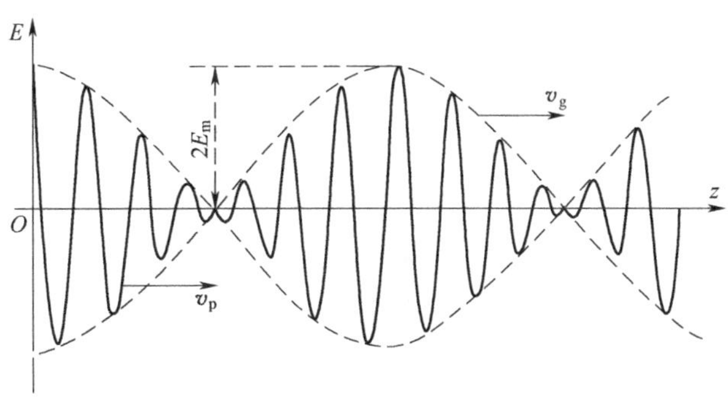

图 4.8 合成波的波形

包络上恒定相位点的行进速度称为群速。由 $\Delta\omega t-\Delta\beta z=$ 常数,可得群速

$$v_{\rm g}=\frac{{\rm d}z}{{\rm d}t}=\frac{\Delta\omega}{\Delta\beta} \tag{4.7.5}$$

由于 $\Delta\omega\ll\omega$,上式可近似为

$$v_g \approx \frac{d\omega}{d\beta} \tag{4.7.6}$$

由 $v_p = \frac{\omega}{\beta}$，有

$$v_g = \frac{d(v_p\beta)}{d\beta} = v_p + \beta\frac{dv_p}{d\beta} = v_p + \frac{\omega}{v_p}\frac{dv_p}{d\omega}\frac{d\omega}{d\beta} = v_p + \frac{\omega}{v_p}\frac{dv_p}{d\omega}v_g \tag{4.7.7}$$

故可得群速与相速的关系式

$$v_g = \frac{v_p}{1 - \frac{\omega}{v_p}\frac{dv_p}{d\omega}} \tag{4.7.8}$$

由上式，根据 v_p 与 ω 间的变化关系，可分为以下几种情形：

(1) 当 v_p 与 ω 无关，即 $\frac{dv_p}{d\omega} = 0$ 时，$v_g = v_p$。即波在理想介质中传播时，不同频率的波具有相同的相速，且等于群速。波在传播过程中，波形不会发生变化。

(2) 当 ω 增大，v_p 也增大，即 $\frac{dv_p}{d\omega} > 0$ 时，$v_g > v_p$，称为反常色散。

(3) 当 ω 增大，v_p 减小，即 $\frac{dv_p}{d\omega} < 0$ 时，$v_g < v_p$，称为正常色散。

群速是波群传播的速度。在传播过程中，当波群作为一个整体移动且波形包络变化足够缓慢时，群速才有意义，此时可以用群速来描述波的传播速度，这就要求电磁波的频带足够窄。对于宽频带信号，信号包络在传播过程中会发生畸变，这种情形下，群速就失去意义。

习　　题

4.1　将下列电场或磁场的瞬时表达式、复数表达式形式互换。

(1) $\boldsymbol{E} = \boldsymbol{e}_y E_{ym}\cos(\omega t - kx) + \boldsymbol{e}_z E_{zm}\sin(\omega t - kx)$；

(2) $\boldsymbol{H} = \boldsymbol{e}_y H_m e^{-\alpha x}\cos(\omega t - kx)$；

(3) $\boldsymbol{E} = \boldsymbol{e}_x 2jE_m \sin\theta\cos(kx\cos\theta)e^{-jkz\sin\theta}$。

4.2　由圆形极板构成的平行板电容器，板间距离为 d，极板间充满电导率为 σ 的非理想介质，两极板上外加直流电源，求极板间的电流和坡印亭矢量，并证明电容器中消耗的功率等于电源提供的功率。

4.3　在均匀理想介质中，已知时变电磁场为

$$\boldsymbol{E} = \boldsymbol{e}_x 30\pi\cos\left(\omega t - \frac{4}{3}z\right)\ \text{V/m}\quad,\quad \boldsymbol{H} = \boldsymbol{e}_y 10\cos\left(\omega t - \frac{4}{3}z\right)\ \text{A/m}$$

介质的 $\mu_r = 1$。由麦克斯韦方程求出 ω 和 ε_r。

4.4　自由空间中，一均匀平面波的磁场强度为

$$\boldsymbol{H} = (\boldsymbol{e}_y + \boldsymbol{e}_z)H_m\cos(\omega t - \pi x)\ \text{A/m}$$

试求：(1) 波的传播方向；(2) 波长和频率；(3) 电场强度；(4) 坡印亭矢量。

4.5　自由空间中，一均匀平面波的磁场强度 $\boldsymbol{H}$ 的振幅为 $\frac{1}{3\pi}$ A/m，以相位常数 30 rad/m 沿

$-\boldsymbol{e}_z$ 方向传播。当 $t=0$ 和 $z=0$ 时，$\boldsymbol{H}$ 的方向为 $-\boldsymbol{e}_y$，试写出 $\boldsymbol{E}$ 和 $\boldsymbol{H}$ 的表示式，并求出波的频率和波长。

4.6　海水的电导率 $\sigma=4$ S/m，相对介电常数 $\varepsilon_r=81$。求频率为 100 kHz、10 MHz、100 MHz、1 GHz的电磁波在海水中的波长、衰减系数和波阻抗。

4.7　一频率为 3 GHz，沿 $\boldsymbol{e}_y$ 方向极化的均匀平面波在 $\varepsilon_r=2.5$，损耗正切 $\tan\delta=\dfrac{\sigma}{\omega\varepsilon}=10^{-2}$ 的非磁性介质中沿 $\boldsymbol{e}_x$ 方向传播。试求：(1) 波的振幅衰减到原来值的一半时，传播的距离；(2) 介质的本征阻抗，波的波长和相速；(3) 设在 $x=0$ 处，$\boldsymbol{E}=\boldsymbol{e}_y 50\sin\left(6\pi\times10^9 t+\dfrac{\pi}{3}\right)$ V/m，写出磁场强度 $\boldsymbol{H}$ 的表示式。

4.8　垂直放置在球坐标原点的某电流元所产生的远区场为

$$\boldsymbol{E}=\boldsymbol{e}_\theta\frac{E_0}{r}\sin\theta\cos(\omega t-\beta r)\ \text{V/m}$$

$$\boldsymbol{H}=\boldsymbol{e}_\varphi\frac{E_0}{\eta_0 r}\sin\theta\cos(\omega t-\beta r)\ \text{A/m}$$

式中，E_0 为常数，$\eta_0=\sqrt{\dfrac{\mu_0}{\varepsilon_0}}$，$\beta=\omega\sqrt{\mu_0\varepsilon_0}$，试求穿过半径为 r_0 的球面 S 的平均功率。

4.9　自由空间中传播的均匀平面波，已知其电场矢量为

$$\boldsymbol{E}=\boldsymbol{e}_y 377\cos(6\pi\times10^8 t+2\pi z)\ \text{V/m}$$

试求：(1) 电磁波的传播方向；(2) 波的频率、波长和相位速度；(3) 写出相应的磁场瞬时表达式。

4.10　自由空间中均匀平面波的电场为

$$\boldsymbol{E}=10^{-2}(\boldsymbol{e}_x-\boldsymbol{e}_y 4+\boldsymbol{e}_z 6)\cos(\omega t+2x-y-k_z z)\ \text{V/m}$$

试求：(1) 波的传播方向、波长和频率；(2) 相应的磁场表达式。

4.11　自由空间中均匀平面波的波长为 6 cm，当该波进入理想介质后其波长减少为 4 cm。设介质的相对磁导率 $\mu_r=1$，试求：介质的相对介电常数 ε_r，波在该介质中传播的频率和波速。

4.12　一均匀平面波在理想介质中传播，已知其频率为 50 MHz，电场振幅矢量 $\boldsymbol{E}_m=\boldsymbol{e}_x 4-\boldsymbol{e}_y+\boldsymbol{e}_z 2$ V/m，磁场振幅矢量 $\boldsymbol{H}_m=\boldsymbol{e}_x 6+\boldsymbol{e}_y 18-\boldsymbol{e}_z 3$A/m。

试求：(1) 波的传播方向、波矢量；(2) 介质的相对介电常数 ε_r；(3) 波的平均功率密度。

4.13　自由空间中，均匀平面波的波长 $\lambda_0=60$ m。当它沿 $+z$ 轴垂直向下进入海水中传播时，在距海平面 1 m 处，即 $z=1$ m 处，电场 $\boldsymbol{E}=\boldsymbol{e}_x\cos\omega t$ V/m。已知海水的介质参数为 $\mu_r=1$，$\varepsilon_r=81$，$\sigma=4$ S/m，试求海水中的波长、相速、波阻抗、电场和磁场的瞬时表达式。

4.14　均匀平面波在介质参数为 $\mu_r=1$，$\varepsilon_r=10$，$\sigma=0.01$ S/m 的湿土中传播，已知其频率 $f=2$ MHz，求：(1) 振幅衰减至初始值的 10^{-2} 时，波传播的距离；(2) 电磁波在湿土中传播时的相速、波长。

4.15　为防止室内电子设备受外界电磁场干扰，通常采用厚度大于 5 个穿透深度的铜板构建屏蔽室。已知铜板的介质参数为 $\mu_r=1$，$\varepsilon_r=10$，$\sigma=5.8\times10^7$ S/m，若要求屏蔽的频率范围为 10 kHz~100 MHz，试计算铜板的厚度至少应为多少？

4.16　证明一线极化波可分解为两个振幅相等、旋转方向相反的圆极化波。

4.17　判断下列平面电磁波的极化方式。

(1) $\boldsymbol{E}=\boldsymbol{e}_x \mathrm{j}E_m \mathrm{e}^{\mathrm{j}kz}+\boldsymbol{e}_y \mathrm{j}E_m \mathrm{e}^{\mathrm{j}kz}$；

(2) $\boldsymbol{E} = \boldsymbol{e}_x E_m \sin(\omega t - kz) + \boldsymbol{e}_y E_m \cos(\omega t - kz)$；

(3) $\boldsymbol{E} = \boldsymbol{e}_x \mathrm{j} E_m \mathrm{e}^{-\mathrm{j}kz} - \boldsymbol{e}_y \mathrm{j} E_m \mathrm{e}^{-\mathrm{j}kz}$；

(4) $\boldsymbol{E} = \boldsymbol{e}_x E_m \sin\left(\omega t - kz - \dfrac{\pi}{4}\right) + \boldsymbol{e}_y 2E_m \sin\left(\omega t - kz - \dfrac{3\pi}{4}\right)$；

(5) $\boldsymbol{E} = \boldsymbol{e}_x E_m \mathrm{e}^{-\mathrm{j}10\pi z} + \boldsymbol{e}_y E_m \mathrm{e}^{-\mathrm{j}\left(10\pi z - \frac{\pi}{2}\right)}$。

第 5 章　均匀平面波的反射与透射

第 4 章讨论了均匀平面波在无界均匀介质中的传播特性。实际的电磁波传播环境通常是由多种不同介质组成的。电磁波在传播过程中,会遇到不同介质的交界面。这时就会产生电磁波传播方向和能量的变化。电磁波入射到交界面时,会产生反射和透射现象,该问题包括两个方面:(1)入射角、反射角和透射角的关系;(2)入射波、反射波和透射波的振幅比和相对相位。

本章将讨论均匀平面波在介质分界面的垂直入射以及在介质和导体表面的斜入射。其本质是电磁波在介质交界面上的边值问题,即由 $\boldsymbol{E}$ 和 $\boldsymbol{B}$ 的边值关系以及交界面两侧的介质物性参数决定的。已知参数为入射波传播参数和介质物性参数,待求参数为反射波和透射波的传播参数,进而讨论分界面两侧的波的传播特性。

5.1　均匀平面波对分界平面的垂直入射

假定两种介质的分界面为无限大平面,把投射到该分界面上的波称为入射波。入射波传播至分界面处时,部分电磁能量被分界面反射,形成反射波。另一部分电磁能量将透过分界面在另一侧介质中传播,形成透射波。反射波与透射波的传播特性由分界面两侧介质的物性参数决定。若入射波的传播方向与分界面的法线平行,这种入射方式称为垂直入射。垂直入射情况下,反射波沿入射波传播方向的反向传播,透射波沿原传播方向透过介质交界面传播。

5.1.1　导电媒质分界面的垂直入射

如图 5.1 所示,设置坐标系,将 $z=0$ 平面置为媒质交界面。电磁波从 $z<0$ 的媒质中垂直入射到交界面上。媒质 1 和媒质 2 分别位于 $z<0$ 和 $z>0$ 区域中,其物性参数分别为 $(\mu_1,\varepsilon_1,\sigma_1)$ 和 $(\mu_2,\varepsilon_2,\sigma_2)$。

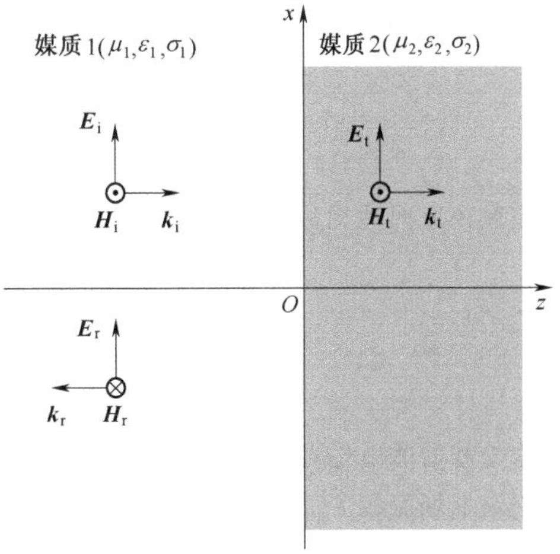

图 5.1　均匀平面波垂直入射介质分界面

图 5.1 中,$\boldsymbol{E}$、$\boldsymbol{H}$、$\boldsymbol{k}$ 分别表示平面波的电场强度矢量、磁场强度矢量和波矢量。下标 i,r 和 t 分别表示入射波、反射波和透射波。为简化分析,不妨设入射波是沿 x 方向的线极化波。则媒质 1 中的入射波电场强度矢量和磁场强度矢量可分别表示为

$$\boldsymbol{E}_i(z)=\boldsymbol{e}_xE_{ia}e^{-\gamma_1 z} \tag{5.1.1}$$

$$\boldsymbol{H}_{\mathrm{i}}(z)=\boldsymbol{e}_y\frac{E_{\mathrm{ia}}}{\eta_{1\mathrm{c}}}\mathrm{e}^{-\gamma_1 z} \tag{5.1.2}$$

式中，E_{ia} 表示入射的均匀平面波的振幅值，γ_1 和 $\eta_{1\mathrm{c}}$ 分别表示媒质 1 的传播常数和本征阻抗，表示为

$$\gamma_1=\mathrm{j}\omega\sqrt{\mu_1\varepsilon_{1\mathrm{c}}}=\mathrm{j}\omega\sqrt{\mu_1\varepsilon_1}\left(1-\mathrm{j}\frac{\sigma_1}{\omega\varepsilon_1}\right)^{1/2}$$

$$\eta_{1\mathrm{c}}=\sqrt{\frac{\mu_1}{\varepsilon_{1\mathrm{c}}}}=\sqrt{\frac{\mu_1}{\varepsilon_1}}\left(1-\mathrm{j}\frac{\sigma_1}{\omega\varepsilon_1}\right)^{-1/2}$$

媒质 1 中的反射波电场强度矢量方向和入射波相同，反射波的传播方向和入射波的传播方向相反，反射波电场和磁场可分别表示为

$$\boldsymbol{E}_{\mathrm{r}}(z)=\boldsymbol{e}_x E_{\mathrm{ra}}\mathrm{e}^{\gamma_1 z} \tag{5.1.3}$$

$$\boldsymbol{H}_{\mathrm{r}}(z)=-\boldsymbol{e}_z\frac{1}{\eta_{1\mathrm{c}}}\boldsymbol{E}_{\mathrm{r}}(z)=-\boldsymbol{e}_y\frac{E_{\mathrm{ra}}}{\eta_{1\mathrm{c}}}\mathrm{e}^{\gamma_1 z} \tag{5.1.4}$$

式中，E_{ra}表示反射波的振幅值。从而媒质 1 中的合成波电场和磁场分别为

$$\boldsymbol{E}_1(z)=\boldsymbol{E}_{\mathrm{i}}(z)+\boldsymbol{E}_{\mathrm{r}}(z)=\boldsymbol{e}_x E_{\mathrm{ia}}\mathrm{e}^{-\gamma_1 z}+\boldsymbol{e}_x E_{\mathrm{ra}}\mathrm{e}^{\gamma_1 z} \tag{5.1.5}$$

$$\boldsymbol{H}_1(z)=\boldsymbol{H}_{\mathrm{i}}(z)+\boldsymbol{H}_{\mathrm{r}}(z)=\boldsymbol{e}_y\frac{E_{\mathrm{ia}}}{\eta_{1\mathrm{c}}}\mathrm{e}^{-\gamma_1 z}-\boldsymbol{e}_y\frac{E_{\mathrm{ra}}}{\eta_{1\mathrm{c}}}\mathrm{e}^{\gamma_1 z} \tag{5.1.6}$$

媒质 2 中只有透射波，传播方向和入射波的传播方向一致，其电场和磁场可分别表示为

$$\boldsymbol{E}_2(z)=\boldsymbol{E}_t(z)=\boldsymbol{e}_x E_{\mathrm{ta}}\mathrm{e}^{-\gamma_2 z} \tag{5.1.7}$$

$$\boldsymbol{H}_2(z)=\boldsymbol{H}_t(z)=\boldsymbol{e}_z\frac{1}{\eta_{2\mathrm{c}}}\boldsymbol{E}_t(z)=\boldsymbol{e}_y\frac{E_{\mathrm{ta}}}{\eta_{2\mathrm{c}}}\mathrm{e}^{-\gamma_2 z} \tag{5.1.8}$$

式中，E_{ta}表示透射波的振幅值，γ_2 和 $\eta_{2\mathrm{c}}$分别表示媒质 2 的传播常数和本征阻抗，表示为

$$\gamma_2=\mathrm{j}\omega\sqrt{\mu_2\varepsilon_{2\mathrm{c}}}=\mathrm{j}\omega\sqrt{\mu_2\varepsilon_2}\left(1-\mathrm{j}\frac{\sigma_2}{\omega\varepsilon_2}\right)^{1/2}$$

$$\eta_{2\mathrm{c}}=\sqrt{\frac{\mu_2}{\varepsilon_{2\mathrm{c}}}}=\sqrt{\frac{\mu_2}{\varepsilon_2}}\left(1-\mathrm{j}\frac{\sigma_2}{\omega\varepsilon_2}\right)^{-1/2}$$

根据边界条件，在 $z=0$ 的分界面上，应有 $E_{1x}=E_{2x}$，$H_{1y}=H_{2y}$。注意：媒质 1 中的总场为入射波和反射波场强的叠加，而媒质 2 中只有透射波。因此有边界条件

$$\begin{cases}E_{\mathrm{ia}}+E_{\mathrm{ra}}=E_{\mathrm{ta}}\\ \dfrac{1}{\eta_{1\mathrm{c}}}(E_{\mathrm{ia}}-E_{\mathrm{ra}})=\dfrac{1}{\eta_{2\mathrm{c}}}E_{\mathrm{ta}}\end{cases}$$

由此可解得反射波和透射波的振幅：

$$E_{\mathrm{ra}}=\frac{\eta_{2\mathrm{c}}-\eta_{1\mathrm{c}}}{\eta_{2\mathrm{c}}+\eta_{1\mathrm{c}}}E_{\mathrm{ia}} \tag{5.1.9}$$

$$E_{\mathrm{ta}}=\frac{2\eta_{2\mathrm{c}}}{\eta_{2\mathrm{c}}+\eta_{1\mathrm{c}}}E_{\mathrm{ia}} \tag{5.1.10}$$

定义反射波电场振幅 E_{ra}与入射波电场振幅 E_{ia}的比值为分界面上的反射系数，用 Γ 表示。定义透射波电场振幅 E_{ta}与入射波电场振幅 E_{ia}的比值为分界面上的透射系数，用 τ 表示，则有

$$\Gamma=\frac{\eta_{2\mathrm{c}}-\eta_{1\mathrm{c}}}{\eta_{2\mathrm{c}}+\eta_{1\mathrm{c}}} \tag{5.1.11}$$

$$\tau = \frac{2\eta_{2c}}{\eta_{2c} + \eta_{1c}} \tag{5.1.12}$$

且 $1+\Gamma=\tau$。

当媒质为导电媒质时,即电导率不为零时,介质的本征阻抗为复数,则 Γ 和 τ 为复数。这表明在分界面上,反射波、透射波与入射波之间存在相位差。

例 5.1 50 MHz 的均匀平面波在媒质 1($\varepsilon_{1r}=16, \mu_r=1, \sigma=0.02$ S/m)中传播,垂直入射到媒质 2($\varepsilon_{1r}=25, \mu_r=1, \sigma=0.2$ S/m)表面。若分界面处入射电场强度的振幅为 10 V/m,求透射波的平均功率密度。

解 对媒质 1,有

$$\omega = 2\pi \times 50 \times 10^6 \text{ rad/s} = 3.142 \times 10^8 \text{ rad/s}$$

$$\frac{\sigma_1}{\omega\varepsilon_{1r}\varepsilon_0} = \frac{0.02 \times 36\pi}{3.142 \times 10^8 \times 16 \times 10^{-9}} = 0.45$$

$$\varepsilon_{1c} = \varepsilon_{1r}\varepsilon_0\left(1 - j\frac{\sigma_1}{\omega\varepsilon_{1r}\varepsilon_0}\right) = 16 \times \frac{10^{-9}}{36\pi} \times (1 - j0.45) = (14.15 - j6.366) \times 10^{-11}$$

$$\eta_{1c} = \sqrt{\frac{\mu_1}{\varepsilon_{1c}}} = \sqrt{\frac{4\pi \times 10^{-7} \times 10^{11}}{14.15 - j6.366}} = 87.997 + j18.887$$

对媒质 2,有

$$\frac{\sigma_2}{\omega\varepsilon_{2r}\varepsilon_0} = \frac{0.2 \times 36\pi}{3.142 \times 10^8 \times 25 \times 10^{-9}} = 2.88$$

$$\varepsilon_{2c} = \varepsilon_{2r}\varepsilon_0\left(1 - j\frac{\sigma_1}{\omega\varepsilon_{2r}\varepsilon_0}\right) = 25 \times \frac{10^{-9}}{36\pi} \times (1 - j2.88) = (2.21 - j6.366) \times 10^{-10}$$

$$\gamma_2 = j3.142 \times 10^8 \times \sqrt{4\pi \times 10^{-7} \times (2.21 - j6.366) \times 10^{-10}} = (5.3 + j7.45) \text{ m}^{-1}$$

$$\eta_{2c} = \sqrt{\frac{\mu_2}{\varepsilon_{2c}}} = \sqrt{\frac{4\pi \times 10^{-7} \times 10^{10}}{2.21 - j6.366}} = 35.188 + j25.031$$

从而得到透射系数为

$$\tau = \frac{2\eta_{2c}}{\eta_{2c} + \eta_{1c}} = \frac{2(35.188 + j25.031)}{(35.188 + j25.031) + (87.997 + j18.887)} = 0.635 + j0.18$$

所以,透射场可表示为

$$\boldsymbol{E}_t(z) = \boldsymbol{e}_x E_{ta} e^{-\gamma_2 z} = \boldsymbol{e}_x (6.35 + j1.8) e^{-5.3z} e^{-j7.45z} \quad (\text{V/m})$$

$$\boldsymbol{H}_t(z) = \boldsymbol{e}_y \frac{E_{ta}}{\eta_{2c}} e^{-\gamma_2 z} = \boldsymbol{e}_y \frac{6.35 + j1.8}{35.188 + j25.031} e^{-5.3z} e^{-j7.45z} \quad (\text{A/m})$$

从而透射波的平均功率密度是

$$\boldsymbol{S}_2 = \frac{1}{2}\text{Re}[\boldsymbol{E}_1(z) \times \boldsymbol{H}_1^*(z)] = 0.41 e^{-10.06z} \boldsymbol{e}_z \quad (\text{W/m}^2)$$

下面分别讨论理想导体平面和理想介质平面的垂直入射情况,并分析交界面两侧的电磁波的传播特性。

5.1.2 理想导体分界面的垂直入射

如图 5.2 所示,介质 1 为理想介质,其电导率 $\sigma_1 = 0$;介质 2 为理想导体,其电导率 $\sigma_2 = \infty$,在这种导体内部不存在时变电磁场。

由于介质 2 的电导率 $\sigma_2=\infty$，其本征阻抗

$$\eta_{2c}=\sqrt{\frac{\mu_2}{\varepsilon_{2c}}}=\sqrt{\frac{\mu_2}{\varepsilon-\frac{j\sigma_2}{\omega}}}\to 0$$

由式(5.1.11)和式(5.1.12)，得到

$$\begin{cases}\Gamma=-1\\ \tau=0\end{cases}\qquad(5.1.13)$$

由于介质 1 是理想介质，$\gamma_1=j\omega\sqrt{\mu_1\varepsilon_1}=j\beta_1$、$\eta_{1c}=\sqrt{\frac{\mu_1}{\varepsilon_1}}=\eta_1$，故入射波电场和磁场可分别表示为

$$\boldsymbol{E}_i(z)=\boldsymbol{e}_xE_{ia}e^{-j\beta_1z}\qquad(5.1.14)$$

$$\boldsymbol{E}_i(z)=\boldsymbol{e}_xE_{ia}e^{-j\beta_1z}\qquad(5.1.15)$$

$$\boldsymbol{H}_i(z)=\boldsymbol{e}_y\frac{E_{ia}}{\eta_1}e^{-j\beta_1z}\qquad(5.1.16)$$

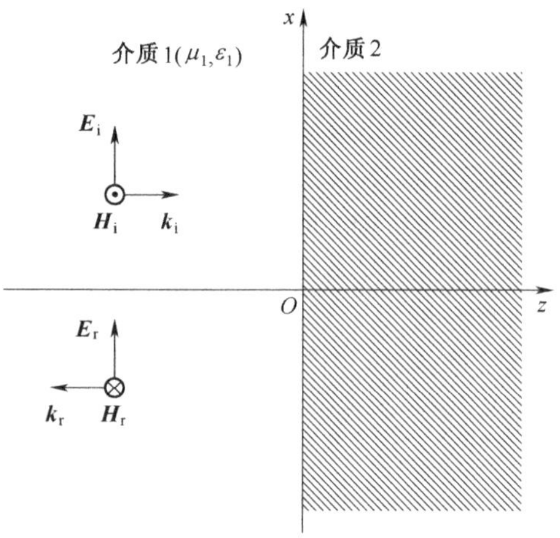

图 5.2　均匀平面波对理想导体平面的垂直入射

反射波的电场可表示为

$$\boldsymbol{E}_r(z)=-\boldsymbol{e}_xE_{ia}e^{j\beta_1z}\qquad(5.1.17)$$

反射波向$-z$ 方向传播，根据均匀平面波的性质，可求得反射波磁场强度矢量为

$$\boldsymbol{H}_r(z)=\boldsymbol{e}_y\frac{E_{ia}}{\eta_1}e^{j\beta_1z}\qquad(5.1.18)$$

从而，介质 1 中的合成波的电场和磁场分别为

$$\boldsymbol{E}_1(z)=\boldsymbol{e}_xE_{ia}(e^{-j\beta_1z}-e^{j\beta_1z})=-\boldsymbol{e}_xj2E_{ia}\sin\beta_1z\qquad(5.1.19)$$

$$\boldsymbol{H}_1(z)=\boldsymbol{e}_y\frac{E_{ia}}{\eta_1}(e^{-j\beta_1z}+e^{j\beta_1z})=\boldsymbol{e}_y\frac{2E_{ia}\cos\beta_1z}{\eta_1}\qquad(5.1.20)$$

当 $\beta_1z=-n\pi$，即

$$z=-\frac{n\pi}{\beta_1}=-\frac{n\lambda_1}{2},n=0,1,2,\cdots$$

的位置处时，$\sin\beta_1z=0$，任一时刻合成波的电场强度幅度恒为 0。这些点称为电场强度的波节点。

当 $\beta_1z=-n\pi-\frac{\pi}{2}$，即

$$z=-\frac{\lambda_1}{4}(2n+1),n=0,1,2,\cdots$$

的位置处，$|\boldsymbol{E}_1(z)|=2W_{ia}$，合成波的电场强度幅度为最大值 $2E_{ia}$。这些点称为电场强度的波腹点。

这种波节点和波腹点位置固定的波称为驻波，波节点处值为 0 的驻波称为纯驻波。总的电场强度和磁场强度的瞬时值可分别表示为

$$\boldsymbol{E}_1(z,t)=\mathrm{Re}[\boldsymbol{E}_1(z)e^{j\omega t}]=\boldsymbol{e}_x2E_{ia}\sin\beta_1z\sin\omega t\qquad(5.1.21)$$

$$\boldsymbol{H}_1(z,t)=\mathrm{Re}[\boldsymbol{H}_1(z)e^{j\omega t}]=\boldsymbol{e}_y\frac{2E_{ia}}{\eta_1}\cos\beta_1z\cos\omega t\qquad(5.1.22)$$

在 0 时刻，$\omega t=0$，总的电场强度在任一空间位置 z 处都为 0。当 $\omega\tau=\frac{\pi}{2}$时，z 轴上各点的电场

强度的振幅都达到最大值,而各点的振幅最大值是随 z 的所在位置而变化的,即 $2E_{ia}|\sin\beta_1 z|$,如图 5.3 所示。

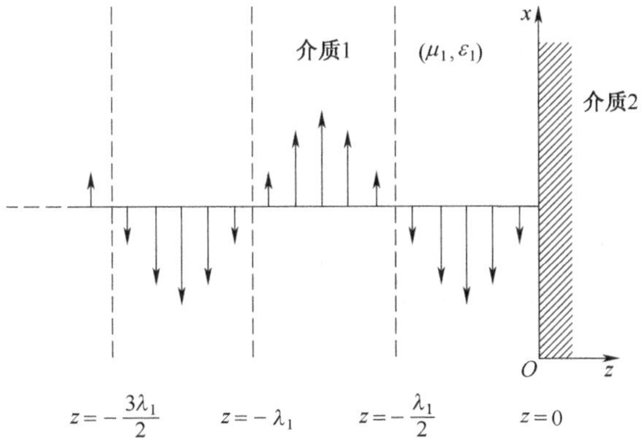

图 5.3　总电场强度的瞬时值示意图

可以看出,$\boldsymbol{E}_1(z,t)$ 和 $\boldsymbol{H}_1(z,t)$ 的驻波在空间位置上错开了四分之一波长,在时间上有$\frac{\pi}{2}$的相移,如图 5.4 所示。

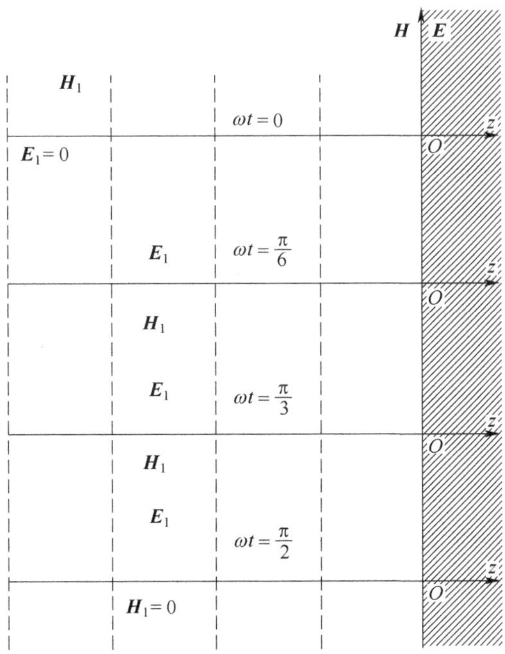

图 5.4　介质 1 中电场和磁场强度的大小

介质 1 中合成波的平均坡印亭矢量为

$$\boldsymbol{S}_{1av}=\frac{1}{2}\mathrm{Re}[\boldsymbol{E}_1(z)\times\boldsymbol{H}_1^*(z)]=\frac{1}{2}\mathrm{Re}\left(-\boldsymbol{e}_z\mathrm{j}\frac{4E_{ia}^2}{\eta_1}\sin\beta_1 z\cos\beta_1 z\right)=0 \qquad (5.1.23)$$

因此,驻波不发生电磁能量的传输,仅在两个波节间进行电场能量和磁场能量的交换。

介质 1 中的电场无法向分量意味着完全导体表面无感应电荷。然而,介质中紧靠边界处磁场强度切向分量存在,保证了完全导体表面有表面电流存在。应用磁场强度切向分量的边界条件,可以得到完全导体的表面电流密度为

$$\boldsymbol{J}_S=\boldsymbol{e}_n\times\boldsymbol{H}_1=-\boldsymbol{e}_z\times[\boldsymbol{H}_{\mathrm{i}}(z)+\boldsymbol{H}_{\mathrm{r}}(z)]_{z=0}=\boldsymbol{e}_x\frac{2E_{\mathrm{ia}}}{\eta_1}\tag{5.1.24}$$

在时域中可表示为

$$\boldsymbol{J}_S(t)=\boldsymbol{e}_x\frac{2E_{\mathrm{ia}}}{\eta_1}\cos\omega t\tag{5.1.25}$$

若入射波为右旋圆极化波 $\boldsymbol{E}_{\mathrm{i}}(z)=(\boldsymbol{e}_x-\mathrm{j}\boldsymbol{e}_y)E_{\mathrm{im}}\mathrm{e}^{-\mathrm{j}\beta z}$,可以视为两个线极化波之和。当其垂直入射到理想导体平面时,反射波则可表示为

$$\boldsymbol{E}_{\mathrm{r}}(z)=(-\boldsymbol{e}_x+\mathrm{j}\boldsymbol{e}_y)E_{\mathrm{im}}\mathrm{e}^{\mathrm{j}\beta z}$$

这是一个沿着 $-z$ 方向传播的左旋圆极化波。

从图 5.5 可见,介质 1 中的电场强度在 $\beta_1 z=-n\pi$ 时为零。这就意味着能够在任一波节处插入完全导电板而不影响驻波波形。对于 $n=3$ 的情况如图 5.5 所示。

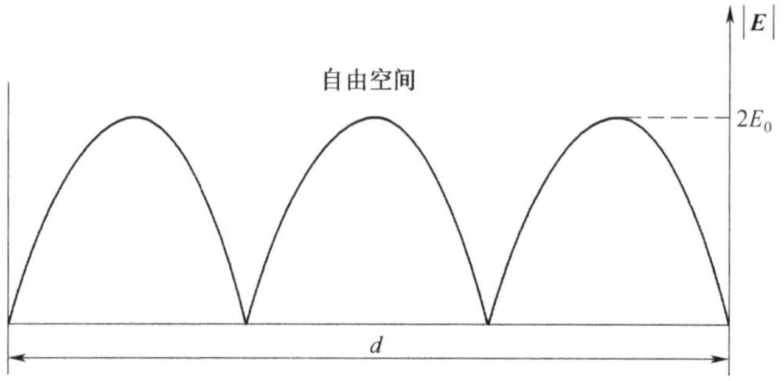

图 5.5　F-P 谐振腔原理示意图

F-P(Fabry-Perot)谐振腔的设计基于这一原理,在毫米波和亚毫米波波长范围内可用它测量频率。F-P 腔两完全导电板的间距能表示为

$$d=\frac{n\pi}{\beta_1}\tag{5.1.26}$$

若两板间为自由空间,则

$$\beta_1=\omega\sqrt{\mu_0\varepsilon_0}=\frac{\omega}{c}=\frac{2\pi f}{c}\tag{5.1.27}$$

从而,电磁波的频率与间距的关系是

$$f=\frac{nc}{2d}\tag{5.1.28}$$

例 5.2　一均匀平面波沿 z 轴由理想介质垂直入射在理想导体表面($z=0$),入射波的电场强度为 $\boldsymbol{E}=\boldsymbol{e}_x100\sin(\omega\tau-\beta z)+\boldsymbol{e}_y200\cos(\omega t-\beta z)$ (V/m),求 $z<0$ 区域内的 E 和 H。

解　入射波电场的复数形式为

$$\boldsymbol{E}=\boldsymbol{e}_x100\mathrm{e}^{-\mathrm{j}\left(\beta z+\frac{\pi}{2}\right)}+\boldsymbol{e}_y200\mathrm{e}^{-\mathrm{j}\beta z}$$

由 $\nabla\times\boldsymbol{E}=-\mathrm{j}\omega\mu_0\boldsymbol{H}$,得

$$\boldsymbol{H}(z)=-\frac{1}{\mathrm{j}\omega\mu_0}\nabla\times\boldsymbol{E}(z)=\frac{1}{\eta_0}\left[-\boldsymbol{e}_x200\mathrm{e}^{-\mathrm{j}\beta z}+\boldsymbol{e}_y100\mathrm{e}^{-\mathrm{j}\left(\beta z+\frac{\pi}{2}\right)}\right]\quad(\mathrm{A/m})$$

其瞬时值可表示为

$$\begin{aligned}\boldsymbol{H}(z,t) &= \mathrm{Re}[\boldsymbol{H}(z)\mathrm{e}^{\mathrm{j}\omega t}] \\ &= \frac{1}{\eta_0}[-\boldsymbol{e}_x 200\cos(\omega t-\beta z)+\boldsymbol{e}_y 100\sin(\omega t-\beta z)] \quad (\mathrm{A/m})\end{aligned}$$

在理想导体表面，反射系数 $\Gamma=-1$，所以反射波电场为

$$\boldsymbol{E}_{rx}=-\boldsymbol{e}_x 100\mathrm{e}^{\mathrm{j}\left(\beta z-\frac{\pi}{2}\right)}-\boldsymbol{e}_y 200\mathrm{e}^{\mathrm{j}\beta z}$$

相应的反射波磁场为

$$H_r=\frac{1}{\eta_0}\left[-\boldsymbol{e}_x 200\mathrm{e}^{\mathrm{j}\beta z}+\boldsymbol{e}_y 100\mathrm{e}^{\mathrm{j}\left(\beta z-\frac{\pi}{2}\right)}\right] \quad (\mathrm{A/m})$$

从而，$z<0$ 区域内总的电场为

$$\boldsymbol{E}_{\mathrm{total}}=-\boldsymbol{e}_x\mathrm{j}200\sin\beta z\mathrm{e}^{-\mathrm{j}\frac{\pi}{2}}-\boldsymbol{e}_y\mathrm{j}400\sin\beta z \quad (\mathrm{V/m})$$

$$\boldsymbol{H}_{\mathrm{total}}=\frac{1}{\eta_0}\left[-\boldsymbol{e}_x 400\cos\beta z+\boldsymbol{e}_y 200\mathrm{e}^{-\mathrm{j}\frac{\pi}{2}}\cos\beta z\right] \quad (\mathrm{A/m})$$

5.1.3 理想介质分界面的垂直入射

当介质 1 和介质 2 均为理想介质时，即 $\sigma_1=\sigma_2=0$，则反射系数和透射系数可分别表示为

$$\Gamma=\frac{\eta_2-\eta_1}{\eta_2+\eta_1} \tag{5.1.29}$$

$$\tau=\frac{2\eta_2}{\eta_2+\eta_1} \tag{5.1.30}$$

式中，$\eta_1=\sqrt{\dfrac{\mu_1}{\varepsilon_1}}$，$\eta_2=\sqrt{\dfrac{\mu_2}{\varepsilon_2}}$ 均为实数。

当 $\eta_2>\eta_1$ 时，反射系数 $\Gamma>0$，这意味着在分界面上反射波电场与入射波电场同相位；当 $\eta_2<\eta_1$ 时，反射系数 $\Gamma<0$，这意味着在分界面上反射波电场与入射波电场的相位差为 π，即存在半波损失。

介质 2 中的透射波沿着 $+z$ 方向传播，电场和磁场可分别为

$$\boldsymbol{E}_2(z)=\boldsymbol{E}_{\mathrm{t}}(z)=\boldsymbol{e}_x\tau E_{\mathrm{ia}}\mathrm{e}^{-\mathrm{j}\beta_2 z} \tag{5.1.31}$$

$$\boldsymbol{H}_2(z)=\boldsymbol{H}_{\mathrm{t}}(z)=\boldsymbol{e}_y\frac{\tau E_{\mathrm{ia}}}{\eta_2}\mathrm{e}^{-\mathrm{j}\beta_2 z} \tag{5.1.32}$$

介质 1 中，既有沿 $+z$ 方向传播的入射波，还有沿 $-z$ 方向传播的反射波，总场为入射场和反射场的叠加形式，即

$$\boldsymbol{E}_1(z)=\boldsymbol{E}_{\mathrm{i}}(z)+\boldsymbol{E}_{\mathrm{r}}(z)=\boldsymbol{e}_x E_{\mathrm{ia}}(\mathrm{e}^{-\mathrm{j}\beta_1 z}+\Gamma\mathrm{e}^{\mathrm{j}\beta_1 z}) \tag{5.1.33}$$

$$\boldsymbol{H}_1(z)=\boldsymbol{H}_{\mathrm{i}}(z)+\boldsymbol{H}_{\mathrm{r}}(z)=\boldsymbol{e}_y\frac{E_{\mathrm{ia}}}{\eta_1}(\mathrm{e}^{-\mathrm{j}\beta_1 z}+\Gamma\mathrm{e}^{\mathrm{j}\beta_1 z}) \tag{5.1.34}$$

重写上式，可以表示为驻波和沿着 $+z$ 方向传播的行波的叠加形式，即

$$\boldsymbol{E}_1(z)=\boldsymbol{e}_x E_{\mathrm{ia}}[(1+\Gamma)\mathrm{e}^{-\mathrm{j}\beta_1 z}+\mathrm{j}2\Gamma\sin\beta_1 z] \tag{5.1.35}$$

$$\boldsymbol{H}_1(z)=\boldsymbol{e}_y\frac{E_{\mathrm{ia}}}{\eta_1}[(1+\Gamma)\mathrm{e}^{-\mathrm{j}\beta_1 z}-2\Gamma\cos\beta_1 z] \tag{5.1.36}$$

介质 1 中的合成波电场包含两部分：第一部分包含传播因子 $\mathrm{e}^{-\mathrm{j}\beta_1 z}$，是振幅为 $(1+\Gamma)E_{\mathrm{ia}}$、沿 $+z$ 方向传播的行波，第二部分是振幅为 $2\Gamma E_{\mathrm{ia}}$ 的驻波。合成波电场的振幅为

$$|\boldsymbol{E}_1(z)| = E_{ia}|(e^{-j\beta_1 z} + \Gamma e^{j\beta_1 z})| = E_{ia}\sqrt{1 + \Gamma^2 + 2\Gamma\cos 2\beta_1 z} \tag{5.1.37}$$

由此可知，当 $\Gamma>0$，即 $\eta_2>\eta_1$ 时，在 $2\beta_1 z = -2n\pi$，即

$$z = -\frac{n\pi}{\beta_1} = -\frac{n\lambda_1}{2} \quad (n = 0,1,2,3,\cdots) \tag{5.1.38}$$

处，合成波电场振幅 $|\boldsymbol{E}_1(z)|$ 的值最大，且

$$|\boldsymbol{E}_1(z)|_{\max} = E_{im}(1 + \Gamma) \tag{5.1.39}$$

在 $2\beta_1 z = -(2n+1)\pi$，即

$$z = -\frac{(2n+1)\pi}{2\beta_1} = -\frac{(2n+1)\lambda_1}{4} \quad (n = 0,1,2,3,\cdots) \tag{5.1.40}$$

处，合成波电场振幅 $|\boldsymbol{E}_1(z)|$ 的值最小，且

$$|\boldsymbol{E}_1(z)|_{\min} = E_{im}(1 - \Gamma) \tag{5.1.41}$$

$\Gamma>0$ 时合成波的电场振幅如图 5.6 所示。

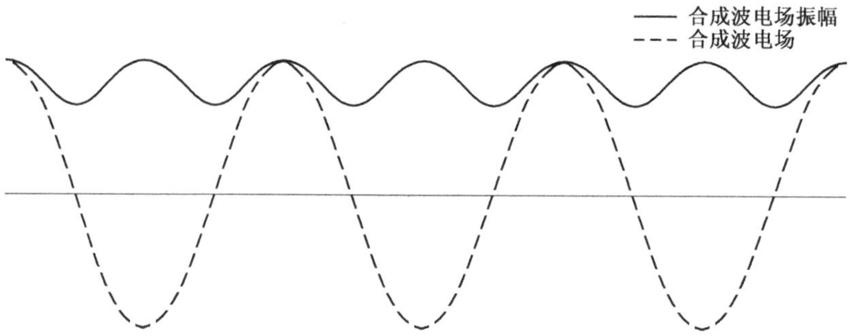

图 5.6 $\Gamma>0$ 时合成波的电场振幅

同理，当 $\Gamma<0$ 时合成波的电场振幅如图 5.7 所示。

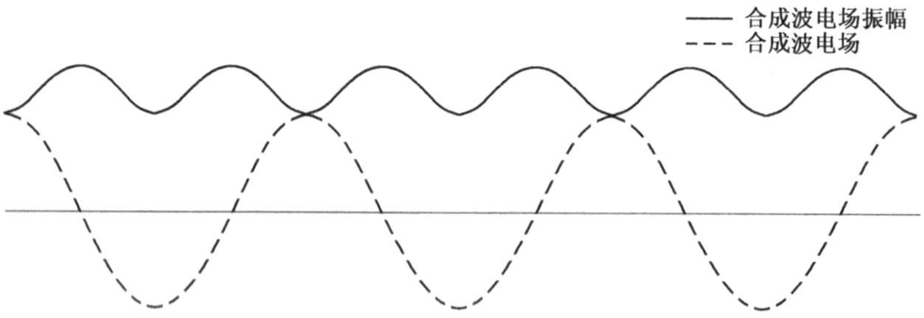

图 5.7 $\Gamma<0$ 时合成波的电场振幅

由式(5.1.36)可得到合成的磁场强度的振幅为

$$|\boldsymbol{H}_1(z)| = \frac{E_{im}}{\eta_1}\sqrt{1 + \Gamma^2 - 2\cos 2\beta_1 z} \tag{5.1.42}$$

由此可见，$|\boldsymbol{H}_1(z)|$ 和 $|\boldsymbol{E}_1(z)|$ 的最大值与最小值的出现位置正好互换。

在工程中，常用驻波系数(或驻波比)S 来描述合成波的特性，其定义是合成波的电场强度的最大值与最小值之比，即

$$S = \frac{|\boldsymbol{E}|_{\max}}{|\boldsymbol{E}|_{\min}} = \frac{1 + |\Gamma|}{1 - |\Gamma|} \tag{5.1.43}$$

S 的单位通常是分贝，其数值为 $20\lg S$。

反射系数也可用驻波系数表示为

$$|\Gamma| = \frac{S-1}{S+1} \tag{5.1.44}$$

全反射时（如理想导体表面的反射），$\Gamma=-1$，$S\to\infty$；无反射时，$\Gamma=0$，$S=1$。利用同轴线或波导传输电磁能量时，要尽量降低同轴线或波导中的驻波比。例如，发射机通过同轴电缆向发射天线传输能量，如果发射机与同轴电缆、同轴电缆与发射天线阻抗都匹配，则同轴线中的反射系数接近 0，驻波比接近 1，可以有效地向发射天线传输电磁能量。如果在传输链路中有不匹配的现象存在，则链路中的反射系数和驻波比都比较大，从而影响能量的正常传输。

介质 1 中沿 z 方向传播的平均功率密度

$$\boldsymbol{S}_{1\mathrm{av}} = \frac{1}{2}\mathrm{Re}(\boldsymbol{e}_x\boldsymbol{E}_1 \times \boldsymbol{e}_y\boldsymbol{H}_1^*) = \boldsymbol{e}_z\frac{E_{\mathrm{ia}}^2}{2\eta_1}(1-\Gamma^2) \tag{5.1.45}$$

即平均功率密度等于入射波平均功率密度减去反射波平均功率密度。

介质 2 中沿 z 方向传播的平均功率密度

$$\boldsymbol{S}_{2\mathrm{av}} = \frac{1}{2}\mathrm{Re}(\boldsymbol{e}_x\boldsymbol{E}_2 \times \boldsymbol{e}_y\boldsymbol{H}_2^*) = \boldsymbol{e}_z\frac{E_{\mathrm{ia}}^2}{2\eta_2}\tau^2 \tag{5.1.46}$$

可见，$\boldsymbol{S}_{1\mathrm{av}} = \boldsymbol{S}_{2\mathrm{av}}$。

例 5.3 设一电磁波，其电场沿 x 方向，频率为 1 GHz，振幅为 100 V/m，初相位为 0，在空气中沿着 $+z$ 方向传播，垂直入射到一无损耗介质表面，该无损耗介质的相对介电常数为 2.1，相对磁导率为 1，空气–介质的交界面为 $z=0$ 平面。求：

(1) $z<0$ 和 $z>0$ 区域的波阻抗和传播常数；

(2) 两个区域中的电场和磁场的瞬时形式。

解 (1) $z<0$ 区域为空气，波阻抗为

$$\eta_1 = \sqrt{\frac{\mu_0}{\varepsilon_0}} = 120\pi\ \Omega = 377\ \Omega$$

传播常数为

$$\gamma_1 = \mathrm{j}\omega\sqrt{\mu\varepsilon} = \mathrm{j}2\pi f\sqrt{\mu_0\varepsilon_0} = \mathrm{j}20.93\ \mathrm{m}^{-1}$$

$z>0$ 区域中，波阻抗为

$$\eta_2 = \sqrt{\frac{\mu_0}{2.1\varepsilon_0}} = 260\ \Omega$$

传播常数为

$$\gamma_2 = \mathrm{j}2\pi f\sqrt{2.1\mu_0\varepsilon_0} = \mathrm{j}30.33\ \mathrm{m}^{-1}$$

(2) $z<0$ 区域的入射波为

$$\boldsymbol{E}_{1\mathrm{i}}(z,t) = \boldsymbol{e}_x E_{\mathrm{im}}\cos(2\pi ft - \beta_1 z) = \boldsymbol{e}_x 100\cos(2\pi\times10^9 t - 20.93z)\ \mathrm{V/m}$$

$$\boldsymbol{H}_{1\mathrm{i}}(z,t) = \frac{1}{\eta_1}\boldsymbol{e}_z\times\boldsymbol{E}_{1\mathrm{i}}(z,t) = \boldsymbol{e}_y 0.27\cos(2\pi\times10^9 t - 20.93z)\ \mathrm{A/m}$$

反射波为

$$\boldsymbol{E}_{1\mathrm{r}}(z,t) = \boldsymbol{e}_x\frac{\eta_2-\eta_1}{\eta_2+\eta_1}E_{\mathrm{im}}\cos(2\pi ft + \beta_1 z) = -\boldsymbol{e}_x 18.37\cos(2\pi\times10^9 t + 20.93z)\ \mathrm{V/m}$$

$$\boldsymbol{H}_{1\mathrm{r}}(z,t) = \frac{1}{\eta_1}(-\boldsymbol{e}_z\times\boldsymbol{E}_{1\mathrm{r}}) = \boldsymbol{e}_y 0.049\cos(2\pi\times10^9 t + 20.93z)\ \mathrm{A/m}$$

从而,合成波为

$$\boldsymbol{E}_1(z,t)=\boldsymbol{E}_{1i}(z,t)+\boldsymbol{E}_{1r}(z,t)$$
$$=\boldsymbol{e}_x[100\cos(2\pi\times10^9t-20.93z)-18.37\cos(2\pi\times10^9t+20.93z)]\ \text{V/m}$$
$$\boldsymbol{H}_1(z,t)=\boldsymbol{H}_{1i}(z,t)+\boldsymbol{H}_{1r}(z,t)$$
$$=\boldsymbol{e}_y[0.27\cos(2\pi\times10^9t-20.93z)+0.049\cos(2\pi\times10^9t+20.93z)]\ \text{A/m}$$

$z>0$ 区域只有透射波,分别表示为

$$\boldsymbol{E}_{2t}(z,t)=\boldsymbol{e}_x\tau E_{im}\cos(2\pi ft-\beta_2z)=\boldsymbol{e}_x81.6\cos(2\pi\times10^9t-30.33z)\ \text{V/m}$$
$$\boldsymbol{H}_{2t}(z,t)=\frac{1}{\eta_2}(\boldsymbol{e}_z\times\boldsymbol{E}_{2t})=\boldsymbol{e}_y0.31\cos(2\pi\times10^9t-30.33z)\ \text{A/m}$$

5.2 均匀平面波对多层平面分层介质的垂直入射

均匀平面波入射到多层平面分层介质结构时,在各层的交界面处都会产生反射和透射。这些反射波和透射波在传播过程中遇到介质交界面还会产生多次反射和透射,各层介质中波的传播相对复杂。工程上常利用电磁波在多层介质中的反射和透射特性完成特定的功能。例如,为保护雷达天线,往往需要用雷达罩将天线包围起来,同时又需要保持雷达罩的透波性能。其设计依据便是电磁波在层状介质结构中的传播特性。又如,飞机上涂覆一定厚度的材料,可以降低其对雷达辐射电磁波的散射程度,起到隐身的目的,其理论依据也在于此。

以图 5.8 为例,3 层介质结构有两个分界面。设电磁波由介质 1 入射在分界面 1 上,发生反射和透射,产生反射波 1 和透射波 1;透射波 1 穿过介质 2 入射到分界面 2 上,又发生反射和透射,产生反射波 2 和透射波 2;反射波 2 穿过介质 2 入射在分界面 1 上,又发生反射和透射。这个过程一直进行下去,在介质 2 中出现多重反射,在介质 1 和介质 3 中都会出现多重透射波。总的来说,介质 1 和介质 2 中包括沿着 $+z$ 方向传播和 $-z$ 方向传播的波,介质 3 中只存在沿着 $+z$ 方向传播的波。

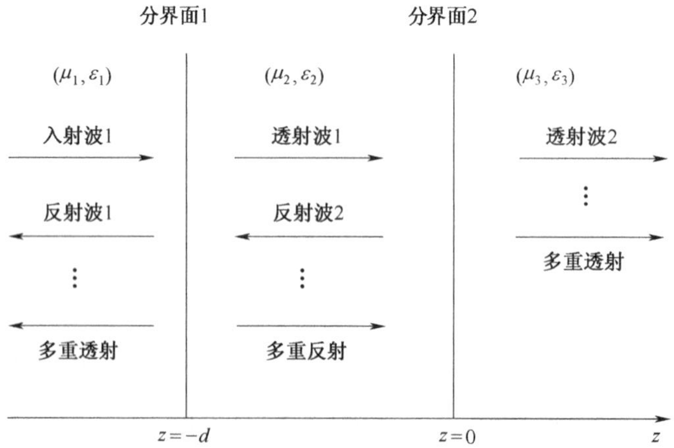

图 5.8 三层介质界面上的垂直入射

下面采用等效波阻抗的分析方法对三层介质中电磁波的传播特性加以分析,进而推广到多层介质的情况。

均匀平面波在均匀无界空间中传播时,其波阻抗定义为电场振幅与磁场振幅之比,等于介质的本征阻抗。在平面分层介质中,等效波阻抗定义为:在与分界面平行的平面上,总电场强度与总磁场强度的正交切向分量之比。

图 5.8 中,在 $z>0$ 的介质 3 中,仅有沿 $+z$ 方向传播的行波,波阻抗即为介质 3 的本征阻抗,即 $Z_3=\dfrac{E_{3ia}}{H_{3ia}}=\eta_3=\sqrt{\dfrac{\mu_3}{\varepsilon_3}}$。在 $-d<z<0$ 的介质 2 中,存在沿着 $+z$ 方向传播和 $-z$ 方向传播的波,设沿 $+z$ 方向传播的波的电场强度振幅为 E_{2ia},则介质 2 中的电场和磁场强度可分别表示为

$$E_2=E_{2ia}e^{-j\beta_2 z}+\Gamma_{23}E_{2ia}e^{j\beta_2 z}$$
$$H_2=\frac{E_{2ia}}{\eta_2}e^{-j\beta_2 z}-\frac{\Gamma_{23}E_{2ia}}{\eta_2}e^{j\beta_2 z} \tag{5.2.1}$$

式中,$\Gamma_{23}=\dfrac{\eta_3-\eta_2}{\eta_3+\eta_2}$表示介质 2 和 3 交界面的反射系数;$\eta_2=\sqrt{\dfrac{\mu_2}{\varepsilon_2}}$表示介质 2 的本征阻抗。从而,介质 2 中的等效波阻抗可表示为

$$\eta_2(z)=\frac{E_2}{H_2}=\eta_2\frac{e^{-j\beta_2 z}+\Gamma_{23}e^{j\beta_2 z}}{e^{-j\beta_2 z}-\Gamma_{23}e^{j\beta_2 z}} \tag{5.2.2}$$

该阻抗是随 z 而变化的。在介质 1 和 2 交界面处,即 $z=-d$ 处的等效波阻抗为

$$\eta_2(-d)=\eta_2\frac{\eta_3+j\eta_2\tan\beta_2 d}{\eta_2+j\eta_3\tan\beta_2 d} \tag{5.2.3}$$

该等效波阻抗的意义是,从介质 1 向右看,介质 2 和介质 3 可以等效为波阻抗为 $\eta_2(-d)$ 的均匀介质,从而用于分析电磁波的传播特性。则介质 1 和 2 交界面处的反射系数可表示为 $\Gamma_{12}=\dfrac{\eta_2(-d)-\eta_1}{\eta_2(-d)+\eta_1}$,进而可以计算获得介质 1 中的电场强度和磁场强度的反射波表达式。

该问题也可以采用边界条件法加以求解。已知介质 1 中的入射场的电场强度振幅,未知量为四个,分别是介质 1 中的反射场的电场强度振幅、介质 2 中的透射场的电场强度振幅和反射场的电场强度振幅,以及介质 3 中的透射场的电场强度振幅。利用分界面 1 和分界面 2 上电场强度和磁场强度的切向分量分别连续的边界条件,可以列出四个方程,从而求解获得介质 2 和 3 中的电场强度振幅值,求解结果与利用等效阻抗法的求解结果相同,具体求解方法可参考相关文献。

对于 $n+1$ 层介质来说,如图 5.9 所示,在介质 n 中 $z=-d_n$ 处的波阻抗为

$$\eta_n(-d_n)=\eta_n\frac{\eta_{n+1}+j\eta_n\tan\beta_n d_n}{\eta_n+j\eta_{n+1}\tan\beta_n d_n} \tag{5.2.4}$$

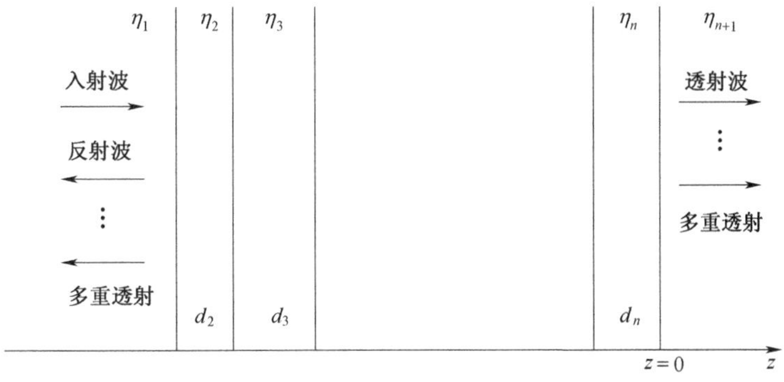

图 5.9 $n+1$ 层介质面上的垂直入射

为了求介质 1 和介质 2 分界面上的反射系数,可以由上式向前递推。在介质 $n-1$ 中 $z=-d_{n-1}$ 处的波阻抗为

$$\eta_{n-1}(-d_{n-1})=\eta_{n-1}\frac{\eta_n(-d_n)+\mathrm{j}\eta_{n-1}\tan\beta_{n-1}d_{n-1}}{\eta_{n-1}+\mathrm{j}\eta_n(-d_n)\tan\beta_{n-1}d_{n-1}} \tag{5.2.5}$$

依此类推,在介质 2 中 $z=-d$ 处的波阻抗为

$$\eta_2(-d_2)=\eta_2\frac{\eta_3(-d_3)+\mathrm{j}\eta_2\tan\beta_2 d_2}{\eta_2+\mathrm{j}\eta_3(-d_3)\tan\beta_2 d_2} \tag{5.2.6}$$

进而可得介质 1 与介质 2 分解面上的反射系数为

$$\Gamma_{12}=\frac{\eta_2(-d)-\eta_1}{\eta_2(-d)+\eta_1} \tag{5.2.7}$$

例 5.4 有一厚度为 d,本征阻抗为 η_2 的介质置于本征阻抗分别为 η_1 和 η_3 的两种介质之间,若要使均匀平面波从介质 1 表面垂直入射时不发生反射,求 d 和 η_2 的取值。

解 如图 5.8 所示,均匀平面波在介质 1 与插入层分界面上的反射系数为 0,即

$$\Gamma_{12}=\frac{\eta_2(-d)-\eta_1}{\eta_2(-d)+\eta_1}=0$$

要求 $\eta_2(-d)=\eta_1$,即插入层和本征阻抗为 η_3 的介质组成的两层介质的等效波阻抗在插入层和介质 1 交界面处需要等于介质 1 的本征阻抗,用公式表示为

$$\eta_2\frac{\eta_3+\mathrm{j}\eta_2\tan\beta_2 d}{\eta_2+\mathrm{j}\eta_3\tan\beta_2 d}=\eta_1$$

上式可展开为

$$\eta_2\eta_3\cos\beta_2 d+\mathrm{j}\eta_2^2\sin\beta_2 d=\eta_1\eta_2\cos\beta_2 d+\mathrm{j}\eta_1\eta_3\sin\beta_2 d$$

上式两侧实部、虚部分别相等,可得

$$\eta_2\eta_3\cos\beta_2 d=\eta_1\eta_2\cos\beta_2 d$$
$$\eta_2^2\sin\beta_2 d=\eta_1\eta_3\sin\beta_2 d$$

下面分两种情况加以分析:

(1) $\eta_1=\eta_3$ 时,以上两式成立的条件是 $\sin\beta_2 d=0$,即

$$d=\frac{n\pi}{\beta_2}=\frac{n\lambda_2}{2}\quad n=1,2,3,\cdots$$

这表明,电磁波可以无损耗地通过厚度为半波长整数倍的介质层。这种厚度的介质层又被称为半波长介质窗。雷达天线罩的设计就利用了这个原理,若天线罩的介质层厚度设计为该介质层中电磁波的半个波长,就可以消除天线罩对电磁波的反射。

(2) $\eta_1\neq\eta_3$ 时,以上两式成立的条件是

$$\begin{cases}\cos\beta_2 d=0\\ \eta_2=\sqrt{\eta_1\eta_3}\end{cases}$$

即插入层的本征阻抗为 $\eta_2=\sqrt{\eta_1\eta_3}$,且插入层的厚度为

$$d=(2n+1)\frac{\lambda_2}{4}$$

当插入层满足上述两个条件时,均匀平面波从介质 1 中垂直入射时不发生反射,这种介质层称为四分之一波长阻抗变换器。照相机镜头的光学增透膜便是利用阻抗匹配原理设计的,其可以减少镜头对入射光的反射,增大镜头的光通量。

5.3 均匀平面波对分界平面的斜入射

垂直入射时,入射波的传播方向和介质交界面的法线方向夹角为0°。更多的情况则是夹角不为0°的情况,即斜入射。为便于分析,定义入射面为入射波的传播方向和交界面法线方向构成的平面。一般情况下,入射波的电场强度矢量的方向和入射面成任意角度,通过矢量分解可将其分解为与入射面垂直和平行的两个分量。将电场强度矢量垂直于入射面的波称为垂直极化波,将电场强度矢量平行于入射面的波称为平行极化波。而在微波遥感应用领域,通常是以大地为参照面,将电场强度矢量平行于大地平面的波称为水平极化波,将电场强度矢量垂直于大地平面的波称为竖直极化波,两者的概念是不同的。

5.3.1 垂直极化

考虑两种线性、各向同性、均匀但有限导电的介质分界面的一般情况,如图5.10所示。

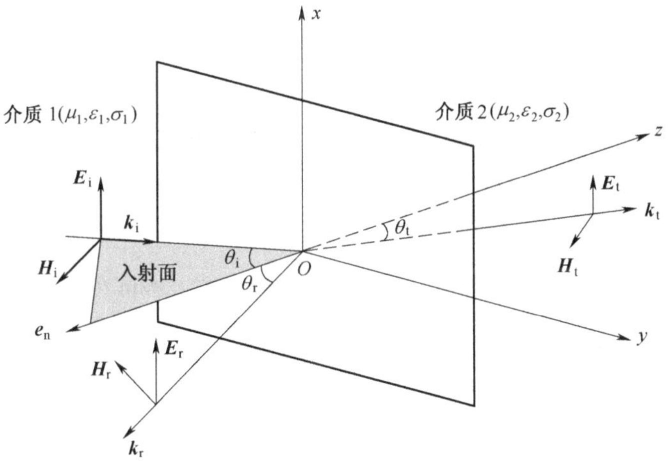

图5.10 垂直极化波的斜入射

其中下标i、r、t分别表示入射波、反射波和透射波。e_n 表示介质分界面的法线方向,图5.10中的阴影即表示入射面。入射波沿 z'方向传播,与 e_n 的夹角为 θ_i。设 E_{ia}表示 $t=0$ 和 $z=0$ 时入射场的振幅,则介质1中任意点的入射场电场强度可表示为

$$E_i = e_x E_{ia} e^{-\gamma_1 z'} \qquad (5.3.1)$$

式中,γ_1 表示介质1的传播常数,为复数形式,指数项 $\gamma_1 z'$代表了入射波波阵面的传播,即在时间 t 内波阵面在 z'方向上由 a 到 b 以传播常数 γ_1 传播,如图5.11所示。

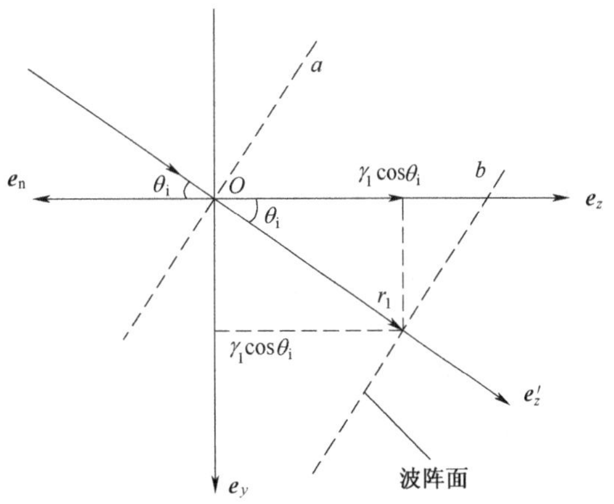

图5.11 入射波波阵面沿 z'方向由 a 向 b 传播

入射波阵面是在 y 和 z 方向上行进的,入射波场还可表示为

$$\boldsymbol{E}_{\mathrm{i}}=\boldsymbol{e}_{x}E_{\mathrm{ia}}\mathrm{e}^{-\gamma_1(z\cos\theta_{\mathrm{i}}+y\sin\theta_{\mathrm{i}})} \tag{5.3.2}$$

由麦克斯韦方程,可得入射的磁场强度表达式为

$$\boldsymbol{H}_{\mathrm{i}}=\frac{1}{\eta_1}E_{\mathrm{ia}}\mathrm{e}^{-\gamma_1(z\cos\theta_{\mathrm{i}}+y\sin\theta_{\mathrm{i}})}(\boldsymbol{e}_y\cos\theta_{\mathrm{i}}-\boldsymbol{e}_z\sin\theta_{\mathrm{i}}) \tag{5.3.3}$$

该反射波沿 z''方向传播,与单位法线 $\boldsymbol{e}_n$ 的夹角为 θ_{r} ,反射波的波阵面传播如图 5.12 所示。

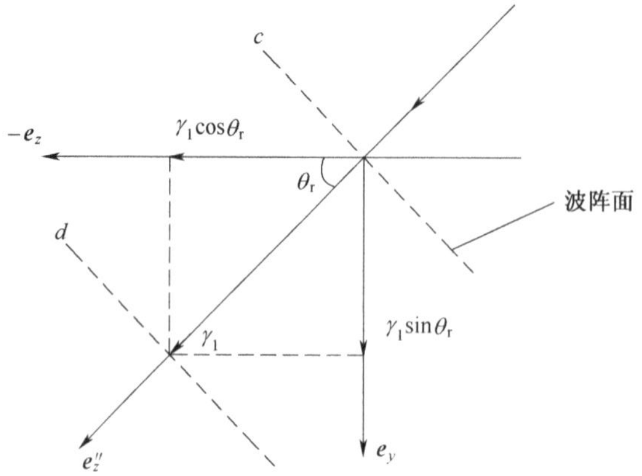

图 5.12　反射波波阵面沿 z''方向由 c 向 d 传播

基于反射波的传播方向,设反射波的电场强度仍为 x 方向极化,反射系数为 $\Gamma_{\perp}$,则介质 1 中的反射场可表示为

$$\boldsymbol{E}_{\mathrm{r}}=\boldsymbol{e}_x\Gamma_{\perp}E_{\mathrm{ia}}\mathrm{e}^{\gamma_1(z\cos\theta_{\mathrm{r}}-y\sin\theta_{\mathrm{r}})} \tag{5.3.4}$$

$$\boldsymbol{H}_{\mathrm{r}}=\frac{1}{\eta_1}\Gamma_{\perp}E_{\mathrm{ia}}\mathrm{e}^{\gamma_1(z\cos\theta_{\mathrm{r}}-y\sin\theta_{\mathrm{r}})}(-\boldsymbol{e}_y\cos\theta_{\mathrm{r}}-\boldsymbol{e}\sin\theta_{\mathrm{r}}) \tag{5.3.5}$$

若 $\tau_{\perp}$ 是垂直极化波在介质 2 中的透射系数,θ_{t} 表示透射波与 z 轴的夹角,如图 5.12 所示,则介质 2 中的场可表示为

$$\boldsymbol{E}_{\mathrm{t}}=\boldsymbol{e}_x\tau_{\perp}E_{\mathrm{ia}}\mathrm{e}^{-\gamma_2(z\cos\theta_{\mathrm{t}}+y\sin\theta_{\mathrm{t}})} \tag{5.3.6}$$

$$\boldsymbol{H}_{\mathrm{t}}=\frac{1}{\eta_2}\tau_{\perp}E_{\mathrm{ia}}\mathrm{e}^{-\gamma_2(z\cos\theta_{\mathrm{t}}+y\sin\theta_{\mathrm{t}})}(\boldsymbol{e}_y\cos\theta_{\mathrm{t}}-\boldsymbol{e}_z\sin\theta_{\mathrm{t}}) \tag{5.3.7}$$

在 $z=0$ 处边界上切向分量连续,则有

$$\mathrm{e}^{-\gamma_1 y\sin\theta_{\mathrm{i}}}+\Gamma_{\perp}\mathrm{e}^{-\gamma_1 y\sin\theta_{\mathrm{r}}}=\tau_{\perp}\mathrm{e}^{-\gamma_2 y\sin\theta_{\mathrm{t}}} \tag{5.3.8}$$

上式对 $z=0$ 平面上所有的 y 值都成立。在 $y=0$ 处,上式简化为

$$1+\Gamma_{\perp}=\tau_{\perp} \tag{5.3.9}$$

为保证上式对所有 y 值都成立,必须有

$$\gamma_1\sin\theta_{\mathrm{i}}=\gamma_1\sin\theta_{\mathrm{r}}=\gamma_2\sin\theta_{\mathrm{t}} \tag{5.3.10}$$

由此方程的第一个等式得到

$$\theta_{\mathrm{i}}=\theta_{\mathrm{r}} \tag{5.3.11}$$

此关系说明,入射角等于反射角,这是光学中众所周知的关系,称为 Snell 反射定律。

由方程的第二个等式得到

$$\gamma_1\sin\theta_{\mathrm{i}}=\gamma_2\sin\theta_{\mathrm{t}} \tag{5.3.12}$$

这是有限导电介质的 Snell 折射定律。

由于两种介质都是有限导电的,不期望在边界上有任何表面电流。因此边界上磁场强度的切

向分量也必须连续。设 $z=0$ 并使两边磁场强度的 y 分量相等可得

$$1-\Gamma_{\perp}=\frac{\eta_1\cos\theta_t}{\eta_2\cos\theta_i}\tau_{\perp} \tag{5.3.13}$$

联立方程(5.3.9)和(5.3.13),可得到反射系数和透射系数的表达式为

$$\Gamma_{\perp}=\frac{\eta_2\cos\theta_i-\eta_1\cos\theta_t}{\eta_2\cos\theta_i+\eta_1\cos\theta_t} \tag{5.3.14}$$

$$\tau_{\perp}=\frac{2\eta_2\cos\theta_i}{\eta_2\cos\theta_i+\eta_1\cos\theta_t} \tag{5.3.15}$$

当已知入射场时,就可以计算获得反射场和透射场,进而计算介质 1、2 中的总场和分界面两侧的功率密度。

下面分别考虑介质-介质分界面和介质-完全导体分界面的斜入射情况。

1. 介质-介质分界面

这种情况下,$\sigma_1=\sigma_2=0$。对于常见的非磁性介质,有 $\mu_1=\mu_2=\mu_0$。Snell 折射定律可表示为

$$\sin\theta_t=\sqrt{\frac{\varepsilon_1}{\varepsilon_2}}\sin\theta_i \tag{5.3.16}$$

反射系数可表示为

$$\Gamma_{\perp}=\frac{\cos\theta_i-\sqrt{\dfrac{\varepsilon_2}{\varepsilon_1}-\sin^2\theta_i}}{\cos\theta_i+\sqrt{\dfrac{\varepsilon_2}{\varepsilon_1}-\sin^2\theta_i}} \tag{5.3.17}$$

下面分三种情况来讨论分界面两侧的波的传播特性。

情况 1:$\varepsilon_2>\varepsilon_1$ 时,反射系数为实数,透射系数也为实数。

情况 2:$\varepsilon_2<\varepsilon_1$ 时,只要入射角满足 $\sin\theta_i\leqslant\sqrt{\dfrac{\varepsilon_2}{\varepsilon_1}}$,反射系数就是实量。当入射角 $\sin\theta_i=\sqrt{\dfrac{\varepsilon_2}{\varepsilon_1}}$ 时,称此时的入射角为临界角,用 θ_c 表示。此时反射系数 $\Gamma_{\perp}=1$,入射场和反射场的电场强度振幅相等。此时的折射角 $\theta_t=90°$,透射波将会完全沿着交界面传播,如图 5.13 所示。

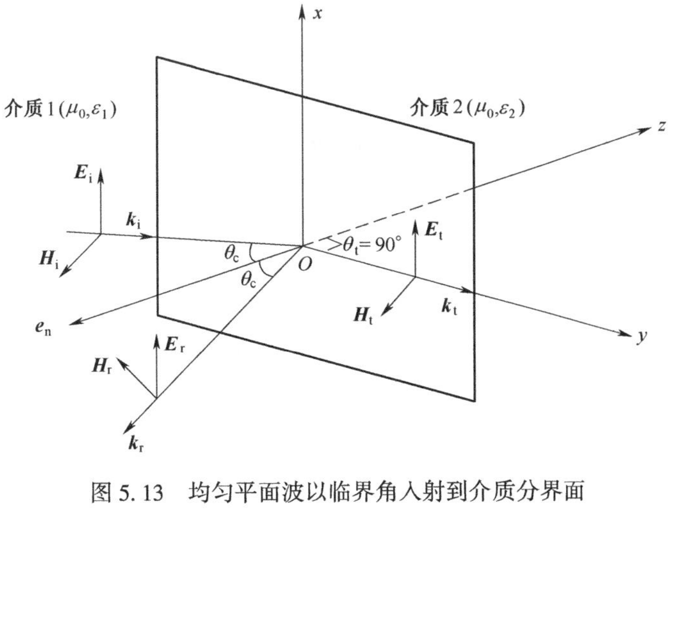

图 5.13　均匀平面波以临界角入射到介质分界面

此时由于 $\cos\theta_t=0$，透射的磁场强度的 y 方向分量为 0，即介质 2 中没有沿着 z 方向传播的功率，且反射功率密度等于入射功率密度，这种情况称为全反射，临界角 θ_c 也被称为全反射角。

情况 3：若入射角大于临界角，则由式(5.3.17)，反射系数是幅值为 1 的复数，透射系数 $\tau_\perp$ 不为 0，$\cos\theta_t=\pm\mathrm{j}\sqrt{\dfrac{\varepsilon_1}{\varepsilon_2}\sin^2\theta_i-1}$。

此时 θ_t 不是一个真实的角，但不影响对透射波的分析。发生全反射时，介质 2 中仍然存在透射波，透射波电场可表示为

$$\boldsymbol{E}_t=\boldsymbol{e}_x\tau_\perp E_{im}\mathrm{e}^{-\mathrm{j}k_2y\sin\theta_2}\mathrm{e}^{-k_2z\sqrt{\frac{\varepsilon_1}{\varepsilon_2}\sin^2\theta_i-1}} \tag{5.3.18}$$

其中 $k_2=\omega\sqrt{\mu_2\varepsilon_2}$ 表示介质 2 中的波数。因为波振幅不能随着 z 增加而增加，所以仅对第二个指数项取负号。此式表明透射波沿平行于分界面的 y 方向传播且在 z 方向上是衰减的，衰减常数为 $\alpha=k_2\sqrt{\dfrac{\varepsilon_1}{\varepsilon_2}\sin^2\theta_i-1}$，这是非均匀平面波的特性。由于它在 z 方向衰减且沿着平行于分界面的方向传播，因此也被称为表面波。这种情况下，z 方向上无实功率流。

图 5.14 表示放在空气中的一块介质板。当介质板内电磁波的入射方向能使得它在介质板的顶面和底面发生全反射时，电磁波将被约束在介质板内，并沿着 z 方向传播。在介质板外，场量在垂直于介质板面的方向做指数衰减。

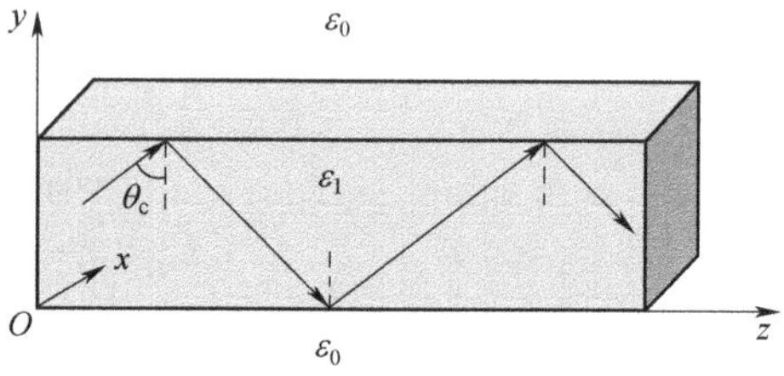

图 5.14　介质板内的全反射

该原理同样适用于圆柱形的介质棒。当能够使介质棒内的电磁波以大于临界角的入射角投射到介质与空气分界面并在介质棒中发生全反射时，就可使电磁波沿介质棒传播。这种传播系统称为介质波导，它是一种表面波传输系统。在激光通信中采用的光纤就是一种介质波导。

例 5.5　一垂直极化平面电磁波 $\boldsymbol{E}_1=\boldsymbol{e}_yE_0\mathrm{e}^{-\mathrm{j}k_1(x\sin\theta_1+z\cos\theta_1)}$ 自空气斜入射至理想介质($\varepsilon_r=4,\mu_r=1$)表面($z=0$)，入射角 $\theta_1=60°$。

(1)写出反射电磁波表达式；

(2)求通过单位面积进入理想介质的平均功率；

(3)若入射波电场为 $\boldsymbol{E}_1=(\boldsymbol{e}_x\cos\theta_1-\boldsymbol{e}_z\sin\theta_1)E_0\mathrm{e}^{-\mathrm{j}k_1(x\sin\theta_1+z\cos\theta_1)}$，求反射波和折射波的表达式。

解　空气和理想介质的波阻抗分别为

$$\eta_1=\eta_0$$

$$\eta_2=\sqrt{\frac{\mu}{\varepsilon}}=\frac{\eta_0}{2}$$

根据折射定律，有

$$\sin\theta_2=\frac{n_1}{n_2}\sin\theta_1=\frac{\sqrt{3}}{4}$$

则

$$\cos\theta_2=\frac{\sqrt{13}}{4}$$

(1)由菲涅尔公式可求得垂直极化波的反射系数和折射系数为

$$\Gamma_{\perp}=\frac{\eta_2\cos\theta_i-\eta_1\cos\theta_t}{\eta_2\cos\theta_i+\eta_1\cos\theta_t}=\frac{1-\sqrt{13}}{1+\sqrt{13}}$$

$$\tau_{\perp}=\frac{2\eta_2\cos\theta_i}{\eta_2\cos\theta_i+\eta_1\cos\theta_t}=\frac{2}{1+\sqrt{13}}$$

因此,反射波可表示为

$$\boldsymbol{E}_r=\boldsymbol{e}_y\Gamma_{\perp}E_0\mathrm{e}^{-\mathrm{j}k_1(x\sin\theta_1-z\cos\theta_1)}$$

$$\boldsymbol{H}_r=\frac{1}{\eta_1}\boldsymbol{e}_{k_1}\times\boldsymbol{E}_r=(\boldsymbol{e}_x\cos\theta_1+\boldsymbol{e}_z\sin\theta_1)\frac{\Gamma_{\perp}}{\eta_1}E_0\mathrm{e}^{-\mathrm{j}k_1(x\sin\theta_1-z\cos\theta_1)}$$

(2)折射波可表示为

$$\boldsymbol{E}_t=\boldsymbol{e}_y\tau_{\perp}E_0\mathrm{e}^{-\mathrm{j}k_2(x\sin\theta_2+z\cos\theta_2)}$$

$$\boldsymbol{H}_t=\frac{1}{\eta_2}\boldsymbol{e}_{k_2}\times\boldsymbol{E}_t=(-\boldsymbol{e}_x\cos\theta_2+\boldsymbol{e}_2\sin\theta_2)\frac{\tau_{\perp}}{\eta_2}E_0\mathrm{e}^{-\mathrm{j}k_2(x\sin\theta_2+z\cos\theta_2)}$$

折射波平均坡印亭矢量为

$$\boldsymbol{S}_{\mathrm{Tav}}=\mathrm{Re}\left(\frac{1}{2}\boldsymbol{E}_t\times\boldsymbol{H}_{\mathrm{T}}^*\right)=\boldsymbol{e}_z\frac{\tau_{\perp}^2}{2\eta_2}E_0^2\cos\theta_2+\boldsymbol{e}_x\frac{\tau_{\perp}^2}{2\eta_2}E_0^2\sin\theta_2$$

所以,通过单位面积进入理想介质的平均功率为

$$P_{\mathrm{av}}=\boldsymbol{e}_z\cdot\boldsymbol{S}_{\mathrm{Tav}}=\frac{\tau_{\perp}^2}{2\eta_2}E_0^2\cos\theta_2$$

2. 介质–完全导体分界面

垂直极化的均匀平面波在介质中传播并斜入射到理想导体平面的情况如图 5.15 所示。完全导体中不存在电磁场,即透射系数为 0。由式(5.3.9)得,反射系数 $\Gamma_{\perp}=-1$。

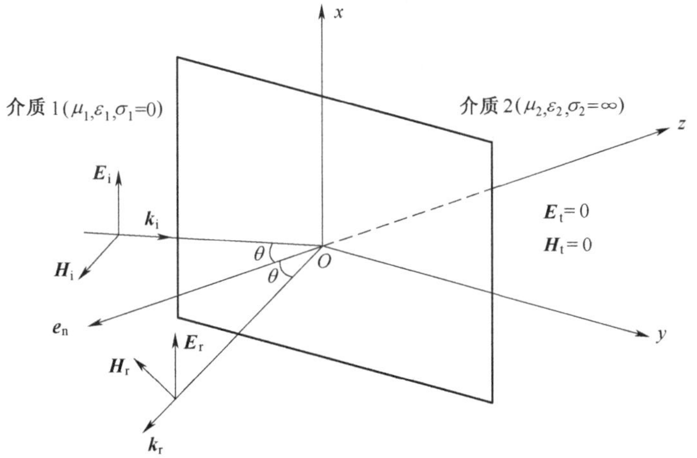

图 5.15　介质和理想导体的分界面

设 $t=0$ 时入射波电场强度在分界面处达到最大值 E_0。由式(5.3.2)和(5.3.4),介质中任意点的总电场为

$$\boldsymbol{E}=\boldsymbol{E}_i+\boldsymbol{E}_r=\boldsymbol{e}_x\mathrm{j}2E_0\sin(kz\cos\theta)\mathrm{e}^{-\mathrm{j}ky\sin\theta}\tag{5.3.19}$$

式中,θ 为入射角,k 为介质 1 的波数。则介质中的磁场可表示为

$$\begin{aligned}\boldsymbol{H} &= \boldsymbol{H}_i + \boldsymbol{H}_r \\ &= [\boldsymbol{e}_y \cos\theta\cos(kz\cos\theta) + j\boldsymbol{e}_z \sin\theta\sin(kz\cos\theta)]\frac{2}{\eta}E_0 e^{-jky\sin\theta}\end{aligned} \tag{5.3.20}$$

式中，η 为介质 1 的本征阻抗。则介质 1 中的平均功率密度为

$$\boldsymbol{S} = \frac{1}{2}\mathrm{Re}(\boldsymbol{E}\times\boldsymbol{H}^*) = \boldsymbol{e}_y\frac{2}{\eta}E_0^2\sin\theta\sin^2(kz\cos\theta) \tag{5.3.21}$$

式(5.3.21)表明，没有沿 z 方向的功率流。这是由于 $\boldsymbol{E}$ 的 x 分量和 $\boldsymbol{H}$ 的 y 分量二者乘积是虚数。但功率流是存在的，仅在 y 方向上。下面对平行板波导中波的传播特性加以分析。

分界面($z=0$)处介质中的磁场强度为

$$\boldsymbol{H}(0) = \boldsymbol{e}_y\frac{2}{\eta}E_0\cos\theta e^{-jky\sin\theta} \tag{5.3.22}$$

由磁场强度的切向分量的边界条件，在 $z=0$ 处的表面电流密度是

$$\boldsymbol{J}(0) = \boldsymbol{e}_x\frac{2}{\eta}E_0\cos\theta e^{-jky\sin\theta} \tag{5.3.23}$$

$\boldsymbol{E}$ 和 $\boldsymbol{H}$ 的时域形式可表示为

$$E_x(\boldsymbol{r},t) = 2E_0\sin(\omega t - ky\sin\theta)\sin(kz\cos\theta) \tag{5.3.24}$$

$$H_y(\boldsymbol{r},t) = \frac{2}{\eta}E_0\cos\theta\cos(kz\cos\theta)\cos(\omega t - ky\sin\theta) \tag{5.3.25}$$

$$H_z(\boldsymbol{r},t) = -\frac{2}{\eta}E_0\sin\theta\sin(kz\cos\theta)\sin(\omega t - ky\sin\theta) \tag{5.3.26}$$

总场沿 y 方向传播而在 z 方向形成驻波。磁场强度的 z 分量和电场强度的波节点为 $z=-\dfrac{n\pi}{k\cos\theta}$ ($n=0,1,2,\cdots$)，$k\cos\theta$ 是相位常数在 z 方向的分量，因此把该方向上的波长定义为

$$\lambda_z = \frac{2\pi}{k\cos\theta} \tag{5.3.27}$$

以 z 方向波长表示的节点位于 $z=-\dfrac{n}{2}\lambda_z$ ($n=0,1,2,\cdots$)，因此，电场强度在 $z=0$ 以及由分界面起沿着 $-z$ 方向半波长的整数倍处都有波节点。类似地，磁场强度在 $-z$ 方向上四分之一波长的奇数倍处也有节点。

由式(5.3.24)、式(5.3.25)和式(5.3.26)也可以求出波在 y 方向的相速为

$$v_{py} = \frac{\omega}{\beta\sin\theta} = \frac{1}{\sin\theta}v_p \tag{5.3.28}$$

其中 v_p 是无界介质 1 中波的相速，即

$$v_p = \frac{\omega}{k} = \frac{1}{\sqrt{\mu_1\varepsilon_1}} \tag{5.3.29}$$

相速是波的等相位点的运动速度。从波的传播方向之外的方向上看，等相位点的速度都要快一些，如图 5.16所示。

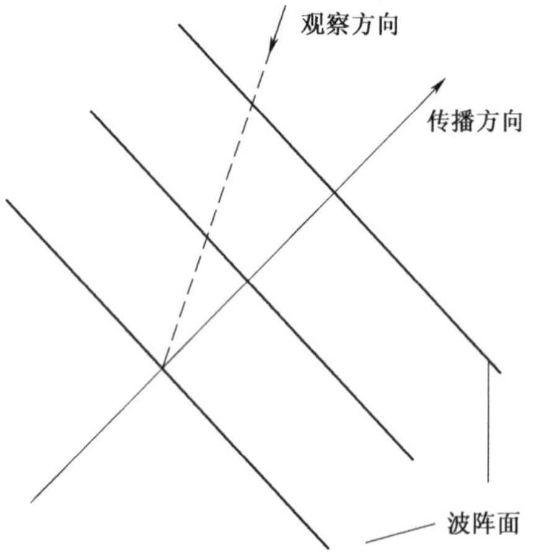

图 5.16　由不同方向看等相位点的运动

而能量是以群速传播的，可采用坡印亭矢量及

能量密度计算平均功率流获得。

用坡印亭矢量计算平均功率流：由式(5.3.21)，单位面积平均功率可表示为

$$\langle \hat{S} \rangle = \boldsymbol{e}_y 2\varepsilon E_0^2 \sin^2(kz\cos\theta) v_p \sin\theta \tag{5.3.30}$$

由于功率密度与 x 方向上的变化无关，则计算 x 方向上单位长度和 z 方向上任意两节点间的总平均功率为

$$\langle P \rangle = 2\varepsilon E_0^2 v_p \sin\theta \int_{z_1}^{z_2} \sin^2(kz\cos\theta)\mathrm{d}z = \frac{\varepsilon E_0^2 v_p \sin\theta}{k\cos\theta}(m-n)\pi \tag{5.3.31}$$

式中，$z_1 = -\dfrac{m\pi}{k\cos\theta}$，$z_2 = -\dfrac{n\pi}{k\cos\theta}$ 是电场强度两个不同的节点，即 $m \neq n$。

介质 1 中的平均能量密度是

$$\langle w \rangle = \frac{1}{4}\mathrm{Re}(\boldsymbol{D}\cdot\boldsymbol{E}^* + \boldsymbol{B}\cdot\boldsymbol{H}) = \frac{1}{4}(\varepsilon E^2 + \mu H^2) \tag{5.3.32}$$

对线性，各向同性均匀介质，式(5.3.32)可简化为

$$\langle w \rangle = 2\varepsilon E_0^2 \sin^2(kz\cos\theta) \tag{5.3.33}$$

z 方向上 z_1 和 z_2 两节点和 x 方向单位长度上在 y 方向上的平均功率流是

$$\langle P \rangle = \int_{z_1}^{z_2} \langle w \rangle v_{gy} \mathrm{d}z \tag{5.3.34}$$

式中，v_{gy} 表示波在 y 方向上的群速。式(5.3.34)经积分后为

$$\langle P \rangle = \frac{\varepsilon E_0^2 v_{gy}}{k\cos\theta}(m-n)\pi \tag{5.3.35}$$

由以上两种方法得到的平均功率应该是相等的，从而有

$$v_{gy} = v_p \sin\theta \tag{5.3.36}$$

由此可见，在无界介质中，波的群速总是小于等于相速的。此外，由式(5.3.28)和式(5.3.36)，有

$$v_{gy} v_{py} = v_p^2 \tag{5.3.37}$$

式(5.3.37)说明，随着波在 y 方向上相速的增大，该方向上能量传播的群速减小。介质 1 中的场包括 z 方向上的纯驻波和 y 方向上的行波。如图 5.17 所示，可以在 z 方向上任意波节点位置放置另一块理想导体板而不影响场型。

这种情况是以两个完全导电平面在引导电磁波的传播。这两个完全导电平板形成了平行板波导，上面的场形式这是这种波导中麦克斯韦方程的解。

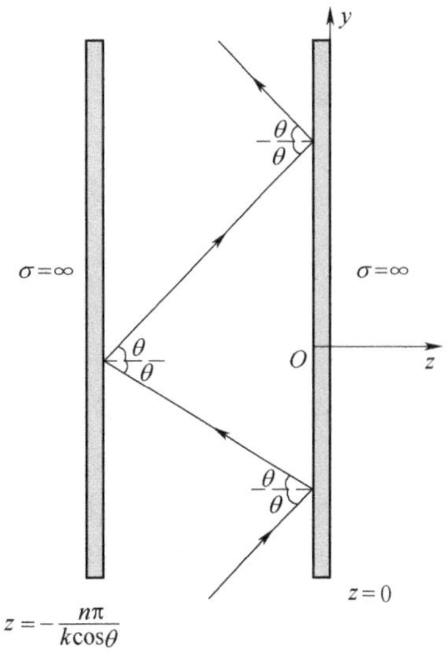

图 5.17　平行板波导示意图

5.3.2　平行极化

下面分析电场强度的方向平行于入射面的情况，如图 5.18 所示。

由于磁场强度的方向平行于分界面，不妨设其沿 x 方向极化。设分界面处磁场强度为 H_0，则入射磁场强度可表示为

$$\boldsymbol{H}_i = \boldsymbol{e}_x H_0 \mathrm{e}^{-\gamma_1(z\cos\theta_i + y\sin\theta_i)} \tag{5.3.38}$$

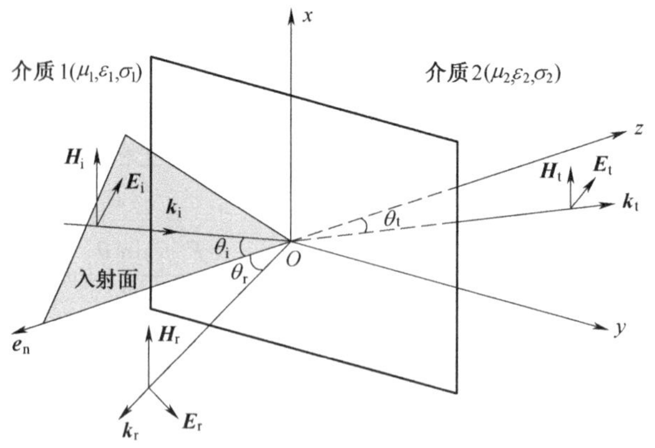

图 5.18 平行极化的斜入射

进而可获得与之相伴的电场的表达式为

$$\boldsymbol{E}_{\mathrm{i}} = (-\boldsymbol{e}_y\cos\theta_{\mathrm{i}} + \boldsymbol{e}_z\sin\theta_{\mathrm{i}})\eta_1 H_0 \mathrm{e}^{-\gamma_1(z\cos\theta_{\mathrm{i}} + y\sin\theta_{\mathrm{i}})} \tag{5.3.39}$$

设交界面的反射系数和透射系数分别为 Γ_{r} 和 τ_{t},则反射波和透射波的电场强度和磁场强度的表达式可分别表示为

$$\boldsymbol{H}_{\mathrm{r}} = \boldsymbol{e}_x \Gamma_{\mathrm{r}} H_0 \mathrm{e}^{-\gamma_1(y\sin\theta_{\mathrm{r}} + z\cos\theta_{\mathrm{r}})} \tag{5.3.40}$$

$$\boldsymbol{E}_{\mathrm{r}} = (\boldsymbol{e}_y\cos\theta_{\mathrm{r}} + \boldsymbol{e}_z\sin\theta_{\mathrm{r}})\eta_1 \Gamma_{\mathrm{r}} H_0 \mathrm{e}^{-\gamma_1(y\sin\theta_{\mathrm{r}} - z\cos\theta_{\mathrm{r}})} \tag{5.3.41}$$

$$\boldsymbol{H}_{\mathrm{t}} = \boldsymbol{e}_x \tau_{\mathrm{t}} H_0 \frac{\eta_1}{\eta_2} \mathrm{e}^{-\gamma_2(y\sin\theta_{\mathrm{t}} + z\cos\theta_{\mathrm{t}})} \tag{5.3.42}$$

$$\boldsymbol{E}_{\mathrm{t}} = (-\boldsymbol{e}_y\cos\theta_{\mathrm{t}} + \boldsymbol{e}_z\sin\theta_{t})\eta_1 \tau_{\mathrm{t}} H_0 \mathrm{e}^{-\gamma_2(y\sin\theta_{\mathrm{t}} + z\cos\theta_{\mathrm{t}})} \tag{5.3.43}$$

两种介质都为有限导电的,因此分界面上不可能有表面电流。从而,由分界面上磁场强度切向分量连续可以导出

$$\mathrm{e}^{-\gamma_1 y\sin\theta_{\mathrm{i}}} + \Gamma_{\mathrm{r}} \mathrm{e}^{-\gamma_1 y\sin\theta_{\mathrm{r}}} = \tau_{\mathrm{t}} \frac{\eta_1}{\eta_2} \mathrm{e}^{-\gamma_2 y\sin\theta_{\mathrm{t}}} \tag{5.3.44}$$

当 $y=0$ 时,有

$$1 + \Gamma_{\mathrm{r}} = \tau_{\mathrm{t}} \frac{\eta_1}{\eta_2} \tag{5.3.45}$$

且由式(5.3.44)对任意 y 值都成立,可得

$$\gamma_1\sin\theta_{\mathrm{i}} = \gamma_1\sin\theta_{\mathrm{r}} = \gamma_2\sin\theta_{\mathrm{t}} \tag{5.3.46}$$

与垂直极化的情况相同,分别获得了反射角和折射角与入射角的关系。

利用分界面两侧电场强度的切向分量连续的边界条件,可以计算获得平行极化波的透射系数和反射系数为

$$\Gamma_{\mathrm{r}} = \frac{\eta_1\cos\theta_{\mathrm{i}} - \eta_2\cos\theta_{\mathrm{t}}}{\eta_1\cos\theta_{\mathrm{i}} + \eta_2\cos\theta_{\mathrm{t}}} \tag{5.3.47}$$

$$\tau_{\mathrm{t}} = \frac{2\eta_2\cos\theta_{\mathrm{i}}}{\eta_1\cos\theta_{\mathrm{i}} + \eta_2\cos\theta_{\mathrm{t}}} \tag{5.3.48}$$

下面分析介质-介质交界面和介质-理想导体交界面上的平行极化波的斜入射。

考虑一般的非磁性均匀无耗介质,反射系数可简化为

$$\Gamma_r = \frac{\frac{\varepsilon_2}{\varepsilon_1}\cos\theta_i - \sqrt{\frac{\varepsilon_2}{\varepsilon_1} - \sin^2\theta_i}}{\frac{\varepsilon_2}{\varepsilon_1}\cos\theta_i + \sqrt{\frac{\varepsilon_2}{\varepsilon_1} - \sin^2\theta_i}} \tag{5.3.49}$$

当上式分子为零时,没有反射波。求解如下方程

$$\frac{\varepsilon_2}{\varepsilon_1}\cos\theta_i = \sqrt{\frac{\varepsilon_2}{\varepsilon_1} - \sin^2\theta_i} \tag{5.3.50}$$

可得

$$\tan\theta_i = \sqrt{\frac{\varepsilon_2}{\varepsilon_1}} \tag{5.3.51}$$

满足上式的入射角称为布儒斯特角。该公式是在平行极化斜入射的情况下得到的。对于前述的垂直极化波而言,只有当介质 1 和 2 的物性参数相同时才没有反射,也就是说垂直极化波斜入射到两种非磁性介质分界面上时,不会产生全透射现象。所以,一个任意极化的电磁波,当它以布儒斯特角入射到两种非磁性介质分界面上时,它的平行极化波分量全部透射,反射波中就只剩下了垂直极化分量,起到了一种极化滤波的作用。因此,布儒斯特角又称为极化角。

对式(5.3.49)进一步分析表明,如果 $\varepsilon_1 > \varepsilon_2$,且入射角满足 $\sin^2\theta_i = \frac{\varepsilon_2}{\varepsilon_1}$ 时,波将发生全反射。与垂直极化时一样,只要入射角大于或等于 $\arcsin\sqrt{\frac{\varepsilon_2}{\varepsilon_1}}$ 这一临界角,平行极化波就发生全反射。

当平行极化波斜入射到理想导体表面时,分析方法与垂直极化波的分析方法相同。下面通过例子加以说明。

例 5.6 自由空间的平行极化平面波以 45°入射角入射到理想导体表面。入射波磁场在 x 方向,分界面处振幅为 0.1 A/m。若波的角频率为 600 Mrad/s,写出入射、反射和总场在自由空间的表达式并计算该区域的平均功率密度。

解 由于介质 2 为理想导体,因此只在自由空间中有场的存在。由式(5.3.49)得,反射系数为

$$\Gamma_r = 1$$

自由空间的传播常数为

$$\gamma = j\omega\sqrt{\mu_0\varepsilon_0} = j2\ \mathrm{m^{-1}}$$

入射场和反射场可分别表示为

$$\boldsymbol{H}_i = \boldsymbol{e}_x 0.1 e^{-j(1.414z+1.414y)}\ (\mathrm{A/m})$$

$$\boldsymbol{E}_i = -26.658(\boldsymbol{e}_y - \boldsymbol{e}_z) e^{-j(1.414z+1.414y)}\ (\mathrm{V/m})$$

$$\boldsymbol{H}_r = \boldsymbol{e}_x 0.1 e^{j(1.414z-1.414y)}\ (\mathrm{A/m})$$

$$\boldsymbol{E}_r = 26.658(\boldsymbol{e}_y + \boldsymbol{e}_z) e^{j(1.414z-1.414y)}\ (\mathrm{V/m})$$

自由空间的总场则可表达为

$$\boldsymbol{H} = \boldsymbol{e}_x 0.2\cos(1.414z) e^{-j1.414y}\ (\mathrm{A/m})$$

$$\boldsymbol{E} = 53.32[\boldsymbol{e}_z\cos(1.414z) + j\boldsymbol{e}_y\sin(1.414z)] e^{-j1.414y}\ (\mathrm{V/m})$$

由 $z=0$ 处磁场切向分量引起的理想导体表面的面电流密度是

$$\boldsymbol{J}_s(0) = -0.2\boldsymbol{e}_y e^{-j1.414y}\ (\mathrm{A/m})$$

$z=0$ 处自由空间电场强度的切向分量为 0,但其法向分量为

$$E(0)=e_z 53.32e^{-j1.414y}\ (\mathrm{V/m})$$

由此在分界面上引起的面电荷密度为

$$\rho_s=53.32\varepsilon_0 e^{-j1.414y}=471.5e^{-j1.414y}\ (\mathrm{pC/m^2})$$

自由空间中单位面积的平均功率流是

$$\langle \hat{S}\rangle=\frac{1}{2}\mathrm{Re}(E\times H^*)=e_y 5.33\cos^2(1.414z)\ (\mathrm{W/m^2})$$

该平均功率流是沿 y 方向的。

习　题

5.1　均匀平面电磁波自空气入射到理想导体表面。已知入射波的电场为

$$E_i=5(e_x+e_z\sqrt{3})e^{j6(\sqrt{3}x-z)}$$

试求：

(1)反射波的电场和磁场；

(2)理想导体表面的面电荷密度和面电流密度。

5.2　均匀平面波的电场振幅为 $E_{im}=100$ V/m，从空气中垂直入射到无耗介质平面上，介质的相对介电常数为4，相对磁导率为1，电导率为0，求反射波与透射波的电场振幅。

5.3　一极化方向与入射面成 α 角的线极化电磁波以布儒斯特角从空气入射到介电常数为 ε_r 的理想介质中。请写出反射波和折射波的电场表达式，并确定折射波的极化方向。

5.4　均匀平面波从介质1入射到与介质2的平面分界面上，两种介质的电导率都为0，相对磁导率都为1。求使入射波的平均功率的10%被反射时的 $\dfrac{\varepsilon_{r2}}{\varepsilon_{r1}}$ 的值。

5.5　100 MHz的均匀平面波垂直入射到覆盖有铁氧体吸波材料的良导体板上如图5.19所示。铁氧体吸波材料的厚度为10 mm，$\mu_r=\varepsilon_r=60(2-j1)$，$\sigma=0$，求铁氧体吸波材料对该入射波的衰减量。

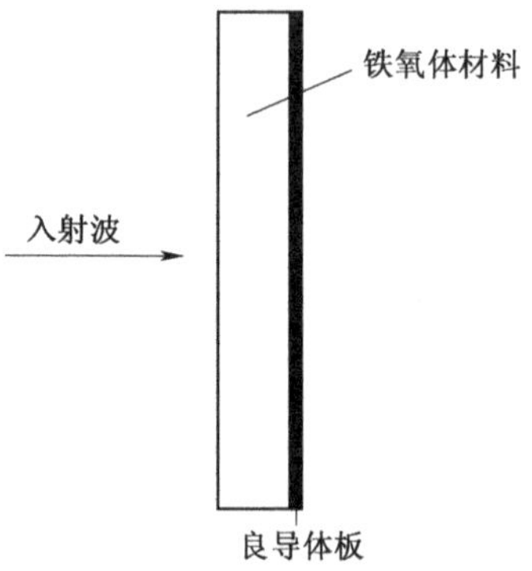

图5.19　题5.5图

5.6　一均匀平面波由空气入射到理想导体平面 $z=0$ 上，其电场强度复数表示形式为

$$E_1=e_y 10e^{-j(6x+8z)}\ (\mathrm{V/m})$$

(1)求入射波的频率与波长，并确定入射角；

(2)求反射波和空气中的合成波的表达式。

5.7　一圆极化波从空气中垂直入射到一介质板上，介质板的本征阻抗为 η_2。入射波的电场为 $E=E_{im}(e_x+e_y j)e^{-j\beta z}$。求反射波与透射波的电场，并分析反射波和透射波的极化形式。

第6章 电磁辐射

前面讨论了电磁波的传播问题，本章讨论电磁波的辐射问题。时变的电荷和电流是激发电磁波的源。为了有效地使用电磁波能量按所要求的方向辐射出去，时变的电荷和电流必须按某种特殊的方式分布，天线就是设计成按规定的方式有效地辐射电磁波能量的装置。

本章首先讨论电磁辐射原理，然后介绍一些常见的基本天线的辐射特性。

6.1 电偶极子的辐射

电偶极子是两个相距很近的等量异号点电荷组成的带电系统，其在几何长度远小于波长的线元上载有等幅同相的电流。关于电偶极子产生电磁场的分析计算，是线形天线工程计算的基础。

设线元上的电流随时间作正弦变化，表示为

$$i(t) = I\cos \omega t = \mathrm{Re}[(I\mathrm{e}^{-\mathrm{j}\omega t})]$$

如图 6.1 所示，电偶极子沿 z 轴放置，中心在坐标原点。元的长度为 l，横截面积为 ΔS，故有

$$\boldsymbol{J}\mathrm{d}V' = \boldsymbol{e}_z \frac{I}{\Delta S'}\Delta S'\mathrm{d}z' = \boldsymbol{e}_z I\mathrm{d}z'$$

用 $\boldsymbol{e}_z I\mathrm{d}z'$ 替换 $\boldsymbol{J}\mathrm{d}V'$，得载流线元在点 P 产生的矢量位为

$$\boldsymbol{A}(\boldsymbol{r}) = \frac{\mu_0}{4\pi}\int_l \frac{\boldsymbol{e}_z I}{|\boldsymbol{r}-\boldsymbol{r}'|}\mathrm{e}^{-\mathrm{j}k|\boldsymbol{r}-\boldsymbol{r}'|}\mathrm{d}z' \quad (6.1.1)$$

考虑到 $l \ll r$，故式(6.1.1)可近似为

$$\boldsymbol{A}(\boldsymbol{r}) = \boldsymbol{e}_z \frac{\mu_0 Il}{4\pi r}\mathrm{e}^{-\mathrm{j}kr} \quad (6.1.2)$$

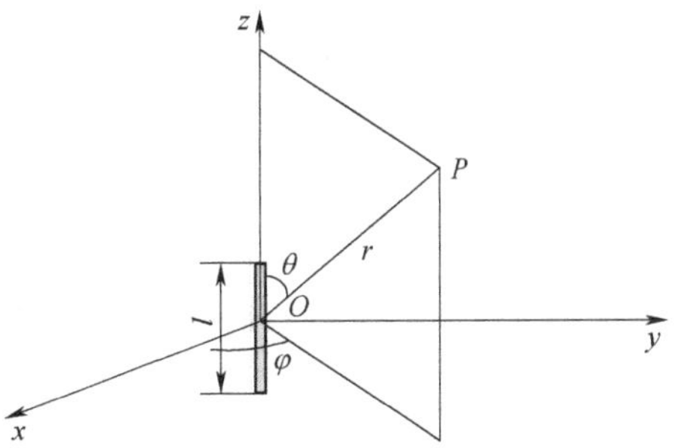

图 6.1 电偶极子

它在球坐标系中的三个坐标分量为

$$\begin{cases} A_r = A_z\cos\theta = \dfrac{\mu_0 Il}{4\pi r}\cos\theta \mathrm{e}^{-\mathrm{j}kr} \\ A_\theta = -A_z\sin\theta = -\dfrac{\mu_0 Il}{4\pi r}\sin\theta\, \mathrm{e}^{-\mathrm{j}kr} \\ A_{\varphi=0} \end{cases} \quad (6.1.3)$$

点 P 的磁场强度为

$$H = \frac{1}{\mu_0}\nabla\times A = \frac{1}{\mu_0}\begin{vmatrix} \frac{e_r}{r^2\sin\theta} & \frac{e_\theta}{r\sin\theta} & \frac{e_\varphi}{r} \\ \frac{\partial}{\partial r} & \frac{\partial}{\partial\theta} & \frac{\partial}{\partial\varphi} \\ A_r & rA_\theta & r\sin\theta A_\varphi \end{vmatrix}$$

将式(6.1.3)代入上式,得

$$\begin{cases} H_r = 0 \\ H_\theta = 0 \\ H_\varphi = \frac{k^2 Il\sin\theta}{4\pi}\left[\frac{j}{kr} + \frac{1}{(kr)^2}\right]e^{-jkr} \end{cases} \tag{6.1.4}$$

由麦克斯韦方程,P 点的电场强度

$$E = \frac{1}{j\omega\varepsilon_0}\nabla\times H = \frac{1}{j\omega\varepsilon_0}\begin{vmatrix} \frac{e_r}{r^2\sin\theta} & \frac{e_\theta}{r\sin\theta} & \frac{e_\varphi}{r} \\ \frac{\partial}{\partial r} & \frac{\partial}{\partial\theta} & \frac{\partial}{\partial\varphi} \\ H_r & rH_\theta & r\sin\theta H_\varphi \end{vmatrix}$$

将式(6.1.4)代入上式,得

$$\begin{cases} E_r = \frac{2Ilk^3\sin\theta}{4\pi\omega\varepsilon_0}\left[\frac{1}{(kr)^2} - \frac{j}{(kr)^3}\right]e^{-jkr} \\ E_\theta = \frac{Ilk^3\sin\theta}{4\pi\omega\varepsilon_0}\left[\frac{j}{kr} + \frac{1}{(kr)^2} - \frac{j}{(kr)^3}\right]e^{-jkr} \\ E_\varphi = 0 \end{cases} \tag{6.1.5}$$

由式(6.1.4)和(6.1.5)可看出,电偶极子产生的电磁场,磁场强度只有 H_φ 分量,而电场强度有 E_r 和 E_θ 两个分量。每个分量都包含几项,而且与距离 r 有复杂的关系。

6.1.1 电偶极子的近区场

$r \ll \lambda$ 即 $kr \ll 1$ 的区域称为近区,在此区域中

$$\frac{1}{kr} \ll \frac{1}{(kr)^2} \ll \frac{1}{(kr)^3} \quad 且 \quad e^{-jkr} \approx 1$$

故在式(6.1.4)和(6.1.5)中,主要是 $\frac{1}{kr}$ 的高次幂项起作用,其余各项皆可忽略,故得

$$\begin{cases} E_r = -j\frac{Il\cos\theta}{2\pi\omega\varepsilon_0 r^3} \\ E_\theta = -j\frac{Il\sin\theta}{4\pi\omega\varepsilon_0 r^3} \end{cases} \tag{6.1.6}$$

$$H_\varphi = \frac{Il\sin\theta}{4\pi r^2} \tag{6.1.7}$$

考虑到电偶极子两端的电荷与电流的关系 $i(t) = \frac{dq(t)}{dt}$,即 $I = j\omega q$,式(6.1.6)可以表示为

$$\begin{cases} E_r = \dfrac{ql\cos\theta}{2\pi\varepsilon_0 r^3} = \dfrac{p_e\cos\theta}{2\pi\varepsilon_0 r^3} \\ E_\theta = \dfrac{ql\sin\theta}{4\pi\varepsilon_0 r^3} = \dfrac{p_e\sin\theta}{4\pi\varepsilon_0 r^3} \end{cases} \tag{6.1.8}$$

式中，$p_e = ql$ 是电偶极矩 $\boldsymbol{P}_e = q\boldsymbol{l}$ 的振幅。

从以上结果可以看出，在近区内，时变电偶极子的电场表示式与静电偶极子的电场表示式相同；磁场表示式则与静磁场中用毕奥–萨伐尔定律计算出的恒定电流元的磁场表示式相同。因此把时变电偶极子的近区场称为准静态场或似稳场。

由式(6.1.6)和式(6.1.7)可计算出近区场的平均功率流密度

$$\boldsymbol{S}_{av} = \frac{1}{2}\mathrm{Re}(\boldsymbol{E}\times\boldsymbol{H}^*) = 0$$

此结果表明，电偶极子的近区场没有电磁功率向外输出。应该指出，这是忽略了场表示式中的次要因素所导致的结果，而并非近区场真的没有净功率向外输出。

6.1.2 电偶极子的远区场

$r \gg \lambda$ 即 $kr \gg 1$ 的区域称为远区，在此区域中

$$\frac{1}{kr} \gg \frac{1}{(kr)^2} \gg \frac{1}{(kr)^3}$$

在式(6.1.4)和(6.1.5)中，主要是含 $\dfrac{1}{kr}$ 的项起作用，其余项均可忽略。故得

$$\begin{cases} E_\theta = \mathrm{j}\dfrac{Ilk^2\sin\theta}{4\pi\omega\varepsilon_0 r}\mathrm{e}^{-\mathrm{j}kr} \\ H_\varphi = \mathrm{j}\dfrac{Ilk\sin\theta}{4\pi r}\mathrm{e}^{-\mathrm{j}kr} \end{cases} \tag{6.1.9}$$

将 $k = \omega\sqrt{\mu_0\varepsilon_0}$、$k = \dfrac{2\pi}{\lambda}$ 以及 $\eta_0 = \sqrt{\dfrac{\mu_0}{\varepsilon_0}}$ 代入式(6.1.9)，得

$$\begin{cases} E_\theta = \mathrm{j}\dfrac{Il\eta_0}{2\lambda r}\sin\theta\mathrm{e}^{-\mathrm{j}kr} \\ H_\varphi = \mathrm{j}\dfrac{Il}{2\lambda r}\sin\theta\mathrm{e}^{-\mathrm{j}kr} \end{cases} \tag{6.1.10}$$

可见，远区场与近区场完全不同。

我们根据式(6.1.10)对远区场的性质作如下讨论：

①远区场是辐射场，电磁波沿径向辐射。远区的平均坡印亭矢量为

$$S_{av} = \frac{1}{2}\mathrm{Re}(\boldsymbol{E}\times\boldsymbol{H}^*) = \frac{1}{2}\mathrm{Re}(\boldsymbol{e}_\theta E_\theta \times \boldsymbol{e}_\varphi H_\varphi^*] = \boldsymbol{e}_r\frac{1}{2}\mathrm{Re}(\boldsymbol{e}_\theta H_\varphi^*)$$

可见，有电磁能量沿径向辐射。

②远区场是横电磁波(TEM 波)。远区场的电场和磁场都只有横向分量($\boldsymbol{E} = \boldsymbol{e}_\theta E_\theta$、$\boldsymbol{H} = \boldsymbol{e}_\varphi H_\varphi$)，$\boldsymbol{E}$ 和 $\boldsymbol{H}$ 相互垂直，且垂直于传播方向。E_θ 和 H_φ 的比值为

$$\frac{E_\theta}{H_\varphi} = \eta_0 = 120\pi\Omega$$

③远区场是非均匀球面波。相位因子 $\mathrm{e}^{-\mathrm{j}kr}$ 表明波的等相位面是“r=常数”的球面，在该等相位

面上,电场(或磁场)的振幅并不处处相等,故为非均匀球面波。

④场的振幅与 r 成反比,这是由于电偶极子由源点向外辐射,其能量逐渐扩散。

⑤远区场分布有方向性。方向性因子 $\sin\theta$ 表明在“$r=$常数”的球面上,θ 取不同的数值时,场的振幅是不相等的。在电偶极子的轴线方向上($\theta=0°$),场强为零;在垂直于电偶极子轴线的方向上($\theta=90°$),场强最大。通常用方向图来形象地描述这种方向性。图6.2是用极坐标绘制的 E 面(电场矢量 $\boldsymbol{E}$ 所在并包含最大辐射方向的平面)方向图,角度表示方向,矢径表示场强的相对大小。图6.3是 H 面(磁场矢量 $\boldsymbol{H}$ 所在并包含最大辐射方向的平面)方向图,由于电偶极子的轴对称性,因此在这个平面上各方向的场强都等于最大值。图6.4是根据 $|\sin\theta|$ 绘制的立体方向图。显然,E 面方向图和 H 面方向图就是立体方向图分别沿 E 面和 H 面这两个主平面的剖面图。

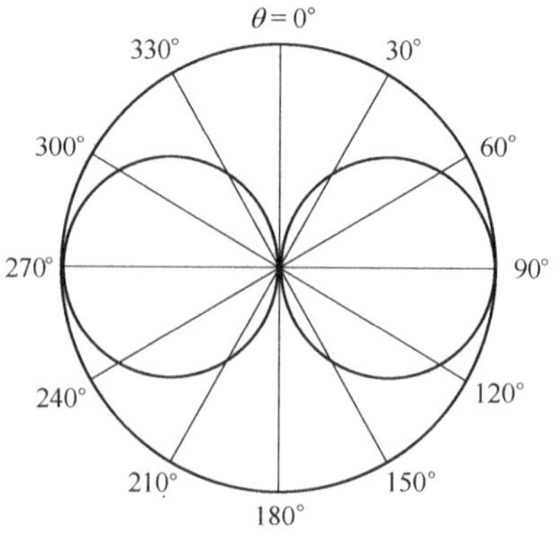

图6.2　电偶极子的 E 面方向图

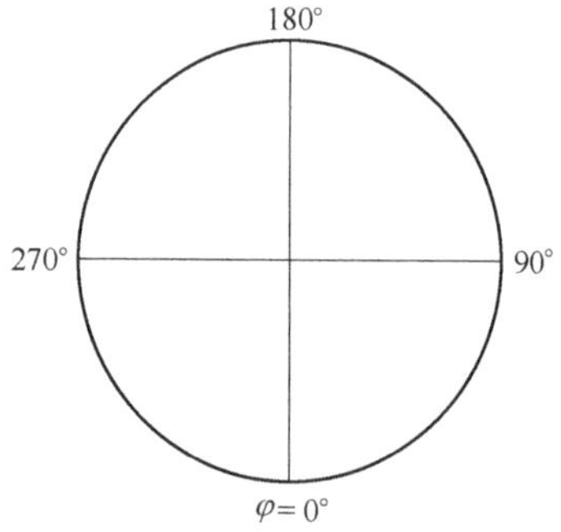

图6.3　电偶极子的 H 面方向图

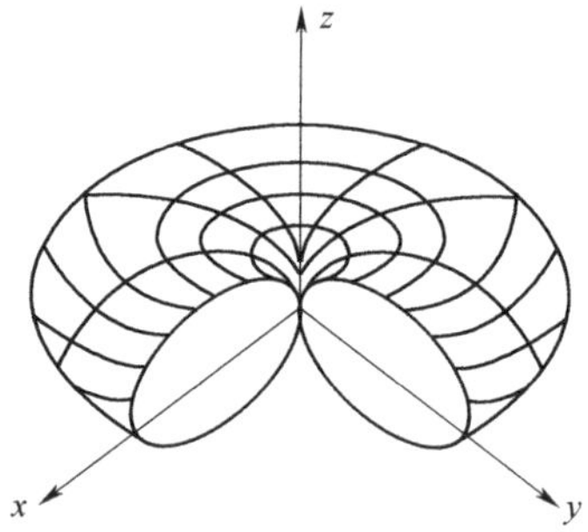

图6.4　电偶极子的立体方向图

最后我们讨论电偶极子的辐射功率,它等于平均坡印亭矢量在任意包围电偶极子的球面上的积分,即

$$
\begin{aligned}
P_r &= \oint_S \boldsymbol{S}_{av}\cdot \mathrm{d}\boldsymbol{S} = \oint_S \boldsymbol{e}_r \frac{1}{2}\mathrm{Re}(E_\theta H_\varphi^*)\cdot \mathrm{d}S \\
&= \int_0^{2\pi}\int_0^{\pi} \frac{1}{2}\eta_0\left(\frac{Il}{2\lambda r}\sin\theta\right)^2 \cdot \boldsymbol{e}_r r^2 \sin\theta \mathrm{d}\theta \mathrm{d}\varphi \\
&= \int_0^{2\pi}\mathrm{d}\varphi \int_0^{\pi} \frac{15\pi\,(Il)^2}{\lambda^2}\sin^3\theta \mathrm{d}\theta \\
&= 40\pi I^2\left(\frac{l}{\lambda}\right)^2
\end{aligned}
\tag{6.1.11}
$$

可见,电偶极子的辐射功率与 $\dfrac{l}{\lambda}$ 有关。

辐射功率必须由与电偶极子相接的源供给,为分析方便,可以将辐射出去的功率用在一个电阻上消耗的功率来模拟,此电阻称为辐射电阻。辐射电阻上消耗的功率为

$$P_r = \frac{1}{2}I^2 R_r$$

将上式与式(6.1.11)比较,即得电偶极子的辐射电阻

$$R_r = 80\pi^2 \left(\frac{l}{\lambda}\right)^2 \tag{6.1.12}$$

辐射电阻的大小可以用来衡量天线的辐射能力,是天线的电参数之一。

例 6.1 频率f= 10 MHz 的功率源馈送给电偶极子的电流为 25 A。设电偶极子的长度 l= 50 cm。(1)分别计算赤道平面上离原点 50 m 和 10 km 处的电场强度和磁场强度;(2)计算 r= 10 km处的平均功率密度;(3)计算辐射电阻。

解 (1)在自由空间,$\lambda = \dfrac{c}{f} = \dfrac{3\times10^8}{10\times10^6}\ \text{m} = 30\ \text{m}$

故 r = 50 m 的点属于近区场,据式(6.1.6)和式(6.1.7)得

$$E_r(\theta = 90°) = 0$$

$$\begin{aligned} E_\theta(\theta = 90°) &= -\text{j}\frac{Il}{4\pi\omega\varepsilon_0 r^3} \\ &= -\text{j}\frac{25\times50\times10^{-2}}{4\pi\times2\pi\times10\times10^6\varepsilon_0\times50^3}\ \text{V/m} \\ &= -\text{j}0.014\ \text{V/m} \end{aligned}$$

$$H_\varphi(\theta = 90°) = \frac{Il}{4\pi r} = \frac{25\times50\times10^{-2}}{4\pi\times50^2}\ \text{A/m} = 0.398\times10^{-3}\ \text{A/m}$$

而 r = 10 km 的点属于远区场,据式(6.10)得

$$\begin{aligned} E_\theta(\theta = 90°) &= \text{j}\frac{Il}{2\lambda r}\eta_0 \text{e}^{-\text{j}kr} \\ &= \text{j}\frac{25\times50\times10^{-2}}{2\times30\times10\times10^3}\times120\pi\text{e}^{-\text{j}\frac{2\pi}{30}\times10\times10^3}\ \text{V/m} \\ &= 7.854\times10^{-3}\text{e}^{-\text{j}\left(2.1\times10^3-\frac{\pi}{2}\right)}\ \text{V/m} \end{aligned}$$

$$\begin{aligned} H_\varphi(\theta = 90°) &= \text{j}\frac{Il}{2\pi r}\text{e}^{-\text{j}kr} \\ &= 20.83\times10^{-6}\text{e}^{-\text{j}\left(2.1\times10^3-\frac{\pi}{2}\right)}\ \text{A/m} \end{aligned}$$

(2)
$$\begin{aligned} \boldsymbol{S}_{\text{av}} &= \frac{1}{2}\text{Re}(\boldsymbol{E}\times\boldsymbol{H}^*) \\ &= \frac{1}{2}\text{Re}\left[\boldsymbol{e}_\theta 7.845\times10^{-3}\text{e}^{-\text{j}\left(2.1\times10^3-\frac{\pi}{2}\right)}\times\boldsymbol{e}_\varphi 20.83\times10^{-6}\text{e}^{\text{j}\left(2.1\times10^3-\frac{\pi}{2}\right)}\right] \\ &= \boldsymbol{e}_r 81.8\times10^{-9}\ \text{W/m}^2 \end{aligned}$$

(3)
$$R_r = 80\pi^2\left(\frac{l}{\lambda}\right)^2 = 80\pi^2\left(\frac{50\times10^{-2}}{30}\right)^2\ \Omega = 0.22\ \Omega$$

6.2 对偶性原理与磁偶极子天线的辐射

6.2.1 对偶性原理

虽然迄今为止在自然界还没有发现与电荷、电流相对应的真实的磁荷、磁流,但是,如果我们

引入磁荷与磁流的概念,将一部分原来由电荷和电流产生的电磁场用能够产生同样电磁场的等效磁荷和等效磁流来取代,即将“电源”换成等效“磁源”,有时可大大简化问题的分析计算。

引入磁荷和磁流的概念后,麦克斯韦方程组就以对称的形式出现:

$$\nabla\times \boldsymbol{H} = \varepsilon \frac{\partial E}{\partial t} + \boldsymbol{J}_e \tag{6.2.1}$$

$$\nabla\times \boldsymbol{E} = -\mu \frac{\partial \boldsymbol{H}}{\partial t} - \boldsymbol{J}_m \tag{6.2.2}$$

$$\nabla\cdot \boldsymbol{H} = \frac{\rho_m}{\mu} \tag{6.2.3}$$

$$\nabla\cdot \boldsymbol{E} = \frac{\rho_e}{\varepsilon} \tag{6.2.4}$$

式(6.2.1)至式(6.2.4)中,下标 m 表示“磁量”,下标 e 表示“电量”。$\boldsymbol{J}_m$ 是磁流密度,其单位为 v/m^2(伏/米^2);ρ_m 是磁荷密度,其单位为 Wb/m^3(韦/米^3)。

式(6.1.13)等式右边用正号,表示电流与磁场之间是右手螺旋关系;式(6.1.14)等式右边用负号,表示磁流与电场之间是左手螺旋关系。

将电场 $\boldsymbol{E}$(或磁场 $\boldsymbol{H}$)看成是由电源(ρ_e、$\boldsymbol{J}_e$)产生的电场 $\boldsymbol{E}_e$(或磁场 $\boldsymbol{H}_e$)与磁源(ρ_m、$\boldsymbol{J}_m$)产生的电场 $\boldsymbol{E}_m$(或磁场 $\boldsymbol{H}_m$)之和,即

$$\boldsymbol{E} = \boldsymbol{E}_e + \boldsymbol{E}_m, \boldsymbol{H} = \boldsymbol{H}_e + \boldsymbol{H}_m \tag{6.2.5}$$

则有

$$\begin{cases} \nabla\times \boldsymbol{E}_e = -\mu \dfrac{\partial \boldsymbol{H}_e}{\partial t} \quad , \quad \nabla\cdot \boldsymbol{H}_e = 0 \\ \nabla\times \boldsymbol{H}_e = \varepsilon \dfrac{\partial \boldsymbol{E}_e}{\partial t} \quad , \quad \nabla\cdot \boldsymbol{E}_e = \dfrac{\rho_e}{\varepsilon} \end{cases} \tag{6.2.6}$$

$$\begin{cases} \nabla\times \boldsymbol{E}_m = -\mu \dfrac{\partial \boldsymbol{H}_m}{\partial t} - \boldsymbol{J}_m \quad , \quad \nabla\cdot \boldsymbol{H}_m = \dfrac{\rho_m}{\mu} \\ \nabla\times \boldsymbol{H}_m = \varepsilon \dfrac{\partial \boldsymbol{E}_m}{\partial t} \quad , \quad \nabla\cdot \boldsymbol{E}_m = 0 \end{cases} \tag{6.2.7}$$

从这些式子可以看出电量和磁量具有对偶性(又称为二重性)。也就是说,如果做如下代换:

$$\boldsymbol{E}_e \leftrightarrow -\boldsymbol{H}_m \quad \boldsymbol{H}_\varepsilon \leftrightarrow \boldsymbol{E}_m \quad \boldsymbol{J}_\varepsilon \leftrightarrow \boldsymbol{J}_m \quad \rho_\varepsilon \leftrightarrow \rho_m \quad \varepsilon \leftrightarrow \mu \quad \mu \leftrightarrow \varepsilon \tag{6.2.8}$$

由方程(6.2.6)即可得到方程组(6.2.7),反之亦然。通过式(6.2.8)的对偶量代换,就可以由一种源产生的电磁场直接得到另一种源产生的电磁场。

类似地,对应于矢量电位 $\boldsymbol{A}$ 有矢量磁位 $\boldsymbol{A}_m$;对应于标量电位 φ 有标量磁位 φ_m,即对应于

$$\begin{cases} \boldsymbol{H}_e = \dfrac{1}{\mu} \nabla\times \boldsymbol{A} \\ \boldsymbol{E}_e = -\nabla\varphi - \dfrac{\partial \boldsymbol{A}}{\partial t} \end{cases} \tag{6.2.9}$$

有

$$\begin{cases} \boldsymbol{E}_m = -\dfrac{1}{\varepsilon} \nabla\times \boldsymbol{A}_m \\ \boldsymbol{H}_m = -\nabla\varphi_m - \dfrac{\partial \boldsymbol{A}_m}{\partial t} \end{cases} \tag{6.2.10}$$

当电源量和磁源量同时存在时,总场量应为他们分别产生的场量之和:

$$\begin{cases} \boldsymbol{E} = -\nabla\varphi - \dfrac{\partial \boldsymbol{A}}{\partial t} - \dfrac{1}{\varepsilon}\nabla\times\boldsymbol{A}_{\mathrm{m}} \\ \boldsymbol{H} = -\nabla\varphi_{\mathrm{m}} - \dfrac{\partial \boldsymbol{A}_{\mathrm{m}}}{\partial t} - \dfrac{1}{\mu}\nabla\times\boldsymbol{A} \end{cases} \tag{6.2.11}$$

此外,在分界面上,相应于

$$\begin{cases} \boldsymbol{J}_S = \boldsymbol{e}_n \times (\boldsymbol{H}_1 - \boldsymbol{H}_2) \\ \rho_S = \boldsymbol{e}_n \cdot (\boldsymbol{D}_1 - \boldsymbol{D}_2) \end{cases} \tag{6.2.12}$$

有

$$\begin{cases} \boldsymbol{J}_{\mathrm{Sm}} = -\boldsymbol{e}_n \times (\boldsymbol{E}_1 - \boldsymbol{E}_2) \\ \rho_{\mathrm{Sm}} = \boldsymbol{e}_n \cdot (\boldsymbol{B}_1 - \boldsymbol{B}_2) \end{cases} \tag{6.2.13}$$

6.2.2 磁偶极子天线的辐射

磁偶极子天线的实际模型是一个小电流环,如图 6.5 所示,它的周长远小于波长,所以环上的各点的电流 $\dot{I}$(包括相位)可以看作相等的,它的半径远小于场点 P 到磁偶极子天线中心的距离。小电流环的磁矩为

$$\boldsymbol{P}_{\mathrm{m}} = \mu_0 I\boldsymbol{S} \tag{6.2.14}$$

式中,$\boldsymbol{S}$ 为环面积矢量,方向与环电流 I 成右手关系。

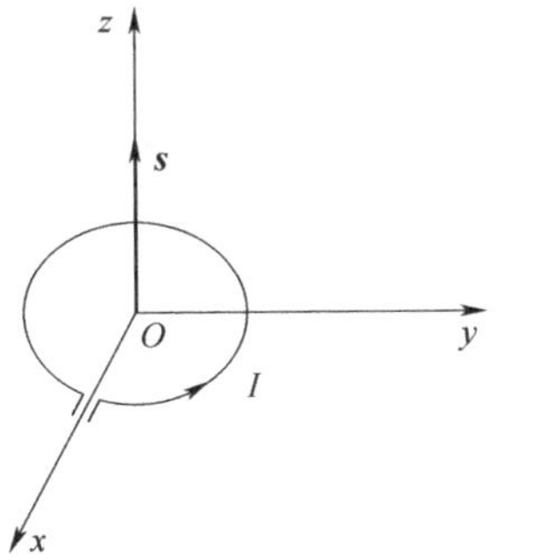

(a) 小电流环

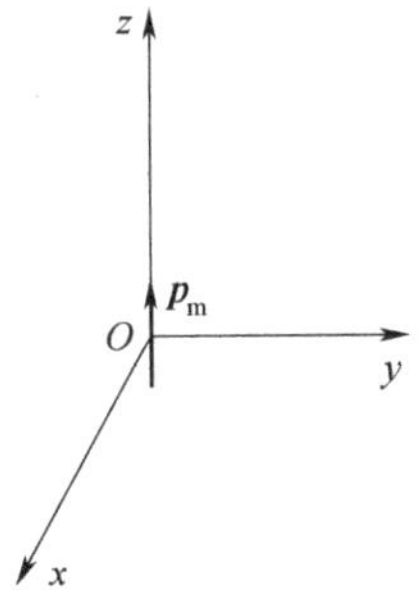

(b) 磁矩

图 6.5 磁偶极子天线

若求小电流环远区的辐射场,可以把小电流环看成是一个时变的磁偶极子,由一对磁荷 $\pm q_{\mathrm{m}}$ 组成,它们之间的距离是 l,磁荷之间有假想的磁流 I_{m},以满足磁流的连续性,则磁矩可表示为

$$\boldsymbol{P}_{\mathrm{m}} = q_{\mathrm{m}}\boldsymbol{l} = \boldsymbol{e}_z q_{\mathrm{m}} l \tag{6.2.15}$$

比较式(6.2.14)和式(6.2.15)可得

$$q_{\mathrm{m}} = \frac{\mu_0 IS}{l}$$

则等效磁矩为

$$I_{\mathrm{m}} = \frac{\mathrm{d}q_{\mathrm{m}}}{\mathrm{d}t} = \frac{\mu_0 S}{l}\frac{\mathrm{d}I}{\mathrm{d}t} \tag{6.2.16}$$

用复数可以写为

$$I_{\mathrm{m}} = \mathrm{j}\frac{\omega\mu_0 S}{l}I \tag{6.2.17}$$

根据电磁对偶原理,自由空间的磁偶极子与自由空间的电偶极子取如下的对偶关系:

$$\begin{cases} H_\theta|_m \leftrightarrow E_\theta|_e \quad , \quad -E_\varphi|_m \leftrightarrow H_\varphi|_e \\ q_m \leftrightarrow q \quad , \quad I_m \leftrightarrow I \\ \mu_0 \leftrightarrow \varepsilon_0 \quad , \quad \mu_0 \leftrightarrow \varepsilon_0 \end{cases} \tag{6.2.18}$$

式中,下标 e 和 m 分别对应于电源量和磁源量。

将式(6.1.10)表示的电偶极子的远区场写为

$$E_\theta|_e = \mathrm{j}\frac{Il}{2\lambda r}\sqrt{\frac{\mu_0}{\varepsilon_0}}\sin\theta \mathrm{e}^{-\mathrm{j}kr}$$

$$H_\varphi|_e = \mathrm{j}\frac{Il}{2\lambda r}\sin\theta \mathrm{e}^{-\mathrm{j}kr}$$

利用式(6.2.18)的对偶关系得出磁偶极子的远区场

$$H_\theta|_m = \mathrm{j}\frac{I_m l}{2\lambda r}\sqrt{\frac{\varepsilon_0}{\mu_0}}\sin\theta \mathrm{e}^{-\mathrm{j}kr}$$

$$-E_\varphi|_m = \mathrm{j}\frac{I_m l}{2\lambda r}\sin\theta \mathrm{e}^{-\mathrm{j}kr}$$

将式(6.2.17)代入上式,即得

$$\begin{cases} E_\varphi = \dfrac{\omega\mu_0 SI}{2\lambda r}\sin\theta \mathrm{e}^{-\mathrm{j}kr} \\ H_\theta = -\dfrac{\omega\mu_0 SI}{2\lambda r}\sqrt{\dfrac{\varepsilon_0}{\mu_0}}\sin\theta \mathrm{e}^{-\mathrm{j}kr} \end{cases} \tag{6.2.19}$$

可见,磁偶极子的远区辐射场也是非均匀球面波,辐射也有方向性。

应当注意,磁偶极子的 E 面和 H 面方向图分别与电偶极子的 H 面和 E 面方向图相同。

磁偶极子的总辐射功率为

$$P_r = \oint_S \boldsymbol{S}_{av}\cdot \mathrm{d}S = \oint_S \frac{1}{2}\mathrm{Re}(\boldsymbol{E}\times\boldsymbol{H}^*)\cdot \mathrm{d}\boldsymbol{S}$$

将式(6.2.19)代入上式得

$$P_r = 160\pi^4 I^2\left(\frac{S}{\lambda^2}\right)^2(\mathrm{W}) \tag{6.2.20}$$

辐射电阻为

$$R_r = \frac{2P_r}{I^2} = 320\pi^4\left(\frac{S}{\lambda}\right)^2(\Omega) \tag{6.2.21}$$

6.3 天线的辐射特性和基本参数

天线的技术性能是用托干参数来描述的,了解这些参数以便于正确设计或选用天线。通常是以发射天线来定义天线的基本参数的,这些参数将描述天线把高频电流能量转换成电磁波能量并按照要求辐射出去的能力。

1. 方向性函数和方向性图

天线辐射特性与空间坐标之间的函数关系式称为天线的方向性函数。根据方向性函数绘制的图形则称为天线的方向性图。

通常，人们最关心的辐射特性是在半径一定的球面上，随着观察者方位的变化，辐射能量在三维空间分布。因此，可以这样来定义天线的方向性函数：在离开天线一定距离处，描述天线辐射场的相对值与空间方向的函数关系，称为方向性函数，表示为 $f(\theta,\varphi)$ 。

为便于比较不同天线的方向特性，通常采用归一化方向性函数。定义为

$$F(\theta,\varphi)=\frac{|\boldsymbol{E}(\theta,\varphi)|}{|\boldsymbol{E}_{\max}|}=\frac{f(\theta,\varphi)}{f(\theta,\varphi)|_{\max}} \tag{6.3.1}$$

式中，$|E(\theta,\varphi)|$ 为指定距离上某方向 (θ,φ) 的电场强度值，$|\boldsymbol{E}_{\max}|$ 为同一距离上的最大电场强度值；$f(\theta,\varphi)|_{\max}$ 为方向性函数的最大值。

例如，电偶极子的归一化方向性函数为 $F(\theta,\varphi)=|\sin\theta|$ 。

根据归一化方向函数可以绘制归一化方向性图，图 6.2 至图 6.4 分别表示出了电偶极子的 E 面方向图、H 面方向图和立体方向图。

为了讨论天线的辐射功率的空间分布状况，引入功率方向性函数 $F_p(\theta,\varphi)$ ，它与场强方向性函数 $F(\theta,\varphi)$ 间的关系为

$$F_p(\theta,\varphi)=F^2(\theta,\varphi) \tag{6.3.2}$$

实际应用的天线的方向性图要比电偶极子的方向性复杂，出现很多波瓣，分别称为主瓣和副瓣，有时还将主瓣正后方的波瓣称为后瓣。图 6.6 所示为某天线的 E 面功率方向性图。

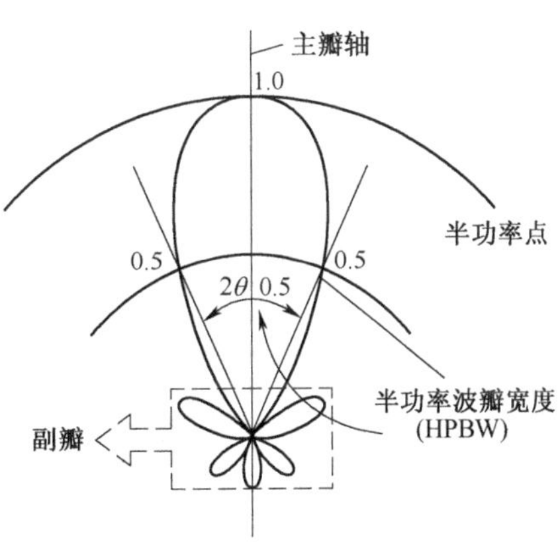

图 6.6　典型的功率方向图

在对各种天线的方向图特性进行定量比较时，通常考虑以下几个参数：

(1) 主瓣宽度

主瓣轴线两侧的两个半功率点（即功率密度下降为最大值的一半或场强下降为最大值的 $1/\sqrt{2}$）的矢径之间的夹角，称为主瓣宽度，表示为 $2\theta_{0.5}$（E 面）或 $2\varphi_{0.5}$（H 面），如图 6.6 所示。主瓣宽度愈小，说明天线辐射的能量愈集中，定向性愈好。电偶极子的主瓣宽度为 90°。

(2) 副瓣电平

最大副瓣的功率密度 S_1 和主瓣功率密度 S_0 之比的对数值，称为副瓣电平，表示为

$$\mathrm{SLL}=10\lg\left(\frac{S_1}{S_0}\right)(\mathrm{dB}) \tag{6.3.3}$$

(3) 前后比

主瓣功率密度 S_0 与后瓣功率密度 S_b 之比的对数值，称为前后比，表示为

$$\mathrm{FB}=10\lg\left(\frac{S_1}{S_b}\right)(\mathrm{dB}) \tag{6.3.4}$$

通常要求前后比尽可能大。

2. 方向性系数

在相等的辐射功率下，受试天线在其最大辐射方向上某点产生的功率密度与一理想的无方向性天线在同一点产生的功率密度的比值，定义为受试天线的方向性系数。表示为

$$D=\frac{S_{\max}}{S_0}\bigg|_{P_r=P_{r0}}=\frac{E_{\max}^2}{E_0^2}\bigg|_{P_r=P_{r0}} \tag{6.3.5}$$

式中的 P_r 和 P_{r0} 分别为受试天线和理想的无方向性天线的辐射功率。

受试天线的辐射功率为

$$P_r=\oint_S \boldsymbol{S}_{av}\cdot d\boldsymbol{S}=\oint_S \frac{1}{2}\frac{E^2(\theta,\varphi)}{\eta_0}dS$$
$$=\frac{1}{2\eta_0}\int_0^{2\pi}\int_0^{\pi}[E_{max}F^2(\theta,\varphi)]\,r^2\sin\theta d\theta d\varphi$$
$$=\frac{E_{max}^2 r^2}{240\pi}\int_0^{2\pi}\int_0^{\pi}F^2(\theta,\varphi)\sin\theta d\theta d\varphi$$

故

$$E_{max}^2=\frac{240\pi P_r}{r^2\int_0^{2\pi}\int_0^{\pi}F^2(\theta,\varphi)\sin\theta d\theta d\varphi}$$

而理想的无方向性天线的辐射功率为

$$P_{r0}=S_0\times 4\pi r^2=\frac{E_0^2}{2\eta_0}\times 4\pi r^2=\frac{E_0^2 r^2}{60}$$

故

$$E_0^2=\frac{60P_{r0}}{r^2}$$

则

$$D=\frac{E_{max}^2}{E_0^2}\bigg|_{P_r=P_{r0}}=\frac{4\pi}{\int_0^{2\pi}\int_0^{\pi}F^2(\theta,\varphi)\sin\theta d\theta d\varphi} \tag{6.3.6}$$

上式为计算天线方向性系数的公式。

根据式(6.3.5)得

$$E_{max}^2=DE_0^2=D\times\frac{60P_{r0}}{r^2}$$

即

$$E_{max}=\frac{\sqrt{60DP_r}}{r}\bigg|_{P_r=P_{r0}} \tag{6.3.7}$$

对于无方向性天线，$D=1$，得

$$E_{max}=\frac{\sqrt{60P_r}}{r}\bigg|_{P_r=P_{r0}} \tag{6.3.8}$$

比较式(6.3.7)和式(6.3.8)可看出，受试天线的方向性系数表征在该天线在其最大辐射方向上比无方向性天线而言将辐射功率增大的倍数。

例 6.2 计算电偶极子的方向性系数。

解 电偶极子的归一化方向性函数为

$$F(\theta,\varphi)=|\sin\theta|$$

故

$$D=\frac{4\pi}{\int_0^{2\pi}\int_0^{\pi}\sin^2\theta\sin\theta d\theta d\varphi}=1.5$$

若用分贝表示，则为 $D = 10\lg1.5\ \mathrm{dB} = 1.76\ \mathrm{dB}$。

3. 效率

天线的效率定义为天线的辐射功率 P_r 与输入功率 P_{in} 的比值，表示为

$$\eta_A = \frac{P_r}{P_{in}} = \frac{P_r}{P_r + p_L} \tag{6.3.9}$$

式中，P_L 为天线的总损耗功率，通常包括天线导体中的损耗和介质材料中的损耗。

与把天线向外辐射的功率看作是被某个电阻吸收的功率一样，把总损耗功率也看作电阻上的损耗功率，该店组称为损耗电阻 R_L。则有

$$P_r = \frac{1}{2}I^2R_r,P_L = \frac{1}{2}I^2R_L$$

故天线的效率可以表示为

$$\eta_A = \frac{P_r}{P_r + P_L} = \frac{R_r}{R_r + R_L} \tag{6.3.10}$$

可见，要提高天线的效率，应尽可能增大辐射电阻并降低损耗电阻。

4. 增益系数

在相同的输入功率下，受试天线在其最大辐射方向上某点产生的功率密度与一理想的无方向性天线在同一点产生的功率密度的比值，定义为该受试天线的增益系数。表示为

$$G = \frac{S_{max}}{S_0}\Big|_{P_{in}=P_{in0}} = \frac{E_{max}^2}{E_0^2}\Big|_{P_{in}=P_{in0}} \tag{6.3.11}$$

式中，P_{in} 和 P_{in0} 分别为受试天线和理想的无方向性天线的输入功率。

考虑天线效率的定义，可得

$$G = \eta_A D \tag{6.3.12}$$

以及

$$E_{max} = \frac{\sqrt{60GP_{in}}}{r} \tag{6.3.13}$$

对于无方向性天线 $D = 1$，若 $\eta_A = 1$，故 $G = 1$，则

$$E_{max} = \frac{\sqrt{60GP_{in0}}}{r} \tag{6.3.14}$$

例如，为了在空间一点 M 处产生某特定值的场强，若采用无方向性天线来发射需输入 10 W 的功率；但采用增益系数 $G=10$ 的天线发射，则只需输入 1 W 的功率。

5. 输入阻抗

天线的输入阻抗定义为天线输入端的电压与电流的比值，表示为

$$Z_{in} = \frac{U_{in}}{I_{in}} = R_{in} + jX_{in} \tag{6.3.15}$$

式中，R_{in} 表示输入电阻，X_{in} 表示输入电抗。

天线的输入端是指天线通过馈线与发射机（或接收机）相连时，天线与馈线的连接处。天线作为馈线的负载，通常要求达到阻抗匹配。

天线的输入阻抗是天线的一个重要参数，它与天线的几何形状、激励方式、以及和周围物体的距离等因素有关。只有少数较简单的天线才能准确计算输入阻抗，多数天线的输入阻抗则需要通过实验测定，或进行近似计算。

6. 有效长度

天线的有效长度是衡量天线辐射能力的有一个参数，它的定义是：在保持实际天线最大辐射方向上的场强保持不变的条件下，假设天线上的电流为均匀分布，电流的大小等于输入端的电流，此假想天线的长度 l_e 即称为实际天线的有效长度，如图 6.7 所示。

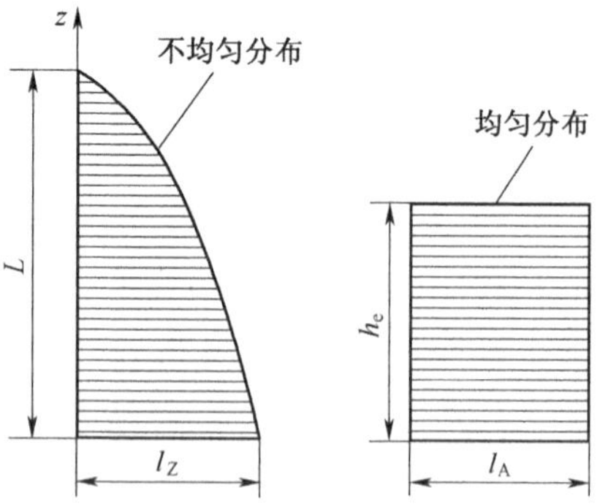

图 6.7　天线的有效长度

7. 极化

天线的极化特性是天线在其最大辐射方向上电场矢量的取向随时间变化的规律。正如在波的极化中已讨论过的，极化就是在空间给定上电场矢量的端点随时间变化的轨迹。按轨迹形状分为线极化、圆极化和椭圆极化。

线极化天线又分为水平极化和垂直极化天线。圆极化天线又分为右旋极化和左旋极化天线。通常，偏离最大辐射方向时，天线的极化将随之改变。

8. 频带宽度

天线的所有的电参数都与工作频率有关，当工作频率偏离设计的中心频率时，往往要引起电参数的变化。例如，工作频率改变时，将会引起方向图畸变、增益系数降低、输入阻抗改变等。

天线频带宽度的一般定义是：当频率改变时，天线的电参数能保持在规定的技术要求范围内，将对应的频率变化称为改天现的频带宽度，简称带宽。

由于不同用途的电子设备对天线的各个电参数的要求不同，有时又根据各个电参数来定义天线的带宽。例如，阻抗带宽、增益带宽等。

6.4　常用的线天线

6.4.1　对称天线

对称天线由两臂各为 l、半径为 a 的直导线或金属管构成，如图 6.8 所示，它的两个内端点为馈电点。对称天线是一种应用广泛的基本线形天线，它既可单独使用，也可作为天线阵的组成单元。

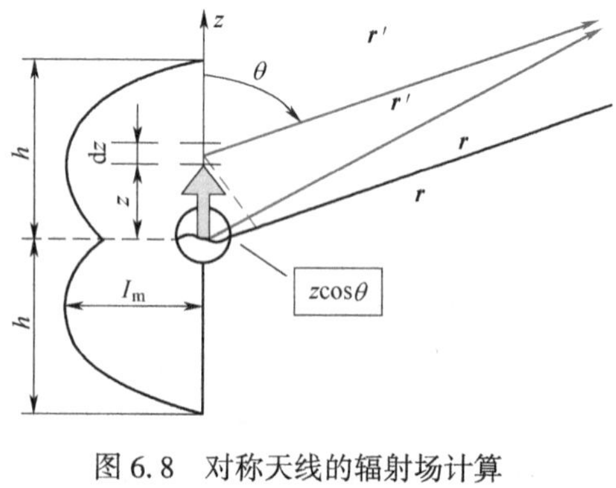

图 6.8　对称天线的辐射场计算

要计算天线的辐射场，需要知道天线上的电流分布，这是一个较为复杂的问题。理论和实践都已证明，对于细导线构成的对称天线，可将其看成是末端张开的平行双线传输线形成的，并用末端开路传输线上的电流分布来近似对称天线上的电流分布，即

$$I(z)=\begin{cases} I\sin[k(l-|z|)] & 当|z|<l \\ I\sin[k(l-z)] & 当 0<z<l \\ I\sin[k(l+z)] & 当 -l<z<l \end{cases} \tag{6.4.1}$$

式中的 $k=\dfrac{2\pi}{\lambda}$ 是相位常数。图 6.9 绘出六种不同长度的对称天线上的电流分布，箭头表示电流方向。

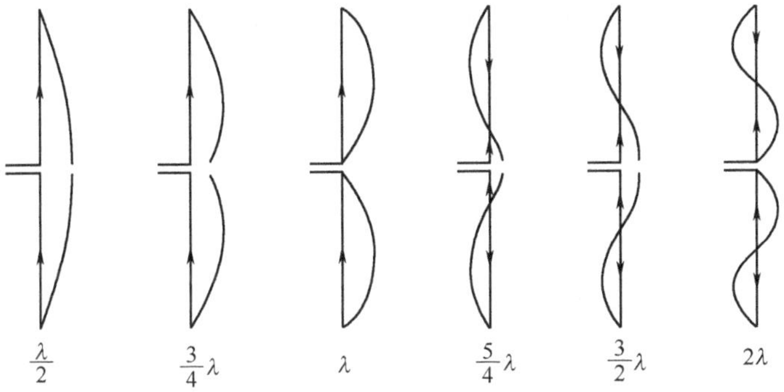

图 6.9　对称天线上的电流分布

将对称天线看成由许多电流元 $I(z)\mathrm{d}z$ 组成，每个电流元就是一个电偶极子。因此，对称天线的辐射场就是这许多电偶极子辐射场的叠加。因为观察点远离天线，故天线上每个电流元至观察点的射线近似平行，各电流元在观察点产生的辐射场也是同方向的。

利用 6.1 节导出的电偶极子辐射场公式(6.1.9)，可得到图 6.9 中的电流元 $I(z)\mathrm{d}z$ 在远区观察点产生的辐射电场为

$$\mathrm{d}E'_\theta=\mathrm{j}\frac{60\pi I\sin[k(l-|z|)\mathrm{d}z]}{\lambda r'}\sin\theta \mathrm{e}^{-\mathrm{j}kr'} \tag{6.4.2}$$

由于考察点才远区，可将 $\boldsymbol{r}$ 与 $\boldsymbol{r}'$ 视为平行，上式振幅项中的 r' 取 $r'\approx r$；相位项中 $\mathrm{e}^{-\mathrm{j}kr'}$ 的 r' 取 $r'\approx r-z\cos\theta$，故对称天线的辐射场为

$$\begin{aligned} E_\theta &=\int_{-l}^{l}\mathrm{d}E'_\theta=j\frac{60\pi I\mathrm{e}^{-\mathrm{j}kr}}{\lambda r} \\ &\quad \sin\theta\int_{-l}^{l}\sin[k(l-|z|)]\mathrm{e}^{\mathrm{j}kz\cos\theta}\mathrm{d}z \\ &=\mathrm{j}\frac{60I}{r}\left[\frac{\cos(kl\cos\theta)-\cos kl}{\sin\theta}\right]\mathrm{e}^{-\mathrm{j}kr} \end{aligned} \tag{6.4.3}$$

可见，对称天线的归一化方向性函数为

$$\mathrm{d}E'_\theta=\mathrm{j}\frac{60\pi I\sin[k(l-|z|)\mathrm{d}z]}{\lambda r'}\sin\theta\mathrm{e}^{-\mathrm{j}kr'} \tag{6.4.4}$$

图 6.10 绘出不同长度的对称天线的归一化方向图(E 面)。由于结构的对称性，方向图与 φ 无关，即 H 面方向图是圆。

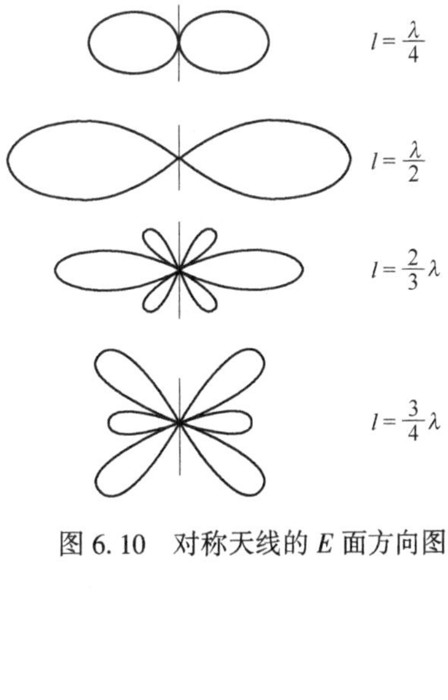

图 6.10　对称天线的 E 面方向图

6.4.2 引向天线

引向天线又称八木天线,广泛应用于米波和分米波的通信、电视、雷达及其他无线电技术设备中。它由一个有源半波振子、一个反射振子(反射器)和若干引向振子(引向器)并列排列在同一平面构成,图 6.11 所示为一个五元引向天线(通常有几个振子就称为几单元或几元引向天线)。除有源振子中间是馈电外,其余电源振子的中点都直接固定在天线金属支撑杆上。该金属杆与振子垂直,不会激起沿杆的电流,因此对辐射方向图及天线阻抗几乎没有影响,只起机械支撑作用。有源振子有多种形式,如半波振子、折合振子、扇形振子、圆锥振子等等。

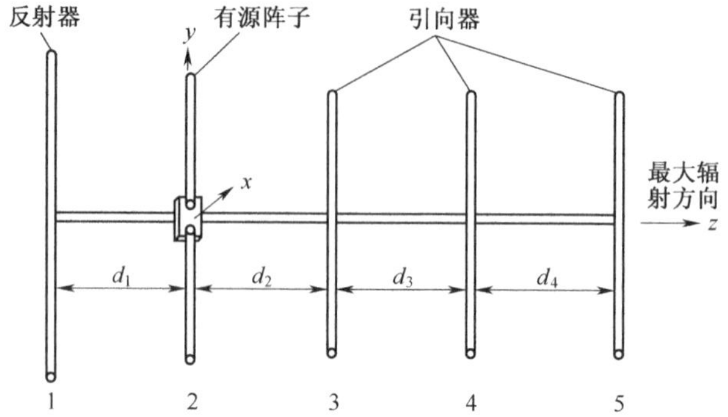

图 6.11 引向天线结构

引向天线实际上是一个端射式天线阵,与普通端射阵不同的是,引向天线上无源振子的电流不是通过馈线得到的,而是有源振子辐射场感应的电流。在端射式天线阵中,最大辐射方向由电流相位超前的振子指向电流相位落后的振子。因此,为确定无源振子是起反射器作用还是起引向器作用,必须先求得无源振子上的感应电流。

对于图 6.11 所示的五元引向天线,可列出如下阻抗方程组:

$$\begin{cases} I_{1m}Z_{11}+I_{2m}Z_{12}+I_{3m}Z_{13}+I_{4m}Z_{14}+I_{5m}Z_{15}=U_1 \\ I_{1m}Z_{21}+I_{2m}Z_{22}+I_{3m}Z_{23}+I_{4m}Z_{24}+I_{5m}Z_{25}=0 \\ I_{1m}Z_{31}+I_{2m}Z_{32}+I_{3m}Z_{33}+I_{4m}Z_{34}+I_{5m}Z_{35}=0 \\ I_{1m}Z_{41}+I_{2m}Z_{42}+I_{3m}Z_{43}+I_{4m}Z_{44}+I_{5m}Z_{45}=0 \\ I_{1m}Z_{51}+I_{2m}Z_{52}+I_{3m}Z_{53}+I_{4m}Z_{54}+I_{5m}Z_{55}=0 \end{cases} \tag{6.4.5}$$

这里仅说明近似的工程求解方法。认为各振子均为半波振子,各振子的电流按正弦分布。式中归算于波腹电流的所有自阻抗与互阻抗均为复数,其值可由结构尺寸查图标得到。因此,由式可解得各振子电流。在求出各元电流的基础上,即可进一步计算方向图、辐射阻抗、方向性系数等天线参数。

引向天线方向图的实例如图 6.12 所示,其 H 面方向图如图 6.13 所示。该天线尺寸如下:$2l_r=0.5\lambda$,$2l_0=0.47\lambda$,$2l_1=2l_2=2l_3=2l=0.43\lambda$,$d_r=0.25\lambda$,$d_1=d_2=d_3=0.30\lambda$,$2a=0.0052\lambda$。

6.4.3 螺旋天线

螺旋天线是一种载有行波电流的天线,具有宽频带和圆极化特性,广泛应用于米波和分米波波段。既可作独立天线或组成螺旋天线阵,又可作为其他面天线的独立馈源。

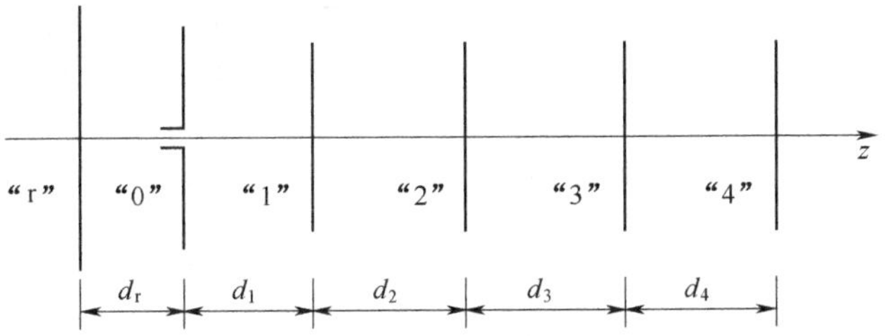

图 6.12　六元引向天线

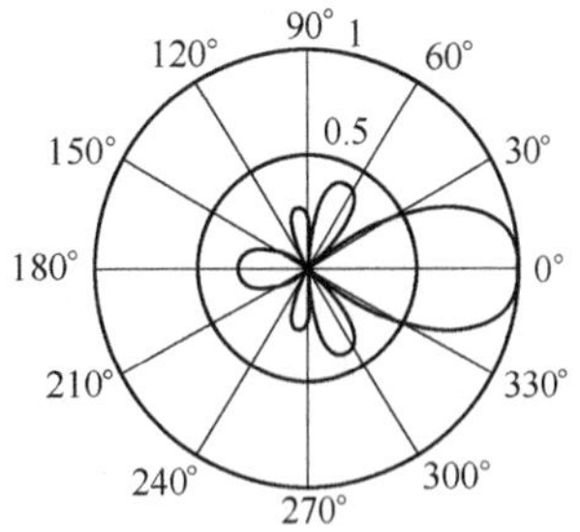

图 6.13　六元引向天线 H 面方向图

螺旋天线是用金属导线或管做成的螺旋形结构,它通常用同轴电缆馈电。同轴线的内导体与螺旋线的一端相连;外导体可与作反射器用的金属板相连;也有其他的连接方法。若螺旋直径是不变的,称为圆柱螺旋天线;螺旋直径是渐变的,称为圆锥螺旋天线,如图 6.14 所示。

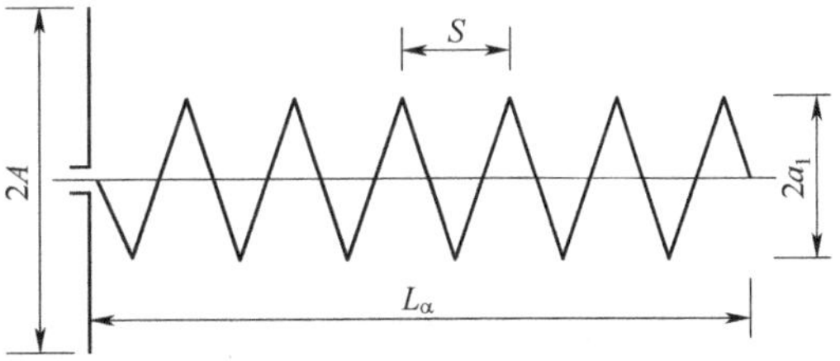

图 6.14　圆柱螺旋天线结构

圆柱螺旋天线结构尺寸常用符号为:螺旋半径 a_1,螺距 s,天线轴长 L_α,匝数 N,金属板半径 A。

螺旋天线的辐射特性基本上决定于螺旋的直径与波长之比 $\frac{2a_1}{\lambda}$。当 $\frac{2a_1}{\lambda} < 0.16$ 时,最大辐射方向与螺旋轴垂直,而轴向几乎无辐射,称为法向模辐射,如图 6.15(a)所示;当 $0.25 < \frac{2a_1}{\lambda} < 0.46$ 时,最大辐射方向沿螺旋轴线,称为轴向模辐射,如图 6.15(b)所示;当 $\frac{2a_1}{\lambda} > 0.46$ 时,方向图就呈圆锥形,轴向辐射很弱,当 $\frac{2a_1}{\lambda} \approx \frac{\pi}{2}$ 时,轴向辐射接近零,最大辐射偏离轴向,这种辐射称为圆

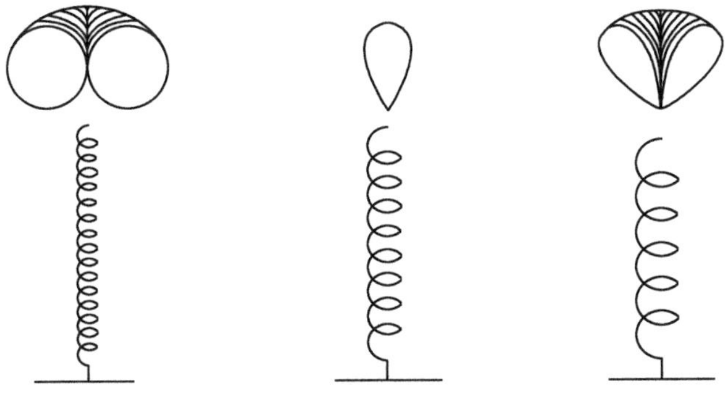

(a) 法向模辐射　(b) 轴向模辐射　(c) 圆锥模

图 6.15　螺旋天线的三种工作模式

第6章　电磁辐射

锥模,如图6.15(c)所示。

螺旋天线的分析方法是先求螺旋天线上的电流分布,但此时传输模式多,又应计算终端的反射和各圈之间的之间的耦合,较为麻烦。在已知电流分布求天线辐射场时,可按天线阵理论分析计算。详细内容可参阅有关书籍。

螺旋天线方向图的实例为轴向模螺旋天线。天线结构参数:直径为0.3λ,螺距为112mm,螺旋升角为14°,圈数为8,反射板为平盘,直径452 mm。天线方向图如图6.16所示。

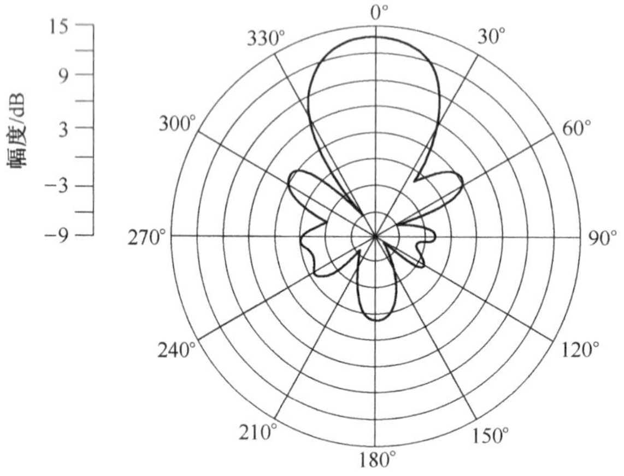

图6.16 轴向模螺旋天线方向图

6.5 天线阵与方向图相乘原理

天线阵是将若干个天线按照一定的规律排列组成的天线系统。利用这种天线系统可以获得所期望的辐射特性,注入更高的增益、需要的方向图等。组成天线阵的方式有直线阵、平面阵等。

天线阵的辐射特性取决于阵元的形式、数目、排列方式、间距以及各阵元上的电流振幅和相位等。本书只讨论由相似元组成的直线阵。所谓相似元,是指各阵元的类型、尺寸、放置方式相同。

最简单的天线阵是由两个相距较近、取向一致的阵元组成的二元阵。图6.17表示两个沿z轴取向、沿x轴排列的对称天线构成的二元阵,间距为d。设阵元1的激励电流为I_1,阵元2的激励电流为

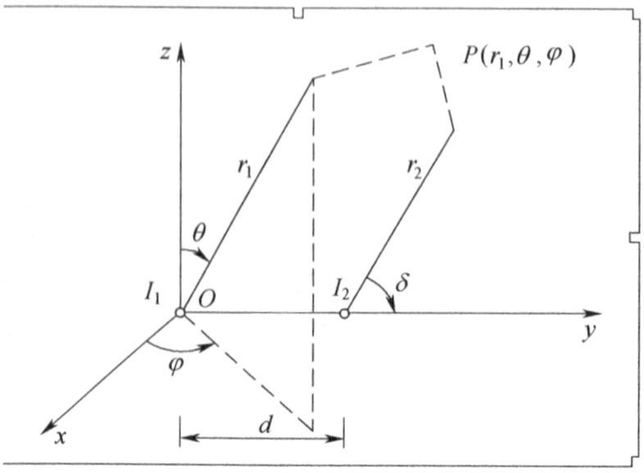

图6.17 二元阵

$$I_2 = mI_1 e^{j\xi}$$

式中,m 是两阵元激励电流的振幅比,ξ 是两阵元激励电流的相位差。

这样一个二元阵的辐射场就等于两个阵元的辐射场的矢量和。由于观察点 P 远离阵中心,因而可近似认为矢径 $\boldsymbol{r}_1$ 和 $\boldsymbol{r}_2$ 相互平行。故两个阵元在观察点产生的电场都是沿 $\boldsymbol{e}_\theta$ 方向的,即

$$\boldsymbol{E}_1 = \boldsymbol{e}_\theta \mathrm{j}\frac{60I_1}{r_1}F_1(\theta,\varphi)\mathrm{e}^{-\mathrm{j}kr_1} \tag{6.5.1}$$

$$\boldsymbol{E}_2 = \boldsymbol{e}_\theta \mathrm{j}\frac{60I_2}{r_2}F_2(\theta,\varphi)\mathrm{e}^{-\mathrm{j}kr_2} \tag{6.5.2}$$

式中

$$F_1(\theta,\varphi) = F_2(\theta,\varphi) = \frac{\cos(kl\cos\theta) - \cos kl}{\sin\theta}$$

另外,只要观察点远离天线阵,就可以作如下近似:

$$\frac{1}{r_1} = \frac{1}{r_2} \qquad \text{(对振幅项)}$$

$$r_2 \approx r_1 - \mathrm{d}\sin\theta\cos\varphi \qquad \text{(对相位项)}$$

因此,式(6.5.2)可表示为

$$\begin{aligned}\boldsymbol{E}_2 &= \boldsymbol{e}_\theta \mathrm{j}\frac{60mI_1\mathrm{e}^{\mathrm{j}\xi}}{r_1}F_1(\theta,\varphi)\mathrm{e}^{-\mathrm{j}k(r_1-\mathrm{d}\sin\theta\cos\varphi)}\\ &= \boldsymbol{e}_\theta \mathrm{j}\frac{60mI_1\mathrm{e}^{\mathrm{j}\xi}}{r_1}F_1(\theta,\varphi)\mathrm{e}^{-\mathrm{j}kr_1}\mathrm{e}^{-\mathrm{j}k\mathrm{d}\sin\theta\cos\varphi} = m\,E_1\mathrm{e}^{\mathrm{j}\varphi}\end{aligned} \tag{6.5.3}$$

令 $\psi = \xi + kd\sin\theta\cos\varphi$,它表示观察点 P 处的电场 $\boldsymbol{E}_1$ 和 $\boldsymbol{E}_2$ 之间相位差。包括两阵元激励电流的相位差 ξ 以及由两阵元辐射的波程差引起的相位差。

观察点 P 的合成电场为

$$\boldsymbol{E} = \boldsymbol{E}_1 + \boldsymbol{E}_2 = \boldsymbol{E}_1(1 + m\mathrm{e}^{\mathrm{j}\varphi}) = \boldsymbol{e}_\theta \mathrm{j}\frac{60I_1}{r_1}F_1(\theta,\varphi)\mathrm{e}^{-\mathrm{j}kr_1}(1 + m\mathrm{e}^{\mathrm{j}\varphi}) \tag{6.5.4}$$

取其模

$$|\boldsymbol{E}| = \frac{60I_1}{r_1}F_1(\theta,\varphi)\left[1 + m^2 + 2m\cos\psi\right]^{1/2} = \frac{60I_1}{r_1}F_1(\theta,\varphi)\cdot F_{\mathrm{ar}}(\theta,\varphi) \tag{6.5.5}$$

式中

$$\begin{aligned}F_{\mathrm{ar}}(\theta,\varphi) &= \left[1 + m^2 + 2m\cos\varphi\right]1/2\\ &= \left[1 + m^2 + 2m\cos(\xi + k\mathrm{d}\sin\theta\cos\varphi)\right]^{1/2}\end{aligned} \tag{6.5.6}$$

称为阵因子,仅与各阵元的排列、激励电流的振幅和相位有关,而与阵元无关。$F_1(\theta,\varphi)$ 称为元因子,只与阵元本身的结构和取向有关。

式(6.5.5)表明二元阵的方向性函数等于阵因子和元因子的乘积,这就是方向图相乘原理。这个原理对 N 元相似阵也适用。

6.6 面天线基础

6.6.1 惠更斯原理

惠更斯原理是指,波在传播的过程中,任意等相位面上的各点都可以视为新的次级波源。在

任意时刻,这些次级波源的子波包络就是新的波阵面。根据惠更斯原理,可以不知道场源的分布,只要知道某一等相位面上场的分布,就可以求出空间任一点的场分布。

惠更斯元是分析面天线辐射问题的基本辐射单元。根据惠更斯原理,将口面径 S 分割成许多面源,这些面元就是惠更斯源,如图 6.18 所示。设平面口径面(xOy 面)上的一个惠更斯源 $dS = \boldsymbol{e}_z dxdy$,其上分布着均匀的切向电场 E_y 和切向磁场 H_x ,此面元上磁场 H_x 可以等效为一个电流元 $\boldsymbol{J}_y$

$$\boldsymbol{J}_y = \boldsymbol{e}_z \times \boldsymbol{e}_x H_x = \boldsymbol{e}_y H_x \tag{6.6.1}$$

相应的等效电偶极子的电流为

$$I = J_y dx = H_x dx \tag{6.6.2}$$

其方向沿 y 轴方向,长度为 dy。

面元上的电场 E_y 可以等效为一个磁流源 $\boldsymbol{J}_x$

$$\boldsymbol{J}_x = -\boldsymbol{e}_z \times \boldsymbol{e}_y E_y = \boldsymbol{e}_x E_y \tag{6.6.3}$$

相应的等效磁偶极子的电流为

$$I_m = J_x dy = E_y dy \tag{6.6.4}$$

其方向沿 x 轴方向,长度为 dx。因此,惠更斯元的辐射即为此相互正交的等效电偶极子和等效磁偶极子的辐射场之和。

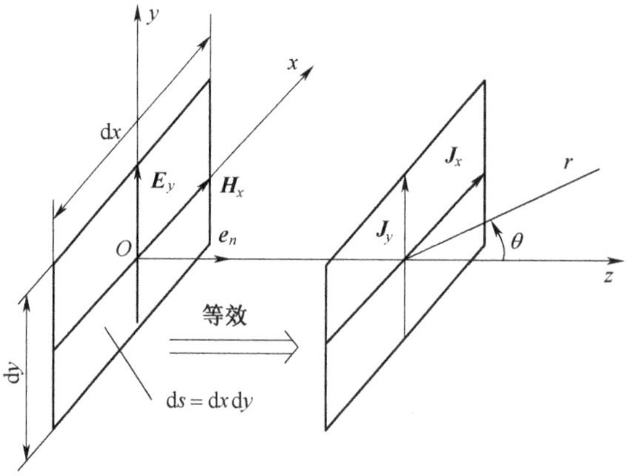

图 6.18　惠更斯辐射元等效为电流源和电磁源

利用本章 6.1 节得到沿 z 轴放置的电偶极子的远区场公式,可得到沿 y 放置的电偶极子的远区场:

$$\begin{cases} \boldsymbol{E} = -\mathrm{j}\dfrac{Idy}{2\lambda r}\eta(\boldsymbol{e}_\theta \cos\theta \sin\varphi + \boldsymbol{e}_\varphi \cos\varphi)e^{-jkr} \\ \boldsymbol{H} = -\mathrm{j}\dfrac{Idy}{2\lambda r}\eta(-\boldsymbol{e}_\theta \cos\varphi + \boldsymbol{e}_\varphi \cos\theta \sin\varphi)e^{-jkr} \end{cases} \tag{6.6.5}$$

同样,利用本章 6.2 节得到的结果得到沿 x 轴的磁偶极子的远场区为

$$\begin{cases} \boldsymbol{E} = -\mathrm{j}\dfrac{I_m dx}{2\lambda r}(\boldsymbol{e}_\theta \sin\varphi + \boldsymbol{e}_\varphi \cos\theta \cos\varphi)e^{-jkr} \\ \boldsymbol{H} = -\mathrm{j}\dfrac{I_m dx}{2\lambda r}\eta(\boldsymbol{e}_\theta \cos\theta \cos\varphi + \boldsymbol{e}_\varphi \sin\varphi)e^{-jkr} \end{cases} \tag{6.6.6}$$

式中的 $\eta=-\dfrac{E_y}{H_x}$，由式(6.6.5)和式(6.6.6)叠加即得惠更斯元的远区辐射场

$$\mathrm{d}\boldsymbol{E}=\mathrm{j}\frac{E_y\mathrm{d}S}{2\lambda r}[\boldsymbol{e}_\theta\sin\varphi(1+\cos\theta)+\boldsymbol{e}_\varphi\cos\varphi]\mathrm{e}^{-\mathrm{j}kr} \tag{6.6.7}$$

在 E 面(即 yOz 平面)上，$\varphi=90°$，由式(6.6.7)得惠更斯元的辐射场

$$\mathrm{d}\boldsymbol{E}|_E=\boldsymbol{e}_\theta\mathrm{j}\frac{E_y\mathrm{d}S}{2\lambda r}(1+\cos\theta)\mathrm{e}^{-\mathrm{j}kr} \tag{6.6.8}$$

在 H 面(即 xOz 平面)上，$\varphi=90°$，由式(6.6.7)得惠更斯元的辐射场

$$\mathrm{d}\boldsymbol{E}|_H=\boldsymbol{e}_\varphi\mathrm{j}\frac{E_y\mathrm{d}S}{2\lambda r}(1+\cos\theta)\mathrm{e}^{-\mathrm{j}kr} \tag{6.6.9}$$

由式(6.6.7)和(6.6.8)可看出，惠更斯元的两个主平面上的归一化方向性函数均为

$$F(\theta)=\frac{1}{2}(1+\cos\theta) \tag{6.6.10}$$

根据上式画出归一化方向图，如图 6.19 所示。可见，惠更斯元的最大辐射方向与面元垂直。

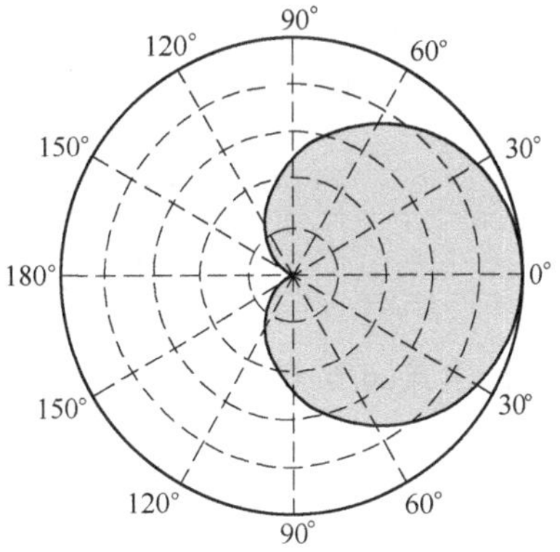

图 6.19　惠更斯辐射元的归一化方向图

6.6.2　平面口径的辐射

实际应用中的面天线，其口径面多为平面，例如喇叭天线、抛物面天线等，所以有必要讨论平面口径的辐射。

如图 6.20 所示，平面口径面位于 xOy 平面上，口径面积为 S。远区观察点为 $P(r,\theta,\varphi)$，面元 $\mathrm{d}S$ 至观察点的距离为 r'。在 E 面和 H 面，将辐射场沿整个口径面积分，即得到平面口径面的远区辐射场。由式(6.6.8)和式(6.6.9)得

$$E_P=\mathrm{j}\frac{1}{2\lambda r}(1+\cos\theta)\int_S E_y\mathrm{e}^{-\mathrm{j}kr'}\mathrm{d}S \tag{6.6.11}$$

对于远区的观察点 P(即当 r 远远大于口径尺寸)，可以认为 $\boldsymbol{r}$ 与 $\boldsymbol{r}'$ 近似平行，故得

$$r'\approx r-x'\sin\theta\cos\varphi-y'\sin\theta\sin\varphi \tag{6.6.12}$$

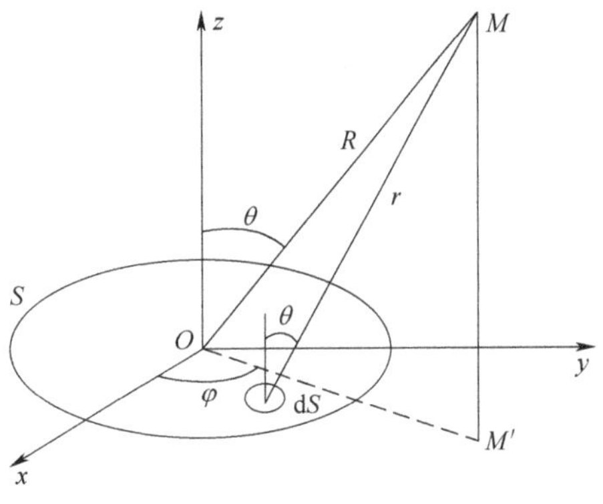

图 6.20　平面口径面

因此，平面口径面的远区辐射场一般表示式为

$$E_P=\mathrm{j}\frac{1}{2\lambda r}(1+\cos\theta)\mathrm{e}^{-\mathrm{j}kr}\int_S E_y\mathrm{e}^{\mathrm{j}k(x'\sin\theta\cos\varphi+y'\sin\theta\sin\varphi)}\mathrm{d}x'\mathrm{d}y' \tag{6.6.13}$$

在 E 面(即 yOz 平面)上，$\varphi=90°$，则得

$$E_{P|E}=E_\theta=\mathrm{j}\frac{1}{2\lambda r}(1+\cos\theta)\mathrm{e}^{-\mathrm{j}kr}\int_S E_y\mathrm{e}^{\mathrm{j}ky'\sin\theta}\mathrm{d}x'\mathrm{d}y' \tag{6.6.14}$$

在 H 面(即 xOz 平面)上，$\varphi=0°$，则得

$$E_{P|H} = E_\varphi = \mathrm{j}\frac{1}{2\lambda r}(1 + \cos\theta)\mathrm{e}^{-\mathrm{j}kr}\int_S E_y \mathrm{e}^{\mathrm{j}kx'\sin\theta}\mathrm{d}x'\mathrm{d}y' \tag{6.6.15}$$

利用式(6.6.14)和式(6.6.15),就可根据给定的口径面形状及口径面上的场分布计算出远区辐射场。下面讨论两种常见情形。

1. 矩形口径面

如图6.21所示,矩形口径面的尺寸为 $a \times b$ 。设口径面上的电场沿 y 轴方向且均匀分布(即 $E_y = E_0$),则由式(6.6.14)得

$$\begin{aligned} E_{P|E} = E_\theta &= \mathrm{j}\frac{E_0}{2\lambda r}(1 + \cos\theta)\mathrm{e}^{-\mathrm{j}kr}\int_{-a/2}^{a/2}\mathrm{d}x'\int_{-b/2}^{b/2}\mathrm{e}^{\mathrm{j}ky'\sin\theta}\mathrm{d}y' \\ &= \mathrm{j}\frac{aE_0}{2\lambda r}(1 + \cos\theta)\mathrm{e}^{-\mathrm{j}kr}\int_{-b/2}^{b/2}\mathrm{e}^{\mathrm{j}ky'\sin\theta}\mathrm{d}y' \end{aligned} \tag{6.6.16}$$

同样,由式(6.6.15)得

$$E_{P|H} = E_\varphi = \mathrm{j}\frac{bE_0}{2\lambda r}(1 + \cos\theta)\mathrm{e}^{-\mathrm{j}kr}\int_{-a/2}^{a/2}\mathrm{e}^{\mathrm{j}kx'\sin\theta}\mathrm{d}x' \tag{6.6.17}$$

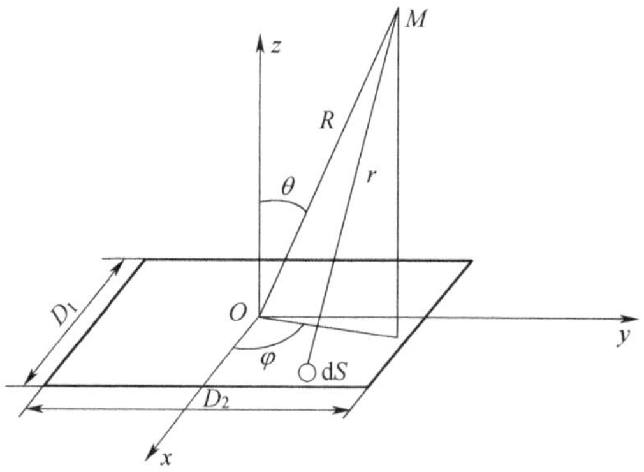

图6.21 矩形口径面

从式(6.6.16)和式(6.6.17)可得到均匀矩形口径面辐射场的归一化方向性函数分别为

$$F_E(\theta) = \frac{(1 + \cos\theta)}{2}\cdot\frac{\sin\varphi_1}{\varphi_1} \tag{6.6.18}$$

$$F_H(\theta) = \frac{(1 + \cos\theta)}{2}\cdot\frac{\sin\varphi_2}{\varphi_2} \tag{6.6.19}$$

式中

$$\varphi_1 = \frac{kb\sin\theta}{2}\quad,\quad\varphi_2 = \frac{ka\sin\theta}{2}$$

2. 圆形口径面

如图6.22所示,面元 $\mathrm{d}S$ 的坐标 (x',y') 换成极坐标变量表示

$$\begin{cases} x' = \rho'\cos\varphi' \\ y' = \rho'\sin\varphi' \\ \mathrm{d}S' = \mathrm{d}x'\mathrm{d}y' = \rho'\mathrm{d}\varphi'\mathrm{d}\rho' \end{cases} \tag{6.6.20}$$

得

$$r' = r - \rho' \sin\theta(\cos\varphi\cos\varphi' + \sin\varphi\sin\varphi') \tag{6.6.21}$$

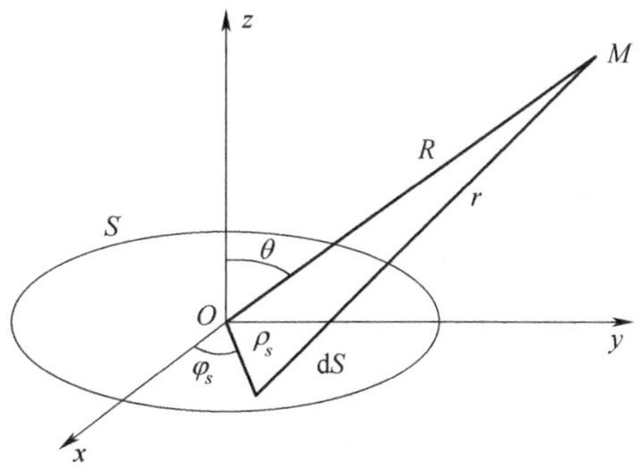

图 6.22　圆形口径面

对于 E 面，取 $\varphi=90°$，此时

$$r' \approx r - \rho' \sin\theta\sin\varphi'$$

对于 E 面，取 $\varphi=0°$，此时

$$r' \approx r - \rho' \sin\theta\cos\varphi'$$

则由式(6.6.11)得

$$E_{p|E} = E_\theta = \mathrm{j}\frac{1}{2\lambda r}(1+\cos\theta)\int_S E_y \mathrm{e}^{-\mathrm{j}k\rho\sin\theta\sin\varphi'}\rho'\mathrm{d}\varphi'\mathrm{d}\rho' \tag{6.6.22}$$

$$E_{P|H} = E_\varphi = \mathrm{j}\frac{1}{2\lambda r}(1+\cos\theta)\int_S E_y \mathrm{e}^{-\mathrm{j}k\rho'\sin\theta\cos\varphi'}\rho'\mathrm{d}\varphi'\mathrm{d}\rho' \tag{6.6.23}$$

这里仍然假设口径面上的电场沿 y 轴方向，若再假设在半径为 a 的圆面积上场均匀分布，即 $E_y=E_0$。

另外，引用以下关系式

$$\int_0^{2\pi} \mathrm{e}^{-\mathrm{j}k\rho\sin\theta\sin\varphi'}\mathrm{d}\rho' = 2\pi J_0(k\rho'\sin\theta)$$

$$\int_0^a tJ_0(t)\mathrm{d}t = aJ_1(a)$$

式中，$J_0(t)$ 和 $J_1(a)$ 分别为零阶和一阶贝塞尔函数，其中做如下代换

$$t = k\rho'\sin\theta, \mathrm{d}t = k\sin\theta\mathrm{d}\rho'$$

这样由式(6.6.22)和式(6.6.23)就可得到均匀圆形口径面辐射场的归一化方向性函数

$$F_E(\theta) = F_H(\theta) = \frac{1+\cos\theta}{2}\cdot\frac{2J_1(\varphi_3)}{\varphi_3} \tag{6.6.24}$$

式中，$\varphi_3 = ka\sin\theta$。

习　　题

6.1　试解释滞后位的意义，并写出滞后位满足的方程。

6.2　试述天线近区和远区的意义。

6.3　分别写出电偶极子辐射的进区场和远区场，并说明其特性。

6.4　磁偶极子辐射场与电偶极子辐射场有哪些不同？分别画出它们 E 面和 H 面的方向图。

6.5 天线的基本参数有哪些？分别说明其定义。

6.6 何谓对称天线？试画出半波对称天线 E 面和 H 面的方向图。

6.7 电偶极子天线和半波对称天线的主瓣和方向性系数分别为多少？

6.8 试述方向图相乘原理。

6.9 设元天线的轴线沿东西方向放置，在远方有一移动接收台停在正南方而受到最大电场强度。当电台沿以天线为中心的圆周在地面上移动时，电场强度渐渐减小。当电场强度减小到最大值的 $1/\sqrt{2}$ 时，电台的位置偏离正前方多少角度？

6.10 上题如果接收台不动，将元天线在水平面内绕中心旋转，结果如何？如果接收台电线也是元天线，讨论收、发两天线的相对方位对测量结果的影响。

6.11 一个电基本振子的辐射功率 $P_r = 100$ W，试求 $r = 10$ km 处，$\theta = 0°$、$45°$和$90°$方向的场强，θ 为射线与振子轴之间的夹角。

6.12 图 6.23 所示一半波天线，其上电流分布为 $I = I_m \cos kz\left(-\dfrac{1}{2} < z < \dfrac{1}{2}\right)$

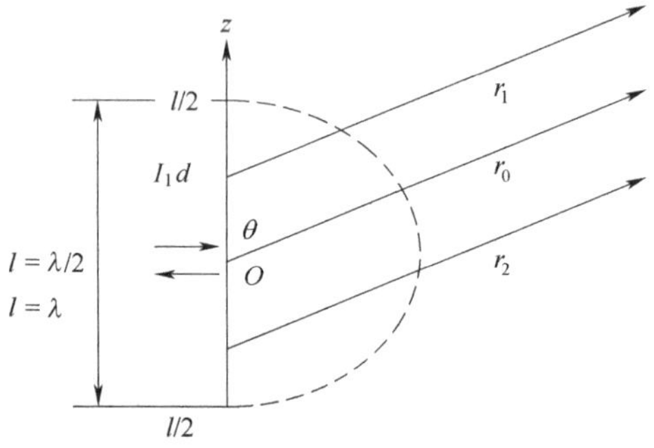

题 6.23 题 6.12 图

(1) 当 $r_0 \gg l$ 时，证明 $A_z = \dfrac{\mu_0 I_m e^{-jkr_0}}{2\pi k r_0} \cdot \dfrac{\cos\left(\dfrac{\pi}{2}\cos\theta\right)}{\sin^2\theta}$；

(2) 求远区的磁场和电场；

(3) 求坡印亭矢量；

(4) 已知 $\displaystyle\int_0^{2\pi} \frac{\cos\left(\dfrac{\pi}{2}\cos\theta\right)}{\sin^2\theta} d\theta = 0.609$，求辐射电阻；

(5) 求方向性系数。

6.13 半波天线的电流振幅为 1 A，求离开天线 1 km 处的电场强度。

6.14 已知某天线归一化方向函数为 $F(\theta,\varphi) = \cos\left(\dfrac{\pi}{4}\cos\theta - \dfrac{\pi}{4}\right)$，绘出 E 面方向图，并计算其半功率波瓣宽度。

6.15 若长度为 $2l$ 短对称天线的电流分布可以近似地表示为 $I(z) = I_0\left(1 - \dfrac{|z|}{l}\right)$，$l << \lambda$，试求远区场强、辐射电阻及方向性系数。

6.16 假设一电偶极子在垂直于它的方向上距离 100 km 处所产生的电磁强度的振幅等于

100 μV/m，试求电偶极子所辐射的功率。

6.17 求半波天线的主瓣宽度。

6.18 已知某天线的辐射功率为 100 W，方向性系数 $D=3$，求：

(1) $r=10$ km 处，最大辐射方向上的电场强度振幅；

(2) 若保持功率不变，要使 $r=20$ km 处的场强等于原来 $r=10$ km 处的场强，应选取方向性系数 D 等于多少的天线？

6.19 由于某种应用上的要求，在自由空间中离天线 1 km 的点处需保持 1 V/m 的点处需保持 1 V/m 的电场强度，若天线为以下几种情况，求馈给天线的功率是多少？

(1) 无方向性天线；

(2) 短偶极子天线；

(3) 对称半波天线。

6.20 形成天线阵不同方向性的因素有哪些？

6.21 用方向图乘法求图 6.24 所示的由半波天线组成的四元侧射式天线阵在垂直于半波天线轴线平面内的方向图。

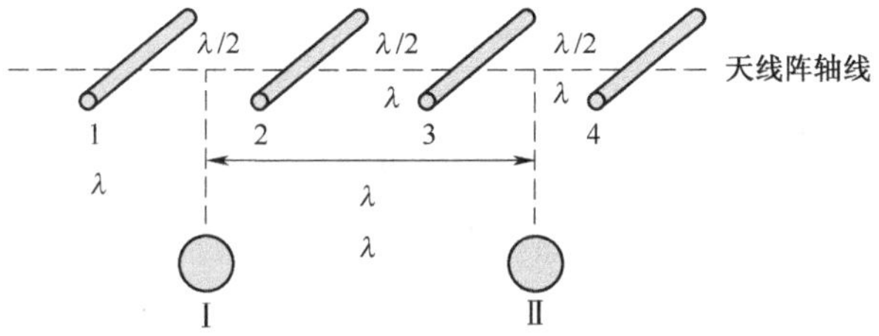

图 6.24 题 6.21 图

6.22 求波源频率 $f=1$ MHz，线长 $l=1$ m 的导线的辐射电阻：

(1) 设导线是长直的；

(2) 设导线弯成环形形状。

6.23 何谓惠更斯辐射元？它的辐射场及辐射特性如何？

6.24 计算矩形均匀同相口径天线的方向性系数及增益。

附录 A　电磁场与电磁波常用公式及单位换算

1. 三种常用的坐标系

(1)直角坐标系

微分线元：$\mathrm{d}\boldsymbol{R} = \boldsymbol{a}_x\mathrm{d}x + \boldsymbol{a}_y\mathrm{d}y + \boldsymbol{a}_z\mathrm{d}z$ 面积元：$\begin{cases}\mathrm{d}S_x = \mathrm{d}y\mathrm{d}z \\ \mathrm{d}S_y = \mathrm{d}x\mathrm{d}z \\ \mathrm{d}S_z = \mathrm{d}x\mathrm{d}y\end{cases}$，体积元：$\mathrm{d}\tau = \mathrm{d}x\mathrm{d}y\mathrm{d}z$

(2)柱坐标系

$$长度元：\begin{cases}\mathrm{d}l_r = \mathrm{d}r \\ \mathrm{d}l_\varphi = r\mathrm{d}\varphi \\ \mathrm{d}l_z = \mathrm{d}z\end{cases}$$

$$面积元\begin{cases}\mathrm{d}S_r = \mathrm{d}l_\varphi \mathrm{d}l_z = r\mathrm{d}\varphi\mathrm{d}z \\ \mathrm{d}S_\varphi = \mathrm{d}l_r \mathrm{d}l_z = \mathrm{d}r\mathrm{d}z \\ \mathrm{d}S_z = \mathrm{d}l_\varphi \mathrm{d}l_z = r\mathrm{d}r\mathrm{d}z\end{cases}$$

$$体积元：\mathrm{d}\tau = r\mathrm{d}r\mathrm{d}\varphi\mathrm{d}z$$

(3)球坐标系

$$长度元：\begin{cases}\mathrm{d}l_r = \mathrm{d}r \\ \mathrm{d}l_\theta = r\mathrm{d}\theta \\ \mathrm{d}l_\varphi = r\sin\theta\mathrm{d}\varphi\end{cases}$$

$$面积元：\begin{cases}\mathrm{d}S_r = \mathrm{d}l_\varphi \mathrm{d}l_\theta = r^2\sin\theta\mathrm{d}\theta\mathrm{d}\varphi \\ \mathrm{d}S_\theta = \mathrm{d}l_r \mathrm{d}l_\varphi = r\sin\theta\mathrm{d}r\mathrm{d}\varphi \\ \mathrm{d}S_\varphi = \mathrm{d}l_r \mathrm{d}l_\theta = r\mathrm{d}r\mathrm{d}\theta\end{cases}$$

$$体积元：\mathrm{d}\tau = r^2\sin\theta\mathrm{d}r\mathrm{d}\theta\mathrm{d}\varphi$$

2. 三种坐标系的坐标变量之间的关系

(1)直角坐标系与柱坐标系的关系

$$\begin{cases}x = r\cos\varphi \\ y = r\sin\varphi \\ z = z\end{cases}$$

$$\begin{cases} r = \sqrt{x^2 + y^2} \\ \varphi = \arctan \dfrac{y}{x} \\ z = z \end{cases}$$

(2)直角坐标系与球坐标系的关系

$$\begin{cases} x = r\sin\theta\cos\varphi \\ y = r\sin\theta\sin\varphi \\ z = r\cos\theta \end{cases}$$

$$\begin{cases} r = \sqrt{x^2 + y^2 + z^2} \\ \theta = \arccos \dfrac{z}{\sqrt{x^2 + y^2 + z^2}} \\ \varphi = \arctan \dfrac{y}{z} \end{cases}$$

(3)柱坐标系与球坐标系的关系

$$\begin{cases} r' = r\sin\theta \\ \varphi = \varphi \\ z = r\cos\theta \end{cases}$$

$$\begin{cases} r = \sqrt{r^2 + z^2} \\ \theta = \arccos \dfrac{z}{\sqrt{r^2 + z^2}} \\ \varphi = \varphi \end{cases}$$

3. 矢量乘法

$$\boldsymbol{A} \times \boldsymbol{B} = -\boldsymbol{B} \times \boldsymbol{A}$$

$$\boldsymbol{A} \times (\boldsymbol{B} \times \boldsymbol{C}) = \boldsymbol{B} \times (\boldsymbol{C} \times \boldsymbol{A}) = \boldsymbol{C} \times (\boldsymbol{A} \times \boldsymbol{B})$$

$$\boldsymbol{A} \times (\boldsymbol{B} \times \boldsymbol{C}) = (\boldsymbol{A} \cdot \boldsymbol{C}) - (\boldsymbol{A} \cdot \boldsymbol{B})\boldsymbol{C}$$

4. 微分公式

$$\nabla(\varphi \pm \psi) = \nabla\varphi \pm \nabla\psi$$

$$\nabla(\varphi\psi) = \varphi \nabla\psi + \psi \nabla\varphi$$

$$\nabla \cdot (\boldsymbol{A} \pm \boldsymbol{B}) = \nabla \cdot \boldsymbol{A} \pm \nabla \cdot \boldsymbol{B}$$

$$\nabla \times (\boldsymbol{A} \pm \boldsymbol{B}) = \nabla \times \boldsymbol{A} \pm \nabla \times \boldsymbol{B}$$

$$\nabla \cdot (\varphi\boldsymbol{A}) = (\nabla\varphi) \cdot \boldsymbol{A} + \varphi \nabla \cdot \boldsymbol{A}$$

$$\nabla \times (\varphi\boldsymbol{A}) = \varphi \nabla \times \boldsymbol{A} + \nabla\varphi \times \boldsymbol{A}$$

$$\nabla \cdot \nabla \times \boldsymbol{A} = \boldsymbol{0}$$

$$\nabla \times \nabla\varphi = \boldsymbol{0}$$

$$\nabla(\boldsymbol{A} \cdot \boldsymbol{B}) = (\boldsymbol{A} \cdot \nabla)\boldsymbol{B} + (\boldsymbol{B} \cdot \nabla)\boldsymbol{A} + \boldsymbol{A} \times (\boldsymbol{A} \times \boldsymbol{B}) + \boldsymbol{B} \times (\nabla \times \boldsymbol{B})$$

$$\nabla \cdot (\boldsymbol{A} \times \boldsymbol{B}) = \boldsymbol{B} \cdot \nabla \times \boldsymbol{A} - \boldsymbol{A} \cdot \nabla \times \boldsymbol{B}$$

$$\nabla \times (\boldsymbol{A} \times \boldsymbol{B}) = (\boldsymbol{B} \cdot \nabla)\boldsymbol{A} - \boldsymbol{B} \nabla \cdot \boldsymbol{A} + \boldsymbol{A} \nabla \cdot \boldsymbol{B} - (\boldsymbol{A} \cdot \nabla)\boldsymbol{B}$$

$$\nabla \times \nabla \times \boldsymbol{A} = \nabla(\nabla \cdot \boldsymbol{A}) - \nabla^2\boldsymbol{A}$$

5. 积分定理

$$\int_V (\boldsymbol{\nabla}\cdot \boldsymbol{A})\,\mathrm{d}V = \oint_S \boldsymbol{A}\cdot \mathrm{d}\boldsymbol{S}$$

$$\int_S \boldsymbol{\nabla}\times \boldsymbol{A}\cdot \mathrm{d}S = \oint_C \boldsymbol{A}\cdot \mathrm{d}l$$

$$\int_V \boldsymbol{\nabla}\times \boldsymbol{A}\mathrm{d}\boldsymbol{V} = -\oint_S \boldsymbol{A}\times \mathrm{d}\boldsymbol{S}$$

$$\int_V (\varphi\,\boldsymbol{\nabla}^2\psi + \boldsymbol{\nabla}\varphi\cdot\boldsymbol{\nabla}\psi)\,\mathrm{d}V = \oint_S \varphi\,\boldsymbol{\nabla}\psi\cdot \mathrm{d}S$$

$$\int_V (\varphi\,\boldsymbol{\nabla}^2\psi - \psi\,\boldsymbol{\nabla}^2\varphi)\,\mathrm{d}V = \oint_S (\varphi\,\boldsymbol{\nabla}\psi - \psi\,\boldsymbol{\nabla}\varphi)\cdot \mathrm{d}S$$

6. 梯度

(1)直角坐标系中：

$$\mathbf{grad}\,\mu = \boldsymbol{\nabla} = \boldsymbol{a}_x\frac{\partial\mu}{\partial x} + \boldsymbol{a}_y\frac{\partial\mu}{\partial y} + \boldsymbol{a}_z\frac{\partial\mu}{\partial z}$$

(2)柱坐标系中：

$$\mathbf{grad}\,\mu = \boldsymbol{\nabla}\mu = \boldsymbol{a}_r\frac{\partial\mu}{\partial r} + \boldsymbol{a}_\varphi\frac{1}{r}\frac{\partial\mu}{\partial\varphi} + \boldsymbol{a}_z\frac{\partial\mu}{\partial z}$$

(3)球坐标系中：

$$\mathbf{grad}\,\mu = \boldsymbol{\nabla}\mu = \boldsymbol{a}_r\frac{\partial\mu}{\partial r} + \boldsymbol{a}_\theta\frac{1}{r}\frac{\partial\mu}{\partial\theta} + \boldsymbol{a}_\varphi\frac{1}{r\sin\theta}\frac{\partial\mu}{\partial\varphi}$$

7. 散度

(1)直角坐标系中：

$$\mathrm{div}\boldsymbol{A} = \frac{\partial A_X}{\partial x} + \frac{\partial A_y}{\partial y} + \frac{\partial A_z}{\partial z}$$

(2)柱坐标系中：

$$\mathrm{div}\boldsymbol{A} = \frac{1}{r}\frac{\partial}{\partial r}(rA_r) + \frac{1}{r}\frac{\partial A_\varphi}{\partial\varphi} + \frac{\partial A_z}{\partial z}$$

(3)球坐标系中：

$$\mathrm{div}\boldsymbol{A} = \frac{1}{r^2}\frac{\partial}{\partial r}(r^2A_r) + \frac{1}{r\sin\theta}\frac{\partial}{\partial\theta}(\sin\theta A_\theta) + \frac{1}{r\sin\theta}\frac{\partial A_\varphi}{\partial\varphi}$$

8. 高斯散度定理

$$\oint_S \boldsymbol{A}\cdot \mathrm{d}\boldsymbol{S} = \int_\tau \boldsymbol{\nabla}\cdot \boldsymbol{A}\mathrm{d}\tau = \int_\tau \mathbf{div}\boldsymbol{A}\mathrm{d}\tau$$

意义为：任意矢量场 $\boldsymbol{A}$ 的散度在场中任意体积内的体积分等于矢量场 $\boldsymbol{A}$ 在限定该体积的闭合面上的通量。

9. 旋度

(1)直角坐标系中：

$$\boldsymbol{\nabla}\times\boldsymbol{A} = \begin{vmatrix} \boldsymbol{a}_x & \boldsymbol{a}_y & \boldsymbol{a}_z \\ \dfrac{\partial}{\partial x} & \dfrac{\partial}{\partial y} & \dfrac{\partial}{\partial z} \\ A_x & A_y & A_z \end{vmatrix}$$

(2)柱坐标系中：

$$\nabla\times\boldsymbol{A}=\frac{1}{r}\begin{vmatrix}\boldsymbol{a}_r & r\boldsymbol{a}_\varphi & \boldsymbol{a}_z\\ \dfrac{\partial}{\partial r} & \dfrac{\partial}{\partial\varphi} & \dfrac{\partial}{\partial z}\\ A_r & rA_\varphi & A_z\end{vmatrix}$$

(3)球坐标系中：

$$\nabla\times\boldsymbol{A}=\frac{1}{r^2\sin\theta}\begin{vmatrix}\boldsymbol{a}_r & r\boldsymbol{a}_\theta & r\sin\theta\boldsymbol{a}_\varphi\\ \dfrac{\partial}{\partial r} & \dfrac{\partial}{\partial\theta} & \dfrac{\partial}{\partial\varphi}\\ A_r & rA_\theta & r\sin\theta A_\varphi\end{vmatrix}$$

两个重要性质：(1)矢量场旋度的散度恒为零，$\nabla\cdot\nabla\times\boldsymbol{A}=\boldsymbol{0}$。(2)标量场梯度的旋度恒为零，$\nabla\times\nabla\mu=\boldsymbol{0}$

10. 拉普拉斯运算

(1)直角坐标系中：

$$\nabla^2 u=\frac{\partial^2 u}{\partial x^2}+\frac{\partial^2 u}{\partial y^2}+\frac{\partial^2 u}{\partial z^2}$$

(2)柱坐标系中：

$$\nabla^2 u=\frac{1}{r}\frac{\partial}{\partial r}\left(r\frac{\partial u}{\partial r}\right)+\frac{1}{r^2}\frac{\partial^2 u}{\partial\varphi^2}+\frac{\partial^2 u}{\partial z^2}$$

(3)球坐标系中：

$$\nabla^2 u=\frac{1}{r^2}\frac{\partial}{\partial r}\left(r^2\frac{\partial u}{\partial r}\right)+\frac{1}{r^2\sin\theta}\frac{\partial}{\partial\theta}\left(\sin\theta\frac{\partial u}{\partial\theta}\right)+\frac{1}{r^2\sin^2\theta}\frac{\partial^2 u}{\partial\varphi^2}$$

11. 电磁量单位

(1)国际单位制基本单位

量的名称	量的符号	单位名称及符号	等值单位
电流	I	安(A)	库·秒$^{-1}$(C·s^{-1})
长度	L,l	米(m)	100 cm=1 000 mm
质量	M,m	千克(kg)	1 000 g
时间	T,t	秒(s)	$\frac{1}{60}$min = $\frac{1}{3\ 600}$h

(2)国际单位制中的电磁量单位

量的单位	量的符号	单位名称及符号	等值单位
电流强度	I	安(A)	C·s^{-1}
电流密度	J	安·米$^{-2}$(A·m^{-2})	C·s^{-1}·m^{-2}
面电流密度	J_s	安·米$^{-1}$(A·m^{-1})	C·s^{-1}·m^{-1}
电荷量	Q,q	库(C)	A·s
电荷线密度	ρ_1,λ	库·米$^{-1}$(C·m^{-1})	A·s·m^{-1}
电荷面密度	ρ_s	库·米$^{-2}$(C·m^{-2})	A·s·m^{-2}

量的单位	量的符号	单位名称及符号	等值单位
电荷体密度	ρ	库·米$^{-3}$($C\cdot m^{-3}$)	$A\cdot s\cdot m^{-3}$
电位	Φ,V	伏(V)	$Wb\cdot s^{-1}=J\cdot C^{-1}$
电场强度	E	伏·米$^{-1}$($V\cdot m^{-1}$)	$N\cdot C^{-1}$
电位移	D	库·米$^{-2}$($C\cdot m^{-2}$)	$A\cdot s\cdot m^{-2}$
电位移通量	Ψ	库(C)	$A\cdot s$
电容	C	法(F)	$C\cdot V^{-1}$
极化强度	P	库·米$^{-2}$($C\cdot m^{-2}$)	$A\cdot s\cdot m^{-2}$
极化率	χ_e	(无量纲)	—
介电常数	ε	法·米$^{-1}$($F\cdot m^{-1}$)	$C\cdot V^{-1}\cdot m^{-1}$
磁感应强度	B	特或韦·米$^{-2}$(T或$Wb\cdot m^{-2}$)	10^4Gs
磁场强度	H	安·米$^{-1}$($A\cdot m^{-1}$)	—
磁通量	Φ	韦(Wb)	—
磁化强度	M	安·米$^{-1}$($A\cdot m^{-1}$)	—
磁化率	χ_m	(无量纲)	—
磁导率	μ	亨·米$^{-1}$($H\cdot m^{-1}$)	—
电感	L	亨(H)	($Wb\cdot A^{-1}$)
坡印亭矢量	S	瓦·米$^{-2}$($W\cdot m^{-2}$)	$J\cdot s^{-1}\cdot m^{-2}$

参考文献

[1] 谢处方,饶可谨. 电磁场与电磁波[M].4版. 北京:高等教育出版社,2006.
[2] 吴万春. 电磁场理论[M]. 北京:电子工业出版社,1985.
[3] 杨儒贵. 电磁场与电磁波[M]. 北京:高等教育出版社,2003.
[4] 赵家升. 电磁场与电磁波典型题解析及自测试题[M]. 西安:西北工业大学出版社,2002.
[5] 邹澎,周晓萍. 电磁场与电磁波[M]. 北京:清华大学出版社,2008.
[6] 雷虹,刘立国. 电磁场与电磁波[M]. 北京:北京邮电大学出版社,2008.
[7] GURUBS,HIZIROGLU H R,电磁场与电磁波[M]. 周克定,译. 北京:机械工业出版社,2000.